总主编 伍 江 副总主编 雷星晖

王 伟 著 陈以一 审

圆钢管相贯节点非刚性性能及对结构整体行为的影响效应

Non-rigid Behavior of Unstiffened Circular Tubular Joints and Their Effects on Global Performance of Steel Tubular Structures

内容提要

本书提出了基于结构整体行为的钢管节点性能化设计思想，设定了圆钢管相贯节点非刚性静、动力性能及其对钢管结构整体行为的影响效应这两大研究主题。在评述国内外相关领域研究现状的基础上，从理论和试验两个方面对这两大主题进行了多角度的深入研究与探讨。

本书适合相关专业高校师生和研究人员阅读。

图书在版编目(CIP)数据

圆钢管相贯节点非刚性性能及对结构整体行为的影响效应/王伟著. —上海：同济大学出版社，2019.2

（同济博士论丛 / 伍江总主编）

ISBN 978-7-5608-7047-2

Ⅰ.①圆… Ⅱ.①王… Ⅲ.①钢管—节点—性能—研究②钢管结构—研究 Ⅳ.①TG142②TU392.3

中国版本图书馆 CIP 数据核字(2017)第 093380 号

圆钢管相贯节点非刚性性能及对结构整体行为的影响效应

王 伟 著 陈以一 审

出 品 人 华春荣 责任编辑 葛永霞 蒋卓文

责任校对 谢卫奋 封面设计 陈益平

出版发行 同济大学出版社 www.tongjipress.com.cn

（地址：上海市四平路 1239 号 邮编：200092 电话：021-65985622）

经 销 全国各地新华书店

排版制作 南京展望文化发展有限公司

印 刷 浙江广育爱多印务有限公司

开 本 787 mm×1092 mm 1/16

印 张 17

字 数 340 000

版 次 2019 年 2 月第 1 版 2019 年 2 月第 1 次印刷

书 号 ISBN 978-7-5608-7047-2

定 价 78.00 元

“同济博士论丛”编写领导小组

总序

在同济大学110周年华诞之际，喜闻“同济博士论丛”将正式出版发行，倍感欣慰。记得在100周年校庆时，我曾以《百年同济，大学对社会的承诺》为题作了演讲，如今看到付梓的“同济博士论丛”，我想这就是大学对社会承诺的一种体现。这110部学术著作不仅包含了同济大学近10年100多位优秀博士研究生的学术科研成果，也展现了同济大学围绕国家战略开展学科建设、发展自我特色，向建设世界一流大学的目标迈出的坚实步伐。

坐落于东海之滨的同济大学，历经110年历史风云，承古续今、汇聚东西，秉持“与祖国同行、以科教济世”的理念，发扬自强不息、追求卓越的精神，在复兴中华的征程中同舟共济、砥砺前行，谱写了一幅幅辉煌壮美的篇章。创校至今，同济大学培养了数十万工作在祖国各条战线上的人才，包括人们常提到的贝时璋、李国豪、裘法祖、吴孟超等一批著名教授。正是这些专家学者培养了一代又一代的博士研究生，薪火相传，将同济大学的科学研究和学科建设一步步推向高峰。

大学有其社会责任，她的社会责任就是融入国家的创新体系之中，成为国家创新战略的实践者。党的十八大以来，以习近平同志为核心的党中央高度重视科技创新，对实施创新驱动发展战略作出一系列重大决策部署。党的十八届五中全会把创新发展作为五大发展理念之首，强调创新是引领发展的第一动力，要求充分发挥科技创新在全面创新中的引领作用。要把创新驱动发展作为国家的优先战略，以科技创新为核心带动全面创新，以体制机制改革激发创新活力，以高效率的创新体系支撑高水平的创新型国家建设。作为人才培养和科技创新的重要平台，大学是国家创新体系的重要组成部分。同济大学理当围绕国家战略目标的实现，作出更大的贡献。

大学的根本任务是培养人才，同济大学走出了一条特色鲜明的道路。无论是本科教育、研究生教育，还是这些年摸索总结出的导师制、人才培养特区，“卓越人才培养”的做法取得了很好的成绩。聚焦创新驱动转型发展战略，同济大学推进科研管理体系改革和重大科研基地平台建设。以贯穿人才培养全过程的一流创新创业教育助力创新驱动发展战略，实现创新创业教育的全覆盖，培养具有一流创新力、组织力和行动力的卓越人才。“同济博士论丛”的出版不仅是对同济大学人才培养成果的集中展示，更将进一步推动同济大学围绕国家战略开展学科建设、发展自我特色、明确大学定位、培养创新人才。

面对新形势、新任务、新挑战，我们必须增强忧患意识，扎根中国大地，朝着建设世界一流大学的目标，深化改革，勠力前行！

万　钢

2017 年 5 月

论丛前言

承古续今，汇聚东西，百年同济秉持“与祖国同行、以科教济世”的理念，注重人才培养、科学研究、社会服务、文化传承创新和国际合作交流，自强不息，追求卓越。特别是近20年来，同济大学坚持把论文写在祖国的大地上，各学科都培养了一大批博士优秀人才，发表了数以千计的学术研究论文。这些论文不但反映了同济大学培养人才能力和学术研究的水平，而且也促进了学科的发展和国家的建设。多年来，我一直希望能有机会将我们同济大学的优秀博士论文集中整理，分类出版，让更多的读者获得分享。值此同济大学110周年校庆之际，在学校的支持下，“同济博士论丛”得以顺利出版。

“同济博士论丛”的出版组织工作启动于2016年9月，计划在同济大学110周年校庆之际出版110部同济大学的优秀博士论文。我们在数千篇博士论文中，聚焦于2005—2016年十多年间的优秀博士学位论文430余篇，经各院系征询，导师和博士积极响应并同意，遴选出近170篇，涵盖了同济的大部分学科：土木工程、城乡规划学(含建筑、风景园林)、海洋科学、交通运输工程、车辆工程、环境科学与工程、数学、材料工程、测绘科学与工程、机械工程、计算机科学与技术、医学、工程管理、哲学等。作为“同济博士论丛”出版工程的开端，在校庆之际首批集中出版110余部，其余也将陆续出版。

博士学位论文是反映博士研究生培养质量的重要方面。同济大学一直将立德树人作为根本任务，把培养高素质人才摆在首位，认真探索全面提高博士研究生质量的有效途径和机制。因此，“同济博士论丛”的出版集中展示同济大学博士研究生培养与科研成果，体现对同济大学学术文化的传承。

“同济博士论丛”作为重要的科研文献资源，系统、全面、具体地反映了同济大学各学科专业前沿领域的科研成果和发展状况。它的出版是扩大传播同济科研成果和学术影响力的重要途径。博士论文的研究对象中不少是“国家自然科学基金”等科研基金资助的项目，具有明确的创新性和学术性，具有极高的学术价值，对我国的经济、文化、社会发展具有一定的理论和实践指导意义。

“同济博士论丛”的出版，将会调动同济广大科研人员的积极性，促进多学科学术交流、加速人才的发掘和人才的成长，有助于提高同济在国内外的竞争力，为实现同济大学扎根中国大地，建设世界一流大学的目标愿景做好基础性工作。

虽然同济已经发展成为一所特色鲜明、具有国际影响力的综合性、研究型大学，但与世界一流大学之间仍然存在着一定差距。“同济博士论丛”所反映的学术水平需要不断提高，同时在很短的时间内编辑出版 110 余部著作，必然存在一些不足之处，恳请广大学者，特别是有关专家提出批评，为提高同济人才培养质量和同济的学科建设提供宝贵意见。

最后感谢研究生院、出版社以及各院系的协作与支持。希望“同济博士论丛”能持续出版，并借助新媒体以电子书、知识库等多种方式呈现，以期成为展现同济学术成果、服务社会的一个可持续的出版品牌。为继续扎根中国大地，培育卓越英才，建设世界一流大学服务。

伍　江

2017 年 5 月

前 言

钢管是大跨度公共建筑、中高层建筑和高耸结构中广泛应用的构件型式。目前我国正在兴建的国家体育场(“鸟巢”)、广州电视塔(世界第一高塔)等重大工程均采用钢管结构。钢管结构与其他钢结构的重要不同在于管与管连接的设计。空间结构钢管构件之间的连接通常采用相贯节点型式,即将一构件直接焊于另一构件的表面,不设任何加劲单元。当相贯节点受荷载作用后,其相邻杆件的连接面发生局部变形,不仅引起相对转动,也产生相对杆轴的位移。这种由几何构造导致节点所具有的独特非刚性性质将对钢管结构的内力、变形以及整体稳定承载力等产生重要影响。尽管近年来钢管结构在我国的应用取得了迅猛发展,但对钢管节点非刚性性能的认识和研究还远远滞后于工程建设的需求,一方面,给工程设计的安全性和经济性造成了不利影响;另一方面,也制约了与基于性能的结构设计思想相适应的钢管结构高等分析理论的发展。

基于上述背景,本书提出了基于结构整体行为的钢管节点性能化设计思想,设定了圆钢管相贯节点非刚性静、动力性能及其对钢管结构整体行为的影响效应这两大研究主题。在评述国内外相关领域研究现状的基础上,从理论和试验两个方面对这两大主题进行了多角度的深入研究与探讨。

首先进行的是圆钢管相贯节点非刚性性能静力试验研究。研制了适用于多种几何形式和多种受力组合的节点性能试验装置,设计了可有效降低扰动影响的节点刚度间接测试方法,分别对 2 个 X 形和 2 个 KK 形节点在多种荷载工况组合下的刚度和承载力进行试验，并利用板壳有限单元对节点试件进行非线性有限元分析，最后对节点非刚性静力性能作出评价。结果表明，在一定的几何参数条件下，相贯节点在直至相连腹杆达到屈服强度之前，可以作为全刚接抗弯节点看待。特定钢管结构中全刚接节点和半刚接节点的几何参数分界值的确定，尚有待于更多试验数据和理论分析数据的归纳。此书为今后研究提供了试验基础和比较依据，并校验了有限元分析的适用性。

随后，本书对相贯节点非刚性性能影响参数的识别与计算进行了系统的分析研究。从对相贯节点变形机理的描述入手，阐述了局部刚度的定义。然后运用正交试验设计方法建立计算模型，分别对9个T形和Y形节点、25个K形节点进行数值模拟分析，通过多元回归技术，建立它们的刚度系数或柔度系数的计算公式。计算结果表明，腹杆与弦杆的直径比、弦杆的径厚比这两个因素对圆管相贯节点的刚度有比较显著的影响，而腹杆与弦杆的壁厚比影响较小。通过对现有国内外计算公式的比较和基于国际钢管节点试验数据库的统计分析，本书建立了具有较高精度和可靠性的相贯节点抗弯承载力计算公式。在此基础上，通过采用同时考虑几何非线性与材料非线性的有限元分析技术，进一步建立了T形相贯节点$M-\theta$关系的全过程非线性模型，以便在空间钢管结构的整体分析中考虑节点的非线性全过程变形行为。

在从试验研究和理论计算两个方面分析了相贯节点的非刚性特征之后，本书将梁柱框架半刚性节点分析理论拓展至空间钢管结构体系，选取空腹格构梁为研究对象，建立了可有效反映钢管节点非刚性性能的子结构模型，从结构整体变形层面上建立了钢管非刚性节点刚度判定准则。Warren型钢管格构梁和单层肋环型球面网壳也是对节点刚度具有较大敏感性的钢管结构，本书根据其不同的特性建立了不同的非刚性节点单元模型组配策略，并编制了集成多个自由度特性及多支管耦联效应的数值计算模块，引入结构整体线弹性数值分析和非线性数值分析中，考察了节点性能对结构整体行为的影响效应。计算结果表明，对于Warren型钢管格构梁，采用铰接节点假定确定杆件轴力具有足够的精确度;相贯节点的刚度尤其是轴向刚度对杆件的弯矩大小及分布影响较大;采用铰接节点假定计算得到的该类结构整体挠度可能小于实际结构的挠度;次应力的影响与杆件轴力的分布有关。对于单层肋环型球面网壳,节点弯曲刚度对结构整体稳定性的影响很大,而节点轴向刚度对结构整体稳定性几乎无影响;节点弯曲刚度比和径向杆件跨高比是影响结构稳定承载力的关键因素。

本书还从构件设计的角度对节点半刚性钢管桁架受压腹杆计算长度进行了分析探讨。在经典的刚架弹性稳定理论基础上推导了考虑节点刚度的四弯矩方程和构件群稳定方程,并将其应用于钢管桁架结构。结果表明,影响半刚性钢管桁架腹杆计算长度的主要因素是腹杆与弦杆线刚度比和腹杆线刚度与节点局部刚度比。通过编制计算程序求取了计算长度数值解,制成了可供设计使用的计算用表和简化计算公式。以等节间 Warren 型钢管桁架为例证明了在腹杆计算长度分析中考虑相贯节点刚度的意义。

本书试验研究的另一重要部分为圆钢管相贯节点滞回性能拟静力试验。本书设计了与空间结构钢管节点不同受力状态相适应的滞回试验装置与加载制度,分别进行了节点在轴力、弯矩及其复合荷载作用下滞回性能的测试和分析。从试验现象出发,分别根据节点承载力、刚度、延性和能量耗散等抗震性能指标对荷载-位移滞回曲线进行了综合分析和对比,探求了节点在反复荷载下的破坏机理。试验结果表明,节点在轴力作用下的破坏模式表现为腹杆拉力作用下的弦杆塑性软化、弦杆焊趾或热影响区开裂以及腹杆压力荷载作用下的弦杆塑性软化等 3 种类型;节点在弯矩作用下的破坏模式表现为焊缝开裂、冲剪破坏以及腹杆根部弹塑性断裂等 3 种类型。节点在轴力和弯曲荷载作用下的滞回曲线均表现出良好的稳定性,无捏拢现象,变形能力与耗能性能良好。轴向滞回性能试件的节点承载效率均小于 1,即节点本身需通过塑性变形来耗能,结构的滞回特性将主要取决于节点部位的滞回特性;弯曲滞回性能试件的节点承载效率均大于 1,即节点自身具有足够的承载力来使塑性铰形成在被连接构件上。本书还提出了钢管相贯节点局部变形的精细化测试方法和现行规范未予解决的焊缝抗弯承载力的计算建议。

在与试验结果进行相互校验的基础上,本书采用数值模拟方法对相贯节点的应力分布规律、单调弹塑性行为和滞回特性进行了深入的研究。结果表明,节点局部区域的三向拉应力场可能是造成焊缝或母材断裂韧性降低从而在较小拉力水平下出现开裂的主要原因。书中通过有限元参数分析进一步考察了影响节点滞回性能的主要因素,给出了钢管节点抗震这一重要问题的设计建议。最后,对于需进一步研究的课题进行了讨论。

目　录

第1章 引言

1.1 钢管结构与相贯节点

1.1.1 钢管结构

钢管结构是由管状截面构件连接组成的钢结构形式。这一形式最早应用于工程实践是20世纪40年代墨西哥海湾海洋平台的建造。从那以后，钢管结构在美国、加拿大、欧洲、日本以及世界各地得到了巨大发展，并逐步由最初的单一应用于海洋工程结构发展到后来广泛应用于建筑结构。就钢管形状来说，最初为圆钢管结构，而后出现了方钢管结构、方圆钢管组合在一起的结构。现在，钢管结构已不再局限于将钢管作为唯一构件，诸如钢管作为支柱与工形截面或其他开口截面的钢梁连接组成的框架结构、以开口截面构件为支柱，将钢管桁架、网架、网壳等作为屋盖的结构，以及钢管内填入混凝土后形成的钢管混凝土组合结构，都可归入钢管结构的范畴。从结构体系来说，平面或空间的桁架、框架、塔架、网架、网壳、索桁结构都可以采用钢管结构。就应用范围而言，工业厂房、仓库、门厅、会展中心、体育馆、航站楼、电视塔、桥梁、高层建筑等都是钢管结构一展身手的舞台。近20年来，钢管结构在我国得到了很大发展。伴随着我国改革开放取得的巨大成就及北京申办2008年奥运会、上海申办2010年世博会的成功，它的应用前景将更加广阔。

钢管结构在建筑结构中的普及应用与其自身的一系列优点密不可分。从力学性能上看，管截面各向等强，受弯时无弱轴，抗扭性能大大高于开口截面；闭合截面管件的局部稳定性也优于有悬挑板件的开口截面。从经济角度看，管构件具有很高的强重比，在用钢量一定的条件下可提供更高的强度，在强度一定的条件下，可减轻结构重量，从而达到节省材料、减少运输与安装费用的目的；此外，管构件的表面积仅为同样承载性能的工形截面表面积的$\frac{2}{3}$，这样就减少了涂漆与防火保护的费用。这些因素所产生的经济效益已逐步为结构工程师所认识。从美学的观点看，钢管结构能够传递独特的视觉效果，通过使用钢管结构，建筑师们可以创造优美的建筑外形以实现其艺术设想。在清洁度要求较高的场合，钢管结构容易除尘，且没有突缘、连接件及其他易积灰之处；对于承受风荷载或海浪荷载的结构，钢管结构所具有的光滑表面比用其他型钢制造的类似结构所引起的动荷载要小得多；钢管结构还可用混凝土填充以增加构件强度。虽然就材料单价而言，钢管价格高于普通开口截面型式的型钢，但上述这些优点综合起来，仍使钢管结构成为可以优先选用的基本结构型式之一。

1.1.2 相贯节点概述

钢管要组成结构，必须解决杆件的连接方式问题。目前钢管结构的连接节点类型有空心焊接球节点、螺栓球节点、相贯节点、钢板节点、法兰节点、鼓形节点、套管节点、铸钢节点、加劲板连接节点及各种型式的组合节点等。其中，螺栓球、焊接球节点主要用于圆钢管之间的连接；其余节点可用于圆管对圆管、方管对方管、圆管对方管的连接；加劲板式节点还可用于钢管和其他截面形式的杆件的连接。

相贯节点又称简单节点(simple joint)、无加劲节点(unstiffened joint)或直接焊接节点。节点处，在同一轴线上的两个较粗的相邻杆件贯通，其余杆件通过端部相贯线加工后直接焊接在贯通杆件的外表；非贯通杆件在节点部位可能存在间隙或相互搭接。相贯节点制作的关键技术是相贯面切割与焊接，由于两个曲面相交，坡口须沿相贯线变化，而且由于交汇钢管的数量、角度、尺寸的不同使得相贯线形态各异。随着多维数控切割技术的发展，这些难点已被逐步克服。目前国内很多企业装备了这一技术，因而使相贯节点在钢管结构中得到广泛的应用。近年来已完成或在建的一些重大工程，如上海八万人体育场、上海东方明珠国际会议中心、上海虹口体育场、浦东国际机场航站楼、上海 F1 国际赛车场新闻中心、广州新体育馆、广州新白云国际机场、广州会展中心、哈尔滨会展中心、首都国际机场新航站楼、成都双流国际机场新航站楼、南京奥体中心、南通体育中心等，均采用了相贯节点。

在工程实践中，相贯节点体现出许多优越性。如外观简洁明快；没有外凸的节点零件，使次要构件连接方便；传力路线明确，构造简单；节省节点用钢、易于维护保养;等等。根据国内众多的网架用钢分析,制作同样跨度、同样功能的网架,采用相贯节点时的用钢量是采用空心球节点时的 72%[1],这种经济性的优势将会引发十分诱人的市场前景。

1.1.3　相贯节点分类

文献[2]对相贯节点从不同角度进行了分类。按杆件位置分类,相贯节点可分为平面节点和空间节点两大类。平面节点为所有杆件轴线处于或几乎处于同一平面内的节点,否则为空间节点。在节点处贯通的钢管通常称为弦杆(chord),焊接于弦杆之上的钢管称为腹杆(brace)。空间节点中非主承重面内的杆件称为支杆以区别于腹杆。

按截面形状分,弦杆与腹杆截面均为圆管的节点,通常称为圆管节点;弦杆与腹杆截面均为方管或矩形管的节点称为方管节点;弦杆为方管或矩形管而腹杆为圆管的节点和弦杆为圆管而腹杆为方管或矩形管的节点统称为方圆汇交节点。

按几何形式分类,如图 1-1 所示,工程中较多遇到的平面节点有:T 形与 Y 形、X 形、K 形、YK 形(即在弦杆一侧有三根腹杆的情况)、KK 形(为区别后文提到的空间 KK 形,此处一般称为平面 KK 形)。

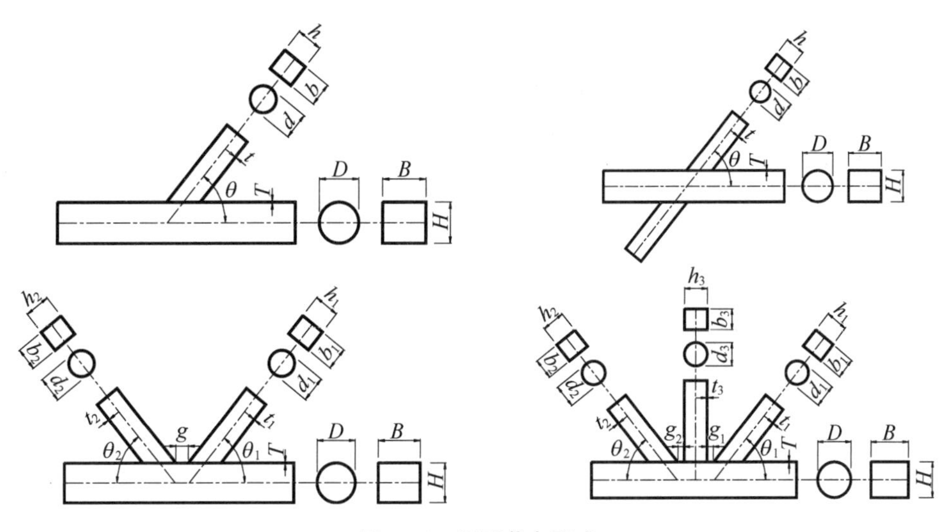

图 1-1　平面节点形式

国内称为空间节点的节点形式在英文文献中一般称为多平面节点(Multi-planar joint)。工程常见的节点几何形式如图 1-2 所示,包括 TT 形、XX 形、

KK 形、TK 形、XK 形等。平面节点的互相组合(共用一根弦杆),可以形成各式各样的空间形式,所以,实际空间节点的种类不仅限于上述几种。方管为弦杆的节点,方管可以偏转 45°后与腹杆连接;空间曲线桁架和曲面网壳中的节点,弦杆并非直线,这些都增加了空间节点形式的变化。

图 1-2　空间节点形式

按刚度性质分类,在传统海工结构设计中,相贯节点作为刚接节点处理,原因是弦、腹杆截面几何尺寸相差较小导致端部约束较大;而钢桁架结构设计将相贯节点作为铰接节点处理,原因是杆件细长使得次弯矩较小;而实际上的相贯节点由于其相贯面的局部变形应该被划入半刚性节点的范畴。况且在有些情况下,如空腹"桁架"或单层网壳结构体系中,相贯节点必须实现半刚性甚至刚性连接的要求,否则无法形成有效的结构体系。

1.1.4　圆钢管相贯节点主要性能参数

影响相贯节点强度和刚度的截面几何参数主要有(图 1-1)弦杆外径 D,弦杆厚度 T,腹杆外径 d,腹杆厚度 t。为研究方便和相互比较,一般采用以下无量纲几何参数:

直径比(又称荷载传递因子) $\beta = d/D$;

弦杆径厚比 $\gamma = D/(2T)$;

腹、弦杆厚度比 $\tau = t/T$;

腹杆与弦杆之间的夹角 θ。

由此可以看出,采用相贯节点的钢管结构与采用其他节点形式的钢管结构相比，一个显著区别在于杆件和节点设计的独立性减小，在决定了杆件材料与几何特性的同时也决定了节点的工作性能。合理的节点设计应是寻求杆件和节点力学性能的最佳结合点[2]。

1.2 国内外研究现状及最新进展评述

1.2.1 相贯节点轴向静力承载力的研究现状

在认识到相贯节点作为钢管结构连接的优越性后，各国学者对它的性能进行了大量的研究，起先主要集中在对平面 T 形、Y 形、X 形和 K 形节点受轴力作用时的极限承载力方面。从 1974 年开始，针对空间 XX 形、TT 形、KK 形以及 TX 形相贯节点的研究工作也陆续展开。所研究的内容包括局部应力应变分析、破坏机理分析、弹塑性行为、设计参数研究等。

1. 试验研究

由于节点受力状态复杂，理论分析难度较大，试验研究一直是进行钢管节点性能研究的基本方法。采用试验方法来研究相贯节点在静载下的弹性应力，极限强度以及在加载过程中的变形情况，不仅能提供节点计算公式的回归依据，还能供研究人员根据试验结果调整理论分析模型，同时为进行大量的数值分析提供基础。

圆管的出现和使用早于方管。因此相贯节点的试验研究也是从圆管开始的。1948 年，联邦德国实施了最早的钢管节点极限强度试验[3]。对相贯节点的系统研究则始于 20 世纪 60 年代中期。其中，日本学者所作的一系列试验研究为以后的试验探索了道路，也为早期欧洲规范奠定了基础。60 年代起，鹫尾、黑羽[4]、金谷[5]对 K 形、T 形、X 形节点进行了比较系统的试验，先后提出了 T 形、X 形和 K 形节点的强度计算公式，1973 年，美国石油协会 API 规范第一版设计指南采用了此项成果，后又于 1977 年再版时做了修订。但是，这一规范主要是基于冲剪应力概念的研究成果，不能适当地反映节点的实际破坏模式。1981 年，美国学者 Yura[6]撰文对 80 年代以前的管节点承载力研究作了总结并给出了改进的节点强度公式。他认为，试验数据与以前公式误差较大的原因是：① 试件尺寸太小，很难适当模拟焊缝和局部性能；② 许多试验未测量材性，仅给出屈服强度的最小规定值，而钢管材料实际屈服强度超过规定值 20%十分普遍；③ 许多试验缺乏变形数据，如果变形过大，对节点强度起控制作用的将是变形而非荷载；④ 有些试件的破坏属杆件失效而非节点失效。因此，他从节点试验数据库中剔除了不符要求的数据，建立了一个由 137 个试验结果组成的可靠数据库。在此基础上，综述了轴向加载的 T 形、Y 形、TT 形和 K 形节点以及弯矩加载的 T 形节点的性能。1984 年，Kurobane[7] 指出，由于节点形状的复杂性，完全采用理论分析方法研究节点极限承载力是不切实际的。他采用一种经试验结果校正后的环模型，通过回归分析，整理了 73 个 X 形节点、50 个 T 形节点、398 个 K 形节点试验结果，提出了能够覆盖弦杆直径 60～510 mm、钢材屈服点 270～500 MPa 的圆钢管平面节点强度计算公式，并考虑容差控制、材料选择和结构尺寸来决定设计公式中的抗力系数，成为日本建筑学会、欧洲管节点委员会制定设计指南的依据。1988 年，Billington[8] 对管节点设计规范做了概括介绍，总结了控制管节点强度的参数，指出管节点静力强度的研究路线为可靠的极限状态试验数据；考察控制节点强度的各个参数对受压、受拉和受弯节点的影响；回归平均和特征强度公式；给出公式的应用范围；考虑主支管的相互作用后进行修正；节点细部要求。早期对于空间节点的设计来说，一般是利用平面节点的强度公式估计空间节点的极限强度，但并不考虑不同平面间的相互作用。随着设计理念和研究水平的发展，越来越多的学者意识到应该更加全面准确地预计空间节点的强度。1974 年，Akiyama[9] 首次进行了空间管节点的模型试验，测试了 4 个 KK 形管节点在轴力作用下的承载力。1984 年，Makino[10] 在其博士论文中发表了 20 个空间 KK 形节点试验结果，指出两受压腹杆在弦杆表面间距不同将导致不同的破坏模式，这是平面 K 形节点所没有的特征。1987 年—1989 年，Mitsi、Nakacho 等分别开始空间 TT 形节点的初步研究。1990 年，Scolla[11] 等实施了 TT 形节点的试验，肯定了前述 KK 形节点的破坏模式在 TT 形节点中同样存在。1994 年，Paul[12] 提出对于空间节点来说建立完全独立的承载力公式是不切实际的，而应与平面节点公式建立联系。他在收集了 58 个空间节点试验数据的基础上，运用半经验方法分析得到了空间 TT 形和 KK 形节点在两种不同破坏模式下的承载力方程和空间作用因子 μ，指出实际上空间作用效应相当显著。总体来说，1965—1985 年的 20 年间，在世界范围内开展了大量涉及不同形状、不同荷载工况、不同节点形式的试验，但限于经费与设备，大部分试验是采用小型节点试件、缩尺模型或光弹模型，1985 年以后，研究者们开始注意节点试验中的支座条件、长度效应等，节点试验尺寸效应也得到重视，许多以往被奉为经典的试验结果因尺寸过小而被剔除。1996 年，Makino 和 Kurobane[13] 在广泛收集世界各国钢管节点试验数据的基础上建立了一个包括 1 544 个实测结果和

786 个有限元分析结果的圆钢管相贯节点数据库，节点包括 T 形、Y 形、X 形、K 形、TT 形、XX 形、TX 形、KK 形共 8 种类型，这是迄今为止最为完全的节点数据库，大大方便了对现行设计公式的评价。

方钢管的应用始于 1952 年的英国，因此其相贯节点的试验研究较圆管节点起步晚。英国 Sheffield 大学和英国钢铁公司研究中心于 20 世纪 60 年代开展了有关工作。1970 年，Eastwood 和 Wood 发表的有关管节点试验和理论研究的报告被认为是早期的重要文献。20 世纪 70 年代，欧洲、加拿大、日本等国相继进行了大量的试验和研究工作，80 年代以后，澳洲、中国等也发表了研究成果，文献[14]对这些成果做了详细介绍。

我国学者在相贯节点的试验研究方面也做了很多工作。1965 年，同济大学与机械部设计院合作进行了 2～3 mm 薄壁方管桁架的相贯节点试验。1988 年，张志良[15]对 X 形方管节点极限承载力进行了试验研究，在此基础上提出了极限承载力的分析方法；1993 年，同济大学对 80 mm×4 mm 焊接方管平面 X 形节点进行了疲劳试验和分析。近年来，同济大学结合国内工程实践，先后实施了多项大尺寸钢管相贯节点的试验。1996 年，同济大学与上海建筑设计研究院合作，对弦杆直径在 120～500 mm 范围内的圆管平面 K 形节点进行了极限承载力试验[16-17]。1999 年，对空间 KK 形、KT 形、KX 形节点分别进行承载力试验[18-19]，试件尺寸为 324 mm×12. 5 mm～457 mm×20 mm，并以圆管节点数据库为基础，综合自己的试验成果，提出了空间圆管节点静力强度计算公式的建议值[20]；2000 年，与广州设计院合作进行了方钢管平面 K 形节点静力试验，弦杆尺寸为 250 mm×14 mm[21]；同年又与西南建筑设计研究院合作，对 168 mm×12 mm～351 mm×16 mm 的圆钢管平面 X 形、KK 形节点进行不同轴力、弯矩比下的刚度和承载力试验[22]。哈尔滨建筑大学武振宇[23-26]先后进行了等宽、不等宽 T 形方圆汇交节点和 K 形、KK 形方管节点的极限承载力试验，但杆件均为冷弯成型的薄壁截面。湖南大学舒兴平[27]对 6 个 KK 形圆钢管相贯节点进行了足尺试验研究，指出对于主管强、支管弱的节点，其破坏模式不属于主管过度塑性变形，因此承载力不能按规范公式计算。

根据试验观察和分析，相贯节点主要破坏模式有以下几种：① 弦杆管壁的塑性破坏，由腹杆内力中垂直弦杆杆轴的分力导致管壁产生局部弯曲所致；② 弦杆为方管或矩形管时，弦杆腹板发生板件鼓曲变形，这是弦杆腹板在翼板局部应力造成的板缘弯矩作用下产生的变形，形式上类同板件失稳；③ 弦杆管壁冲剪破坏，严重时管壁被彻底剪断；④ 腹杆与弦杆的连接焊缝破坏。此外，腹杆在靠近弦杆处发生局部失稳以及杆件失稳或断裂这些在试验中观察到的现象，归为杆件破坏范畴更合适。

从大量试验现象中，可以归纳出节点几何形状及其尺度中与承载强度有关的主要因素如下：① 弦杆壁厚，壁厚越大，节点承载强度越高，当节点设计由前述第一种破坏模式控制时，显然节点承载强度与弦杆厚度的平方成正比；② 腹杆与弦杆的外径（宽度）比，比值越小，对圆管节点承载越不利；在方管节点中，该比值较小时，可能导致弦杆翼板破坏，较大时，则可能导致弦杆腹板先行破坏；③ 腹杆对弦杆的倾角，倾角较大时，腹板轴力垂直弦杆轴线的分量变大；④ K形节点中腹杆间隙也对节点承载性能有影响，其他条件相同时，腹杆间隙较大者节点承载强度较低，空间 K 形节点中，与弦杆不共面的两邻腹杆间距不同，造成破坏模式和承载力的不同。

节点承载强度也与节点的受力情况有关。弦杆轴压力大小对节点承载力有一定影响；空间节点中，支杆轴力的符号及大小，直接影响节点承载强度。

2. 理论分析

各国学者在大量试验研究的基础上根据试验结果提出了很多承载力公式，有些已被规范采用。但试验研究同样有其局限性。例如，由于试验成本和加载设备的限制，使得试验数据不可能覆盖工程节点实际尺寸的全部范围；由于试验手段的局限性，试验结果有时缺乏准确性和稳定性；尽管试件客观上包含了材料、制作、构造特性等各种影响，但试验结果难以将这些因素定量地区别出来；试验时，试件的边界条件不可能和实际结构中的约束完全一致，只能是一种近似。因此，具有合理假定的理论分析也是相贯节点研究不可或缺的重要组成部分。目前采用的理论分析模型主要有环模型、冲剪模型和塑性铰线模型。

第一个基于塑性理论的简化环模型由 Togo 在 1967 年提出[28]。在这一模型中，三维节点被简化为弦杆用圆环来替代的二维模型来分析。腹杆力用作用在一定长度范围内的线荷载来代替。在对可能的塑性铰位置作出假定之后，承载力公式形式可通过环（弦杆）在线荷载（腹杆力）组合下的屈服条件推出。1995 年，Jubran 和 Cofer[29]提出一种修正的环模型法，考虑当腹杆与弦杆直径比较大时的节点强度增大效应，从而得到新的设计公式。该法比单环模型更为合理。杨国贤[30]提出了计算受拉荷载作用下 T 形节点静承载力的等效单环法。该法通过对带弹簧圆环的极限承载力的计算来模拟 T 形节点的受力全过程，能根据不同变形要求得出管节点的静承载力。

1974 年，Marshall 和 Toprac 提出冲剪模型[31]。冲剪准则假定通过弦杆壁可能破坏面的局部应力决定了节点强度，即作用在弦杆壁可能破坏面的局部应力不能超过许用冲剪应力。许用冲剪应力由弦杆强度和节点几何参数决定。冲剪准则是 A. P. I. 设计规范的基础。

塑性铰线法最先由 Johansen 在 1943 年分析钢筋混凝土板内力时提出。这是一种建立在节点失效模式基础上的塑性上界法。通过对节点各种失效模式的比较，选择一种能得到最小破坏荷载的失效模式，画出节点的屈服线模型并有效分析出节点的塑性破坏荷载。这种方法在相贯节点分析中得到较广泛的应用。1990 年，Makino[32]尝试采用屈服线模型来预测轴向受力 X 节点的强度。从平面 X 节点试验经常观测到的变形模式出发，假定了呈椭圆状时弦杆表面的破坏机制。三角形平面单元被提出以简化弦杆壁的变形。关于屈服模式(对薄膜力)尺寸的不确定因素通过试算和误差调整得到。接下去屈服强度的推导只能通过数值方法进行。尽管屈服线理论不能精确计算平面 X 节点的实际强度，却提供了一种对强度公式形式的良好预测。1999 年，陈以一[33]对圆钢管 K 形节点建立了三重屈服线模型分析其极限承载力。该模型的分析结果与国内外大量试验数据尤其是大尺寸试验数据吻合较好。武振宇分别对轴向力作用下的 T 形方管节点[34]和不等宽 K 形间隙方管节点[35]建立了塑性铰线模型。

3. 数值分析与计算

近年来，随着计算机技术的发展和大量数值分析软件的开发，有限元法已逐渐成为相贯节点研究的主流方法。钢管节点为多个壳体和板组成的结构，几何外形复杂。用有限元进行数值分析的关键在于准确有效的单元网格划分和合理的边界条件。1990 年，张志良[36-37]等采用矩形薄板广义位移协调元，结合增量-牛顿拉夫逊-子增量法，对焊接 T 形和十字形方管节点由腹板失稳导致破坏时的极限承载力进行了弹塑性大挠度有限元分析。1995 年，Jubran[38]提出一种分析管节点的非线形有限单元法。该法采用实体块元模拟节点域，壳元模拟杆件端部区域，二者的连接为过渡单元，并考虑了断裂损伤的影响。他们用此法对 T 形、DT 形、X 形、Y 形节点在各种荷载条件下的静力强度进行了参数分析，并总结了数值分析与试验结果产生误差的原因是：① 弦杆端部条件；② 有限元模型的精度；③ 鞍点周围区域的局部屈曲。Vegte[39]在其博士论文中对平面和空间 T 形与 X 形圆管相贯节点进行了系统的有限元分析，在修正传统环模型的基础上回归了节点承载力计算公式，但未与试验数据进行对比。1996 年，Dexter[40]针对以前研究和试验均较少的 K 形搭接节点应用通用有限元软件进行了参数分析，研究了影响强度与搭接率之间关系的各种因素，如边界条件、隐焊缝、加载制度和破坏模式等。通过模拟焊

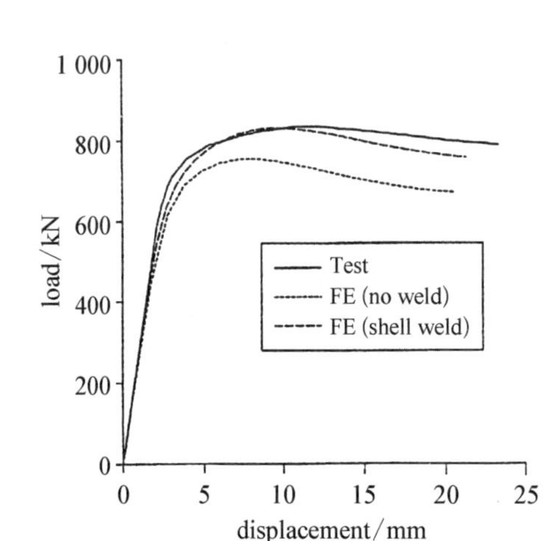

图 1-3　焊缝模拟对有限元分析结果的影响

缝与不模拟焊缝的有限元分析结果比较(图 1-3)得出结论：若焊缝在有限元分析时被忽略，对节点刚度几乎无影响，但会显著降低节点极限承载力。Lee[41-42]对空间 KK 形节点进行有限元分析，特别考察了参数 γ 和破坏模式对节点强度的影响，建立了以腹杆间的横向间隙的函数来划分两种破坏模式的准则，并结合试验结果回归了强度公式。

国内方面，刘建平等[43-44]应用通用有限元程序中的四节点板壳单元分析了方圆管和圆管相贯节点的塑性区分布规律、节点变形以及几何参数对极限承载力的影响，但不足之处在于未进行试验结果的校验。舒宣武等[45-46]对平面 K 形和空间 KK 形圆管相贯节点进行了有限元分析。从 2002 年开始，武振宇等[47-55]采用三维退化曲壳元或通用有限元软件分别对 T 形方管节点、T 形方圆汇交节点、K 形间隙方管节点进行了弹塑性大变形有限元分析，并辅以薄壁小尺寸节点试验验证，针对各类方管节点的工作性能提出了设计建议。

1.2.2　相贯节点非刚性性能的研究现状

在工程常见的几何尺寸范围内，相贯节点受荷载作用后，其相邻杆件的连接面发生局部变形，从而引起相对位移和转动，无论在弹性或弹塑性阶段都表现出非刚性效应。由此可将该类节点定义为非刚性节点。相应地，相贯节点的非刚性性能包括在轴力、弯矩以及轴力与弯矩共同作用下的节点弹性刚度、极限承载力和非线性弹塑性行为。

由于对相贯节点轴向承载力的研究成果众多，而对相贯节点刚度及抗弯承载力的研究相对较少，因此本书的非刚性性能研究重点为相贯节点在轴力与弯矩作用下的弹性刚度、相贯节点在弯矩及轴力与弯矩共同作用下的极限承载力和相贯节点的弯曲非线性弹塑性行为。

目前查阅到的最早关于相贯节点刚度的文献是 1961 年金谷弘[5]对节点局部变形的试验研究。早期节点刚度研究主要围绕较为简单的 T 形、Y 形单腹杆节点性能以试验研究的手段展开，同时采用数值方法针对节点弹性刚度对海工结构的影响效应进行广义考察。

1981年，Mang[56]提出一种评价T形方管节点刚度的方法，并给出了计算公式。1986年，Fessler[57-58]进行了27个由环氧树脂制成的单腹杆节点模型试验，根据试验结果回归了单腹杆节点的刚度参数方程，并将其与DNV规程[59]公式与Efthymiou[60]关于节点刚度的研究结果进行对比，对公式的适用性进行了评价，并提出位移比作为评估节点刚度影响显著性的指标。1992年，Fessler[61]提出一种研究钢管节点极限承载力的简化试验方法，即采用铸造压模法制作铅模型代替钢模型进行试验，无量纲化后的试验结果与钢模型吻合较好，为今后进行大量的试验研究提供了可能。

为了解节点变形性能对整体结构的影响，Bouwkamp[62]采用修正的三维有限元极限分析方法针对节点变形性能对离岸塔架结构的影响效应进行了研究，指出对于高350英尺的塔架来说，节点刚度的影响是十分显著的。Holmas[63]也通过数值分析证明海工结构中杆件的弯矩受节点刚度影响很大甚至有的变化超过了100%。

随着研究工作的深入，对较为复杂的K形节点变形性能的研究逐渐开展。由于存在相邻腹杆间局部变形的交互影响，对这类节点刚度的分析有不同的处理方式：一是不论该腹杆受荷载与否，完全不考虑腹杆刚度的影响[64]。此时分析的对象仅为弦杆圆柱壳，腹杆与弦杆之间的传递荷载只考虑垂向力，并对垂向力的分布按荷载性质作出某种假设。该法虽然使问题的求解大为简化，但适用面比较狭窄。一般来说，仅适用于β较小的T形、Y形节点，对β较大的T形、Y形节点或K形节点，其给出的刚度或柔度系数误差较大。二是认为受荷载作用的腹杆对节点刚度影响较大，必须加以考虑，而不受荷载作用的腹杆对节点刚度影响较小，以致可以忽略。因此该法的实质就是忽略K形节点中不受荷载作用腹杆的刚度效应。此时，各腹杆处的刚度系数与对应的T形、Y形节点的刚度相等，从而使K形节点的刚度分析简化为T形、Y形节点的刚度分析。Fessler[58]基于这一方法在27个环氧树脂单腹杆节点模型试验的基础上提出了空间多腹杆节点的刚度经验公式，显然，按这种方法求得的节点刚度是实际刚度的下界。除了对腹杆刚度的不同处理外，K形节点刚度分析中还涉及对各腹杆边界条件的不同处理方式。一种处理方式[59-60,65]是将各腹杆的端部视为完全自由。一腹杆受荷载作用时，另一腹杆处也存在局部变形，而构件对该腹杆局部变形的约束通过交互性的大小来反映。另一种处理方式[66]则认为，受载腹杆在其本身处存在与荷载性质相一致的弦杆局部变形，而在其他腹杆处，由于相邻构件的约束，不存在弦杆的局部变形即交互刚度为无穷大。

20 世纪 90 年代以后，随着计算力学与计算技术的发展，半解析数值方法逐渐替代试验成为相贯节点刚度研究的主要手段。Ueda[67-68]基于弹性和理想弹塑性荷载-位移关系采用杆系线单元组成的简单模型来近似模拟管节点，并在修正与改进精度的同时保持了数值计算的简化性。Ure[69]对腹杆端部压扁(flattened-end)的相贯节点在实际应用与结构上的优点做了探讨，并单独以弦杆为对象采用有限元方法计算得到了该类节点的刚度系数公式，继而与传统节点刚度系数公式做了对比。Hyde[70]采用实体有限元方法分析了 24 种工况的 TY 形节点在轴力作用下的端部荷载-位移曲线，考虑了不同加载路径的影响。Leen[71]基于上述分析结果，根据能量原理提出了一个预测管节点端部弹塑性荷载-位移响应的方法，并可考虑弯矩与轴力共同作用的情况。武振宇[72]对腹杆轴向荷载下不等宽 T 形方管节点的轴向刚度进行了理论研究，提出按四根悬臂杆件来等效弦杆的翼缘板对腹杆的约束作用，从而模拟塑性铰线模型。赵宪忠[73]对双向贯通式钢管节点力学性能进行了试验研究，指出节点构造几何尺寸是影响该类节点性能的重要因素。

近年来，随着钢管以及钢管混凝土用于框架结构的日益增加，对于梁柱钢管连接节点性能的研究逐步引起了研究人员的注意。France[74]对采用流钻工艺(Flowdrill Process)连接的开口截面梁与钢管柱的连接节点进行了试验研究，重点考察该类节点的抗弯承载力和转动刚度。试验结果表明，节点可看作铰接或部分强度连接。此后还进一步考察了钢管柱内填充混凝土后对节点性能的影响。Silva[75]指出在方钢管柱内填充混凝土后，梁柱节点连接面的弯曲变形能力受到了显著限制，如果无法对节点弯矩-转角关系做出准确预测，将需要花费复杂而昂贵的构造来保证节点的刚性。基于这一原因，他提出了一个基于等效受荷面条带法的分析模型来预测该类节点的初始弹性刚度。考虑的主要参数为受荷面的厚度及其他几何尺寸，这与相贯节点刚度的性能表达参数是一致的。通过数值分析与试验结果的对比证明了该模型的适用性。

在相贯节点抗弯极限承载力方面，海工结构领域对弯矩作用及轴力和弯矩组合作用下的节点强度进行了大量的试验研究[61,76-79]，也进行了一系列有限元分析[39]，取得了一些成果，并相应引入了设计规程和建议。概括起来，抗弯承载力计算公式目前主要有以下来源：欧洲规范(Eurocode3)[80]、日本规范(AIJ)[81-82]、美国石油协会许用应力设计规范(API - WSD)[83]和荷载与抗力系数设计规范(API - LRFD)[84]以及其他若干海工结构的规范，包括 HSE 规范[85]、ISO 规范[86]、NORSOK 规范[87]，这些规范公式的具体形式将在第 3 章中给出。

1.2.3 相贯节点屈服与极限承载力的判定

当腹杆承受轴力时，相贯节点荷载-位移通常如图 1-4 的(a)和(b)所示。图 1-4 的(c)和(d)所示则意味着弦杆管壁经历了大变形之后出现了刚度和承载力提高的现象。在曲线(c)中，荷载-变形曲线到达第一个峰值点后节点出现失稳，变形继续增加以致改变了节点的形状。此后节点刚度提高再次达到稳定的平衡。这种情况下，第一个荷载峰值点被定义为节点极限承载力。在曲线(d)中，节点失效后没有出现明显的承载力下降。当出现大变形时，由于节点形状的改变，再次出现与曲线(c)一样的刚度增加。因此，在刚度提高出现之前，腹杆的轴力被定义为节点实际极限承载力。当腹杆承受弯矩时，节点荷载-位移通常如图 1-5 的(a)、(b)和(d)所示。

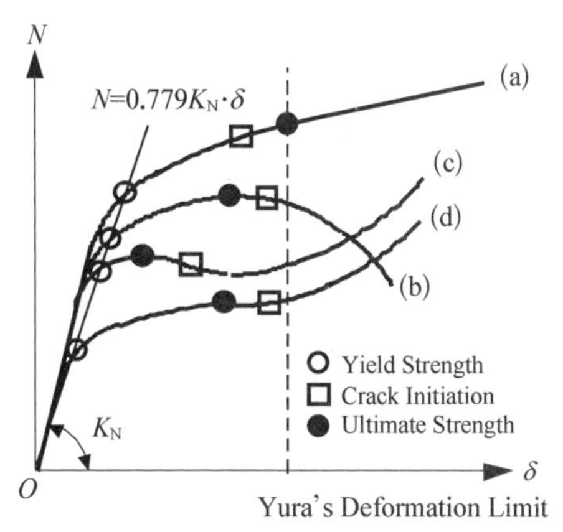

图 1-4 典型的节点轴力-相对位移曲线

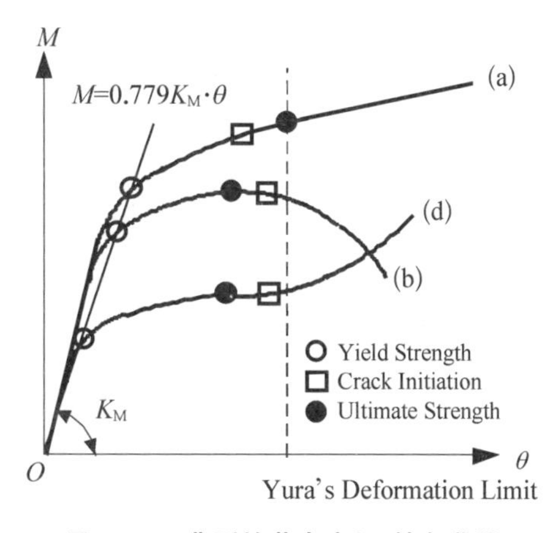

图 1-5 典型的节点弯矩-转角曲线

在现实试验中，经常出现节点经历了极大的变形而依然未出现荷载降低的情形，如曲线(a)，这主要是因为弦杆管壁的薄膜行为(membrane action)和材料的应变硬化。由于在实际结构中发生如此大的变形是不现实的，因此就有必要采用变形限值来定义节点承载力[88]。迄今为止，共有四位学者先后提出关于相贯节点变形限值的研究成果。Mouty[89]从 12 个对称 K 形方管间隙节点试验中观察到当连接面发生 $1\%b_0$(b_0 为弦杆宽度)变形时对应的荷载与通过屈服线分析预测的屈服荷载十分吻合，于是建议 K 形方管节点的变形限值为 $1\%b_0$。Yura[6,90]提出的圆管节点变形限值目前应用最为广泛。当腹杆承受轴力时，

Yura 变形限值为 2 倍的腹杆屈服变形（即 $2f_yL/E$），其中腹杆长度 L 取为 30 倍的腹杆直径(d)。当材料屈服强度 f_y 为 350 MPa，弹性模量 E 为 200 GPa 时，该值可换算为腹杆直径 d 的 10.5%或当 $\beta=0.3$ 时弦杆直径 D 的 3%；当腹杆承受弯矩时，相应的 Yura 转角限值取为 $80f_y/E$。Korol 和 Mirza[91]建议方管 T 形节点连接面的变形应限制为节点弹性极限变形的 25 倍，大致相当于弦杆壁厚(T)的 1.2 倍。范围覆盖所有类型管节点的普适化极限变形限值由 Lu[92]提出。他认为，对应于发生变形达到弦杆宽度(b_0)或直径(D)的 3%时的荷载可作为节点的极限荷载。该准则的适用性已通过一系列方管节点的试验得到验证[93]，并被国际焊接协会(IIW)[94]采纳。同时，1%b_0（或 1%D)的轴向变形限值对应于方管管壁典型非平度(凹凸)的容差，可作为正常使用极限状态的限值，并亦被 IIW[94]采纳。本书采用 Yura 变形限值作为判断节点极限承载力的标准，在受轴力作用的情况下与 Lu 限值是吻合的。

荷载-变形曲线上观察到的屈服强度可作为衡量节点承载力的又一指标。Kurobane 研究后定义斜率为 $0.779K_N$ 或 $0.779K_M$ 的割线与节点全过程曲线的交点所对应的荷载作为节点的屈服承载力[95]，如图 1-4 和图 1-5 所示。此外，根据研究目的的不同，可能还存在其他一些定义节点屈服承载力的标准。

1.2.4 相贯节点滞回性能的研究现状

与钢框架结构中的梁柱节点类似，钢管结构中最常采用的相贯节点在体系中起着举足轻重的作用。在正常使用状态下，它将弦杆与腹杆连成整体，使之成为结构，有效地承受重力、风载等外部荷载；在强烈地震作用下，腹杆根部和节点域产生塑性变形，形成塑性铰或塑性区，有效地吸收和耗散能量，使结构做到“大震不倒”。

从 20 世纪 60 年代开始，工程师们开始注意到结构在反复荷载下的非弹性性能是影响其在罕遇大震下抗震性能的关键因素。经过试验观察发现，强烈地震引起的地面运动可以通过使试件产生较大弹塑性变形的伪静力反复荷载来模拟。这为测试结构或构件的抗震能力提供了一条方便的途径。该试验方法已被广泛地应用于建筑结构[96]和海洋平台结构[97]，由此得到的滞回曲线被用于评估结构的抗震性能。

Soh[98]采用试验和数值模拟方法研究了一种新型海洋平台管节点在地震荷载下的响应和破坏情况。采用拟静力循环加载模拟地震荷载，对真实尺寸的试件进行实验，研究局部屈曲和裂纹对管节点抗震性能的影响。能量分析表明，发生在斜支管中的局部屈曲消耗了大部分能量。在试验基础上，采用有限元数值模拟方法分析比较了不同尺寸配置下该型管节点的响应曲线。

陈以一等[99]对两种几何特征的圆钢管空间 KK 形相贯节点进行了以轴力为主的静力单调和反复加载的试验研究，作为进一步研究钢管桁架抗震性能的基础。为对试件中的杆件和节点施加大吨位内力，设计了以桁架结构为加载对象的加载装置(图 1-6)。通过 4 个试件的试验分析，得到了节点滞回特性曲线，并对其变形能力与耗能能力进行了量化评价。研究发现，单调加载曲线可以基本包覆滞回曲线，且节点在腹杆变号轴力反复作用下变形沿首次塑性开展方向累积。

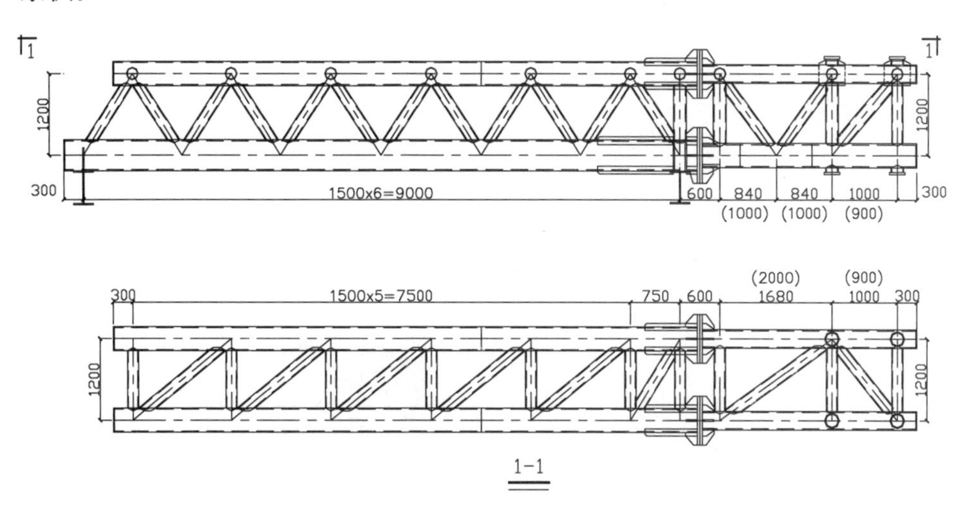

图 1-6　以桁架结构为加载对象的加载装置(单位：mm)

1.2.5　前人研究的不足

在相贯节点的非刚性能研究方面，概括说来，前人的成果主要限于半解析数值模拟和非钢模型或小尺度钢模型试验，尚缺乏具有工程尺度的钢模型节点的试验验证和系统深入的有限元分析，还未形成对节点变形机理的规律性认识和理论解释，没有建立完整的可供工程应用的设计公式。在计算技术和试验技术高度发展的今天，采用三维有限元技术对各类相贯节点刚度系数进行系统分析计算，并辅以适量的钢模型试验验证是完全可能的。在对大跨空间钢管结构的分析上目前仍然采用传统的理想化节点假定或套用仅适于钢框架梁柱节点刚度判定的准则来建立计算模型，缺乏针对钢管结构自身特点建立的非刚性节点刚度判定准则。

作为设计依据，我国现行钢结构规范[100]中提供了平面节点和空间相贯节点的强度计算公式。由于到目前为止的工程设计中，大多把采用圆钢管相贯节点的结构作为平面的或空间的铰接杆件体系看待，因此，规范中所列入的计算公式仅限于考虑仅受杆件轴力作用的节点强度问题。当相贯节点用于空腹桁架或单层网壳时，现行规程[101]规定设计时必须采用刚性节点假定。这就使得节点除承受轴向力作用外，还必须承担相应的弯矩。当单层网壳采用焊接空心球节点时，为简化计算，规程[101]规定将空心球轴向承载力计算公式统一乘以一受弯影响系数 $\eta_m = 0.8$，作为其在压弯或拉弯状态下的承载力设计值。这种方法具有很大的近似性，本书建议直接采用抗弯承载力校核的方法来进行节点设计。尽管海工结构领域对弯矩作用及轴力和弯矩组合作用下的节点强度已有不少成果，但尚需根据建筑结构的几何构形和尺寸特点进行适用性研究。

1.3 工程背景与研究意义

1.3.1 工程应用背景

在近年来相贯节点应用日渐普及的背景下，对钢管节点的非刚性能研究尚未充分展开。研究工作的滞后给工程设计的安全性、经济性已造成不利影响。例如，西南某枢纽航站楼建设工期长达近 10 年，因单层网壳采用的钢管相贯节点是否具有结构必需的抗弯刚度难作定论是拖延设计、制作周期的重要原因，最后只能用足尺试验进行验证[102-103]。又如东南某省会 300 m 拱跨体育设施钢管结构，原本可以采用相贯节点，由于对节点性能把握不准，大量节点采用厚壁铸钢，单此一项即耗资巨大[104]。沿海某大城市一国际会议中心采用贯通式节点，设计时，完全按刚性处理，事后的分析才发现所取几何尺寸只能保证节点的弱刚性连接[105]，导致稳定承载力下降 30%左右，所幸原设计留有很大余地，但为安全起见还是另行追加了结构加强构件。上海市重大工程八万人体育场设计曾分别采用铰接和全刚接两种杆系模型计算，发现实验结果与刚接杆系模型接近，而按刚接模型计算得到杆件内力因为包含弯矩成分，使按铰接模型分析后确定的杆件截面承载强度显得不够[106]。究竟是否需要修改杆件截面，就须根据相贯节点的刚性程度，建立更接近实际的分析模型，而后才能确定杆件内力，对杆件承载性能作出合理判断。这些大型工程的实例表明对钢管节点非刚性性能的合理评价，以及可供工程应用的节点刚度判定准则的建立，已成为目前需要尽快解决的课题。

1.3.2 研究意义

节点的非刚性能对大规模超静定结构的内力分析、稳定承载力、极限强度以及振动特性都有影响。通过考虑节点刚度,可更为精确地求得结构的内力,从而对节点区域的热点应力以及节点的疲劳性能进行可靠的把握。节点的非刚性能还与稳定计算中确定杆件计算长度有关。在深入研究结构动力性能时,正确评价节点性能对结构整体刚度的影响至关重要。

此外,由于采用相贯节点的钢管结构的节点效率大多小于1.0,即节点承载力往往低于杆件承载力,当结构处于抗震设防区域时,较大的地震作用完全可能在杆件内引发超过节点设计内力的荷载效应。正是由于钢管非刚性节点在承载强度上具有这种与框架梁柱节点不同的特性,结构在强震作用下的安全性能更依赖于节点而非杆件。所以,把握该类节点的滞回性能并将其引入钢管结构整体动力响应分析就成为保证结构抗震安全性的重要课题。

从国际上看,节点半刚性行为的研究与在结构分析中考虑节点半刚性效应已成为结构工程学的研究热点,也是欧美日等地区和国家基础研究基金资助的重点之一。20世纪90年代初,由美国学者提出的基于性能的结构抗震设计理论代表了未来结构抗震设计的发展方向,它将节点的行为参数确认与性能评估作为其重要的组成部分,美日等国都投入许多力量进行研究[107-108]。对钢管非刚性节点在变形、动力滞回和失效机理等方面的性能评价研究将对钢管结构基于性能的设计方法的建立奠定基础。

1.4 研究工作

1.4.1 研究内容

基于上述研究背景,本书的研究内容以圆钢管相贯节点为对象:研究影响节点刚度的几何特征参数和性能表达参数,构建节点刚度的参数化模型,建立可供工程设计应用的节点刚度判定准则;针对建筑钢管结构中常用的节点几何形式建立弹性刚度公式、非线性全过程模型以及多种荷载组合下的极限承载力相关公式;将考虑节点刚度和承载特性的计算模块引入钢管结构静力计算和非线性数值分析中,基于结构整体行为提出考虑节点非刚性性能的钢管节点设计建议;研究钢管节点在地震荷载作用下的失效机理和滞回性能。

1.4.2 研究方法与技术路线

本书采用试验研究与理论分析相结合的研究方法,研究成果面向未来的工程应用,为钢管结构技术规程的制定与完善提供科学依据。

研究的总体技术路线为在研究和确定典型结构体系和典型节点形式的基础上,通过较为精细的工程尺度试件实验和经过校验的有限元模型分析,对圆钢管相贯节点进行弹性-非弹性阶段的刚度、承载力以及滞回特性进行研究;将节点性能的研究与结构整体行为的分析紧密联系,结构整体行为的分析主要通过计算分析的手段进行评价。从机理性解释和工程计算方法两方面引导研究成果的得出。具体实施方案如下:

(1) 收集整理国内外有关钢结构节点的研究或设计资料,特别是钢管节点的有关理论研究和试验资料,掌握当前该领域研究的最新进展。

(2) 进行圆钢管相贯节点在轴力、弯矩及其复合荷载作用下的非刚性能试验研究,节点形式包括 X 形节点和平面 KK 形节点。实验工作包含加载系统的设计和刚度与承载力测试方法的研究。对节点刚度通过直接测试法(直接测取节点部位的局部变形)和间接测试法(通过量测杆件位移反演节点局部变形)互验,来得到准确可靠的节点刚度数据。该研究为后续研究提供试验基础和比较依据。

(3) 以板壳和实体有限元分析技术为主要手段,从单元选取、网格划分、边界约束等代、荷载施加等方面全方位地对钢管节点有限元分析模型的适用性进行计算比较与评价,确定合理的分析模型。通过单参数分析和权重比较,遴选出对节点刚度有显著影响的几何特征参数,而后通过正交模型设计与多元回归技术建立节点刚度的模型化参数公式。有限元分析在与实验结果互相验证的基础上,用于扩充有限的实验结果,并为建立简化的非刚性节点分析模型提供全面的校核手段。

(4) 进行圆钢管相贯节点在轴力、弯矩及其复合荷载作用下的滞回性能试验研究,节点形式为 T 形节点。实验工作包含能对节点部位实施较大吨位多轴反复加载装置的设计、节点局部相对变形测试方法的研究以及符合相贯节点特性的加载制度的建立。在试验基础上进行承载效率、能量耗散比和延性率等指标的分析计算,对节点滞回性能做出综合评价。

(5) 在现有的考虑梁柱节点半刚性的钢框架数值分析程序基础上,建立能够反映相贯节点非刚性特点的节点域模型，植入结构静力计算和非线性数值分析程序中，并通过经典例题或试验结果予以校验。在对各种已有的钢框架梁柱节点刚度判定准则和分类体系分析比较的基础上，从结构整体分析层面推导区分节点刚性程度的分类标准。选取桁架和网壳这两类最具代表性的钢管结构为研究对象，通过数值计算和参数分析，考察节点非刚性性能对结构整体行为的影响效应。

1.4.3 章节安排

本书共分 8 章，各章内容如下：

第 1 章为绪论，评述国内外在相关领域的研究现状及最新进展，指出目前研究的不足之处，阐述本书的主要研究内容与技术路线。

第 2 章为本书的第一批试验研究，即圆钢管相贯节点非刚性性能试验与有限元分析，分别对 2 个 T 形和 2 个 KK 形节点在多种荷载工况组合下的刚度和承载力进行测试，并利用板壳单元对节点试件进行弹性和弹塑性有限元分析，最后对节点静力性能作出定性评价。此章为后续章节的研究提供试验基础和比较依据，并校验有限元模型的适用性。

第 3 章为圆钢管相贯节点非刚性性能的理论分析与计算公式。本书的相贯节点非刚性性能研究重点为节点在轴力与弯矩作用下的弹性刚度、相贯节点在弯矩及轴力与弯矩共同作用下的极限承载力和相贯节点的弯曲非线性弹塑性行为。该章从对节点变形机理的描述入手，说明节点局部刚度的定义。运用正交试验设计方法建立计算模型，分别对 9 个 T 形、Y 形节点和 25 个 K 形节点进行有限元分析，通过多元回归技术得到刚度系数或柔度系数的计算公式，并用前章试验结果进行校验。通过对现有国内外计算公式的总结比较和基于国际钢管节点试验数据库的统计分析，提出了具有较高精度和适用性的节点非刚性性能计算公式。在上述基础上进一步建立相贯节点 $M-\theta$ 关系的全过程非线性模型，以便在钢管结构的整体非线性分析中考虑节点行为。

第 4 章为圆钢管相贯节点刚度判定准则与钢管结构整体行为。以空腹格构梁结构为对象，从结构整体变形层面推导了相贯节点的刚度判定准则。以 Warren 型钢管格构梁和单层肋环型球面网壳为对象，针对其不同的节点特性分别采用不同的表征节点非刚性性能的单元植入结构静力及非线性数值分析程序，通过计算分析考察了节点非刚性能对结构整体行为的影响效应。

第 5 章为节点半刚性钢管桁架受压腹杆计算长度分析。在经典的刚架弹性稳定理论基础上推导了考虑节点刚度的四弯矩方程和构件群稳定方程，并将其应用于钢管桁架结构。结果表明影响半刚性钢管桁架腹杆计算长度的主要因素是腹杆与弦杆线刚度比和腹杆线刚度与节点局部刚度比。通过编制计算程序求取了计算长度数值解，制成了可供设计使用的计算用表和简化计算公式。以等节间 Warren 型钢管桁架为例证明了在腹杆计算长度分析中考虑相贯节点刚度的意义。

第 6 章为本书的第二批试验研究，即圆钢管相贯节点滞回性能试验。将 8 个相贯节点试件分成 2 组分别进行在轴力和弯曲荷载作用下的滞回性能试验。从试验现象出发，分别从节点承载力、刚度、延性和能量耗散等角度对荷载-位移滞回曲线进行了综合分析和对比，并通过分析节点域应变强度分布规律探求了节点在反复荷载下的破坏机理。

第 7 章为反复荷载下圆钢管相贯节点滞回性能的数值模拟与分析。在前章试验研究的基础上，采用数值模拟方法对节点试验结果进行评价，并校验数值模型。在此基础上进一步深入研究影响相贯节点滞回性能的因素。

第 8 章为结论与展望。归纳全文的研究成果，提出圆钢管相贯节点性能设计建议。同时指出该领域存在的问题及需进一步研究的方向。

第2章 圆钢管相贯节点非刚性性能的试验研究与有限元分析

2.1 引　言

在近年来相贯节点应用日渐普及的背景下，对节点的非刚性性能研究尚未充分展开。研究工作的滞后给工程设计的安全性、经济性已造成不利影响。本章采用试验手段对圆钢管相贯节点在轴力、弯矩及其复合荷载作用下的刚度和承载力进行研究，节点形式包括X形节点和平面KK形节点。实验工作包含加载系统的设计和刚度与承载力测试方法的研究。根据对多种几何参数、荷载工况组合下的节点刚度的测试，并辅以与有限元分析结果的对比与校验，为后续研究提供可靠的试验基础和比较依据。

2.2 试验目的

本项试验研究的主要目的设定为探索相贯节点刚度的试验方式，考察圆钢管相贯节点在轴力、弯矩及其复合荷载作用下的刚度，研究影响节点刚度的几何特征参数或构造参数；研究节点在弯曲荷载作用下的破坏模式与抗弯承载力；为深入进行节点非刚性性能的数值分析研究提供可靠的试验基础和比较依据。

2.3 试验方案

2.3.1 基本方法

考察节点抗弯刚度有直接法和间接法两种方法。直接法设法测取节点部位的弯矩和相邻杆件间的相对转角[109]，优点是测试结果直接表现节点抗弯刚度，但缺点是弯矩难以直接测读，需经计算得到，相对转角的测定值中难免包含杆件变形的影响，需甄别后予以剔除；而且目前尚缺乏评价节点刚性程度的准则。间接法通过量测承受横向力作用的杆件端部荷载和相应位移的方式，得到剪力-位移曲线，然后根据理论模型的计算与比较，分析节点的抗弯刚度。这是在框架梁柱节点试验中经常采用的方式。本书基于后一方法建立试验方案。

2.3.2 试件设计

圆钢管相贯节点是目前大跨度单层网壳结构广泛采用的节点形式。工程设计时一般采用刚接节点假定，因此，节点域必须具有较大的刚性才能保证结构整体分析具有足够的精度，且节点是否具有必要的抗弯刚度直接关系结构体系可否成立。图 2-1 所示为某机场航站楼的圆柱面单层网壳平面图。网壳由钢管杆件组成的三角形格构构成。在单层网壳中，跨度方向钢管贯通，称为弦杆，与之斜交的钢管称为腹杆。由于弦杆曲率较小，节点可认为是平面 KK 形节点。本次试验设计了如表 2-1 所列 2 个具有不同几何特性的接近平面 KK 形节点的试件，分别称为 DKL 和 DKS。它们的腹杆轴线与弦杆轴线不完全在一个平面。考虑到弦、腹杆的夹角和加劲肋也可能对节点刚度有较大影响，因此还设计了 2 个平面 X 形节点试件进行对比，分别称为 SXN 和 SXR。试件 SXN 为无加劲节点，试件 SXR 则在节点区距腹杆边缘 20 mm 处沿弦杆外周焊两道环状加劲箍，板厚 12 mm，外露 30 mm。各试件外观几何尺寸如图 2-2 所示。试验前，设计了材性试件

图 2-1　单层柱面网壳

以进行单向拉伸试验(见附录 A)。钢材力学性能指标的试验数据列于表 2－2。

表 2－1　试 件 一 览

试件名	弦杆截面 $D-T$/mm	腹杆截面 $d-t$/mm	D/T	d/t	d/D	t/T	腹杆弦杆夹角	有无加劲
DKL	245－18	140－8	13.6	17.5	0.57	0.44	51°	无
DKS	168－12	127－8	14.0	15.9	0.76	0.67	51°	无
SXN	168－12	127－8	14.0	15.9	0.76	0.67	90°	无
SXR	168－12	127－8	14.0	15.9	0.76	0.67	90°	有

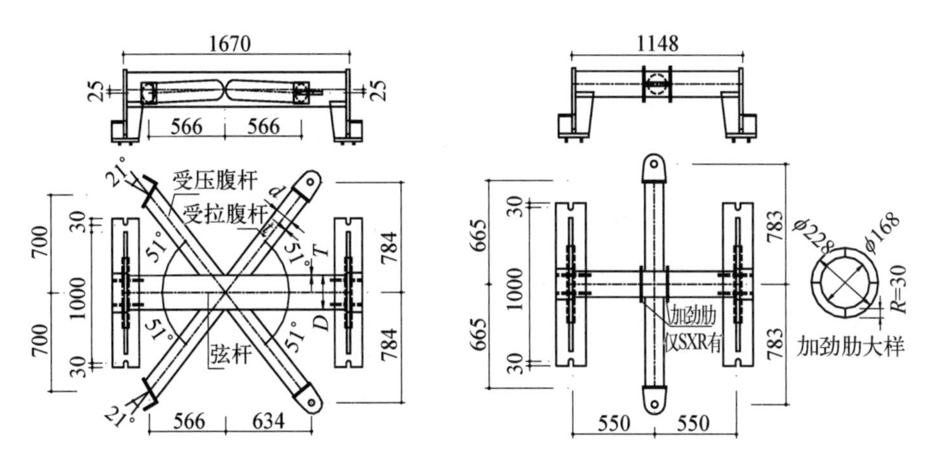

图 2－2　试件尺寸(单位: mm)

表 2－2　试件钢材单向拉伸时的力学性能指标(平均值)

钢管截面 /mm	钢　号	屈服点 f_y /(N·mm^{-2})	抗拉强度 f_u /(N·mm^{-2})	伸长率 δ	f_y/f_u
245－18	Q235	312	473	28%	0.66
168－12	Q235	359	465	29%	0.77
140－6	Q235	324	476	29%	0.68
127－8	Q235	325	458	28%	0.71

2.3.3　加载装置

本试验重点考察节点刚度，同时要考虑多点加载、对杆件施加弯矩与轴力，因此，反力装置须保证有足够的强度与刚度，在试件加载过程中不因发生较大变形而改变对试件的加载方向，影响位移量测的准确性。同时注意构造简单、便于制作和试件安装。

为了适应不同形式节点的加载要求，设计了多角度加载自平衡框架，由框架梁和平衡拉杆构成，如图 2-3 所示。一侧框架梁上设置多道拉耳，另一侧框架梁上连有可拆卸的斜支承座。通过顶承在平衡梁、斜支承座上的加载装置及连于拉耳的刚性拉杆，对放入平衡框的试件施加荷载；变换所连接的拉耳，调整斜支承座的角度，就可实现多种加载模式。框架梁和被加载的试件底部均安放滚轴，使水平力系在框架-试件系统内平衡。对试件的作用力由油压千斤顶 1—4 及刚性拉杆 1 和拉杆 2 产生。由左侧框架梁 1 的平衡条件，可由已知千斤顶荷载确定框架拉杆 1 和拉杆 2 的内力；再由右侧框架梁 2 的平衡条件，可求出刚性拉杆 1 和拉杆 2 的内力，即理论上对试件的作用力可由静力平衡条件完全确定。改变各千斤顶对所接触杆轴的相对位置、各千斤顶之间力的比例关系，以及刚性拉杆与不同拉耳的搭配，可以实施多组荷载工况。试验现场照片见图 2-4。

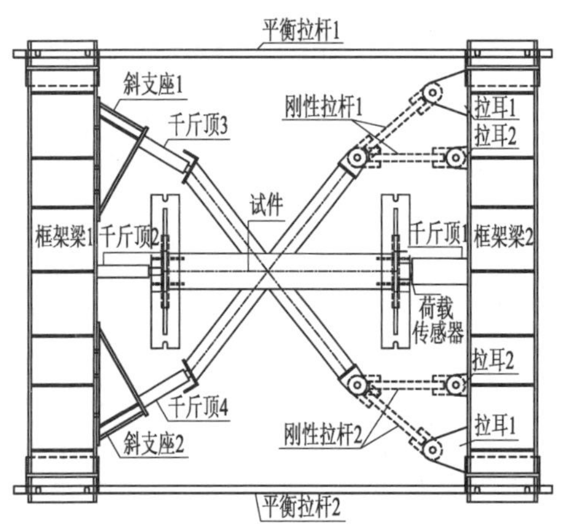

图 2-3　多角度加载平衡框及加载示意图

图 2-4　试验照片

2.3.4　加载工况

对 DK 形试件分别设计了 5 种加载工况，考虑的组合因素有弦杆轴力与不同偏心力矩的组合、腹杆轴力与剪力（弯矩）的组合，以及受拉受压腹杆不同轴力的组合。受拉腹杆端部通过销键连接刚性拉杆后受力；受压腹杆端部则与加载千斤顶接触受力。对 SX 形试件分别设计 4 种加载工况，第 1 种为腹杆在试件平面外受弯，第 2—第 4 种分别为腹杆在试件平面内受拉弯、压弯和无轴力弯曲，腹杆端部均通过刚性拉杆传力。各试件加载工况中，前面各项严格控制在弹性范围内加载，主要检验节点抗弯刚度；最后一项则设定为抗弯承载力试验，兼及弹性阶段的抗弯刚度测试。各工况加载参数分别见表 2-3 和表 2-4。加载简图分别见图 2-5 和图 2-6。图 2-6 中，P_3的方向垂直于弦杆与腹杆组成的平面，T_a和 T_b的方向平行于弦杆与腹杆组成的平面。图中荷载的指向和偏心 e 规定为正。由各加载工况所产生的试件受力特性详见表 2-5。

表 2-3　KK 形试件加载参数

工　况	加　载　比　例				e_1 /mm	e_2 /mm	θ/°
	P_1	P_2	P_{3a}	P_{3b}			
DKL(S)-1	1	0.2	0.2	0.2	50	100	40
DKL(S)-2	1	0.2	0.2	0.2	−50	−100	40
DKL(S)-3	1	0.2	0.2	0.2	0	0	40
DKL(S)-4	1	0.63	0	0	0	0	0
DKL(S)-5	1	0.2	0.2	0.2	0	0	0

表 2-4　X 形试件加载参数

工　况	加　载　比　例			T_a	T_b	θ/°
	P_1	P_2	P_3			
SXN(R)-1	0	0	1	无	无	无
SXN(R)-2	1.6	1	0	有	有	27
SXN(R)-3	1.6	1	0	有	有	−20
SXN(R)-4	2.5	1	0	有	有	0

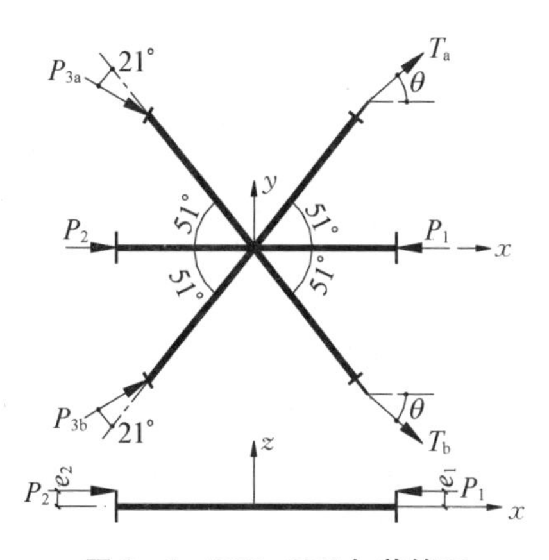

图 2-5　DKL、DKS 加载简图

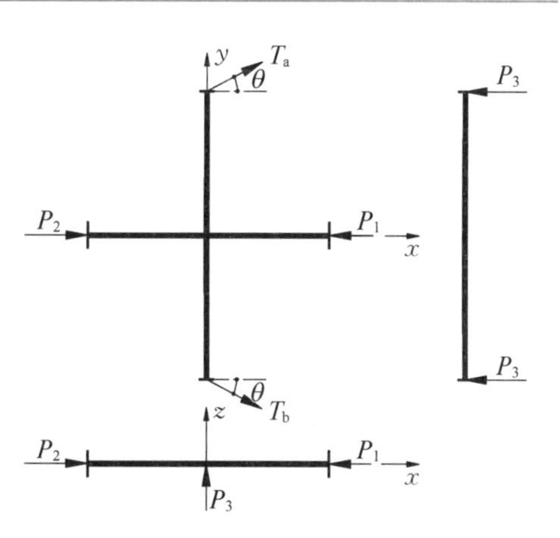

图 2-6　SXN、SXR 加载简图

表 2－5　试件受力特性一览

试件名	工况名	弦杆受力情况	腹杆轴力与剪力比	受压腹杆与受拉腹杆轴力比
DKL、DKS	DKL－1 DKS－1	节点两侧压力比 1∶0.2，且有相对节点的负弯矩	受拉腹杆 1∶0.194，受压腹杆 1∶0.384	0.65
	DKL－2 DKS－2	节点两侧压力比 1∶0.2，且有相对节点的正弯矩	同上	同上
	DKL－3 DKS－3	节点两侧压力比 1∶0.2，无弯矩	同上	同上
	DKL－4 DKS－4	节点两侧压力比 1∶0.63，无弯矩	受拉腹杆 1∶1.23，另一腹杆不受力	0
	DKL－5 DKS－5	节点两侧压力比 1∶0.2，无弯矩	受拉腹杆 1∶1.23，受压腹杆 1∶0.384	1.31
SXR、SXN	SXR－1 SXN－1	不受力	节点平面外受弯曲	—
	SXR－2 SXN－2	两侧压力比 1∶0.625，无弯矩	腹杆受拉，拉力与剪力比 1∶1.963	—
	SXR－3 SXN－3	两侧压力比 1∶0.625，无弯矩	腹杆受压，压力与剪力比 1∶2.747	—
	SXR－4 SXN－4	两侧压力比 1∶0.4，无弯矩	腹杆不受轴力，仅为横向弯曲	—

考虑试件平面内外两种弯曲变形，是由于实际结构受力时对节点在两个方向都有抗弯要求。

2.3.5　测试方案

腹杆的变形通过位移计量测试件中心和各腹杆端部的绝对位移后，经计算得出。试件的应变通过在杆件和节点区的钢管外表面布置单向或三向应变计测取。此外为监控加载过程，对平衡框架拉杆、刚性拉杆等分别布置单向应变计。布点方案如图 2－7 和图 2－8 所示。采用 S1－3595－1 BIMP 数据采集系统记录测试数据。

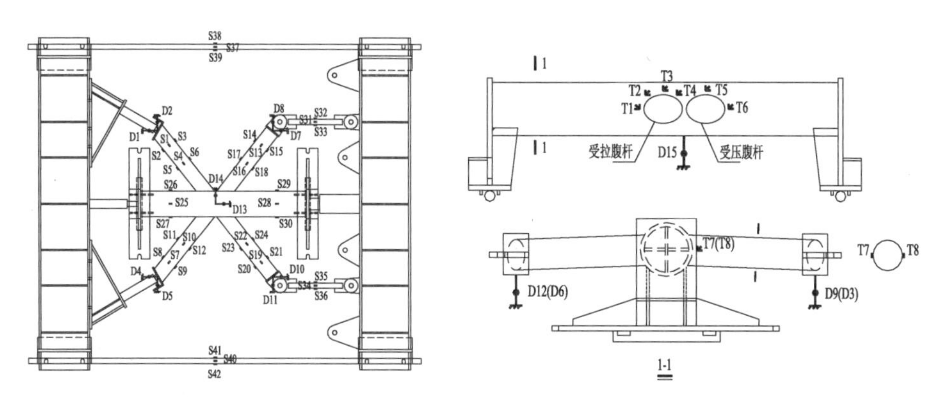

图 2－7　KK 形试件测点布置图

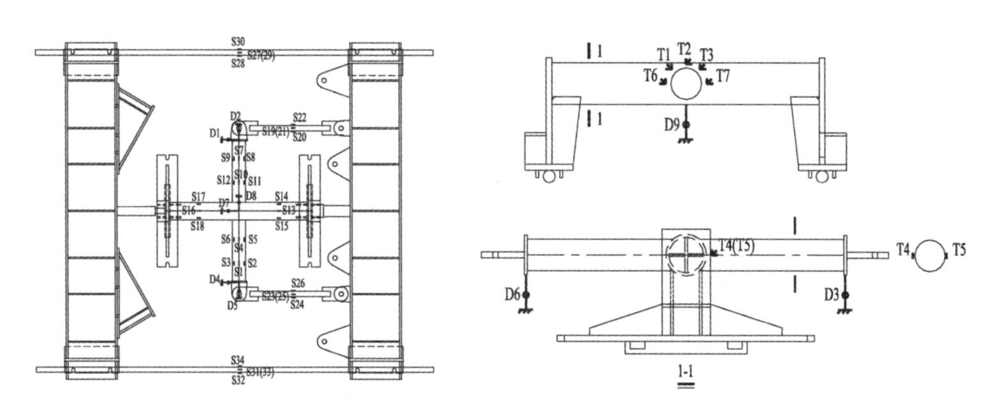

图 2－8　X 形试件测点布置图

2.4　试验内力校核

试验过程中荷载测值为节点试件弦杆右端的油压千斤顶加载值。为校核试验加载的准确性，从而确定最终荷载的取值，必须比较千斤顶荷载记录值与通过应变片反算的荷载值。

由油压千斤顶施加在试件弦杆上的荷载通过荷载传感器测读，并由计算机记录存储。由于加载时控制节点及加载装置处于弹性范围内，将第 6 级荷载记录数据与根据试件拉杆与框架拉杆上的应变片读数反算的荷载值 N_t 和根据腹杆及弦杆上应变片读数反算的荷载值 N_s 进行比较，见表 2－6 和表 2－7。

表 2-6 KK 形试件荷载记录值与反算值的比较

工况名	荷载记录值 N/kN	拉杆应变片反算值 N_t/kN	试件应变片反算值 N_s/kN	N_t/N	N_s/N
DKL-1	233.9	200.1	209.7	0.86	0.90
DKL-2	233.9	225.8	222.0	0.97	0.95
DKL-3	233.7	240.3	270.8	1.03	1.16
DKL-4	106.7	98.3	105.8	0.92	0.99
DKS-1	218.5	216.2	183.1	0.99	0.85
DKS-2	217.2	223.4	186.2	1.03	0.86
DKS-3	218.2	219.9	187.0	1.01	0.86
DKS-4	95.7	98.1	72.8	1.03	0.76

表 2-7 X 形试件荷载记录值与反算值的比较

工况名	荷载记录值 N/kN	拉杆应变片反算值 N_t/kN	N_t/N
SXR-1	29.8		
SXR-2	96.2	87.6	0.91
SXR-3	96.5	95.1	0.99
SXN-1	29.7		
SXN-2	96.1	96.4	1.00
SXN-3	96.9	95.9	0.99

由表中可看出，大部分工况的反算值和荷载记录值吻合良好。少数工况有若干误差。因此，后节所列的试验曲线腹杆端点垂直杆轴的水平力 H，对于受拉腹杆按试件拉杆上的应变片读数反算得到，对于受压腹杆按腹杆应变片读数反算得到。少数工况产生误差的原因主要如下：

(1) 应变片与主管轴线不完全平行或管壁上 3 个应变片位置不完全在管件同一截面内；

(2) 加工误差或安装误差造成试件轴线与千斤顶加载传力方向有偏差或大小不等的倾角；

(3) 油压千斤顶内部不稳定的摩阻力对标定值的影响等。

2.5　试验结果与分析

2.5.1　相贯节点抗弯刚度的定性分析

相贯节点采用焊接连接，在腹杆传递的不均匀应力作用下，若管壁有足够大的相对变形，则宏观上表现为腹杆根部的相对转动；但另一方面，若管壁刚度很大，不仅不会显现上述相对转动，而且使得腹杆的弯曲变形长度相对缩短，呈现节点刚域的特点(图 2－9)。

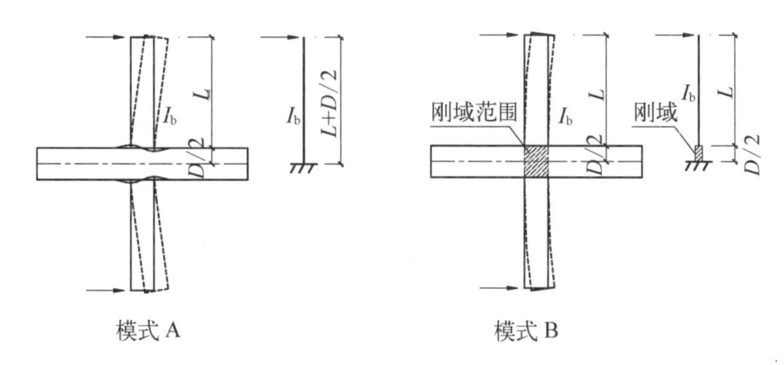

图 2－9　相贯节点抗弯刚度的图解说明

2.5.2　相贯节点抗弯刚度的杆系有限元分析模型

相贯节点的变形能力取决于其连接杆件的截面尺寸。当弦杆壁厚很大时，节点可采用腹杆轴线在弦杆内的部分作为刚域的模型进行分析(模式 B)；当弦杆壁厚小到一定程度时，节点可采用腹杆与弦杆通过转动弹簧连接的模型进行分析。腹杆与弦杆在轴线交点处刚性连接有限元模型(模式 A)正好介于上述两模型之间，是实际工程结构内力与稳定分析常采用的模型。本章采用刚域模型和刚接模型分析试验中的节点试件。图 2－10 和图 2－11 分别为 KK 形节点和 X 形节点试件的有限元分析模型，边界条件按试验实际情况模拟。

2.5.3　不同受力组合状态下的弹性抗弯刚度

图 2－12—图 2－19 的试验曲线，显示了各试件中某一腹杆在各种工况下试件平面内的杆端水平力 H(垂直杆轴方向)与相应的水平变形 Δ；图 2－20 和图 2－21 为 X 形试件腹杆平面外弯曲时的试验曲线(平面外的杆端力 Q 与相应变形 ξ)。

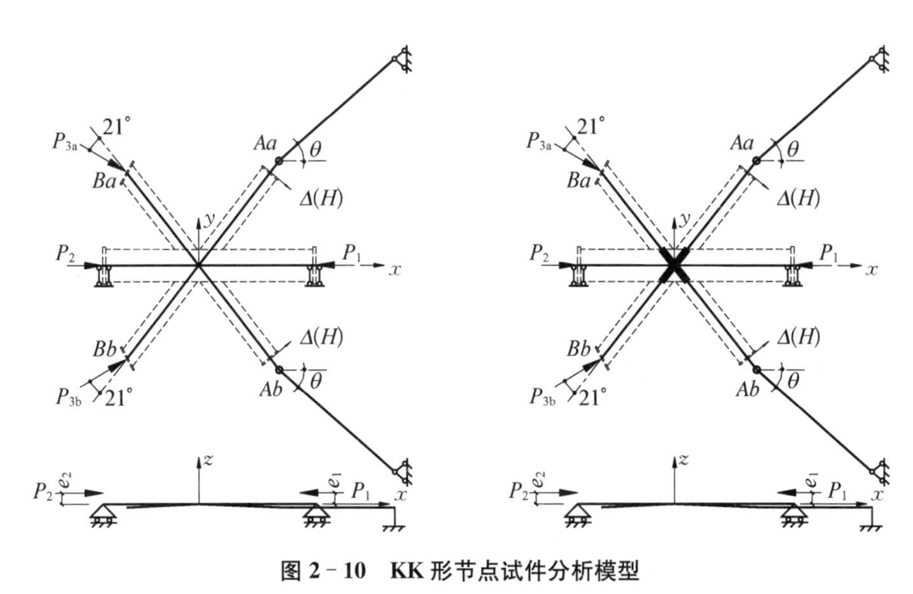

图 2-10　KK 形节点试件分析模型

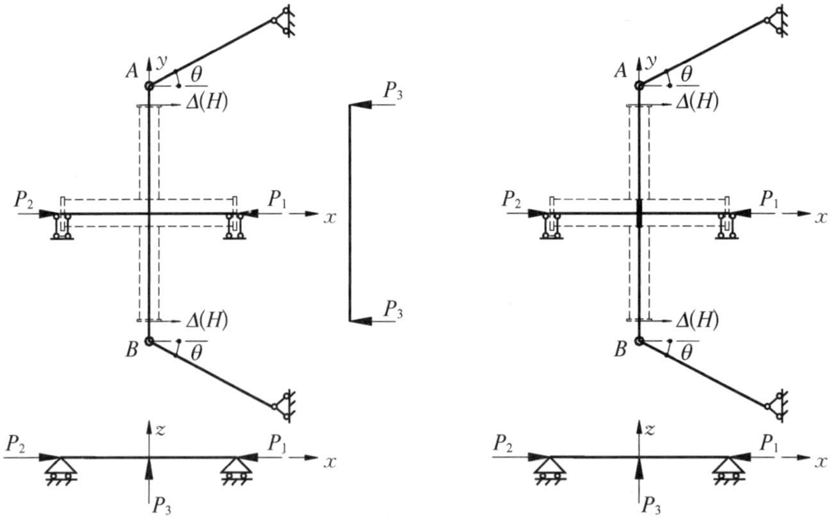

图 2-11　X 形节点试件分析模型

图中同时标出了假定腹杆与弦杆刚性连接时所作出的理论模型曲线。理论模型曲线采用前述 A 和 B 两种模式，分别如图 2-10 和图 2-11 所示，但都不考虑剪切效应以及轴力对腹杆水平变形的二阶效应。比较理论模型曲线和试验曲线，可以对试件节点的抗弯刚度作出判断。当节点抗弯刚度较大时，试验曲线弹性段的斜率将大于理论曲线，反之则较小。为了更清楚地表达实测结果，将弹性曲线斜率列于表 2-8 和表 2-9。其中实测值取了两对称腹杆试验值的平均值。

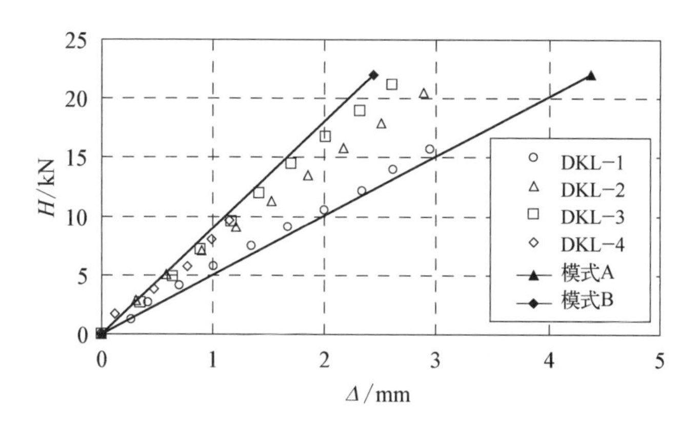

图 2-12　DKL 节点弹性水平力-水平变形曲线

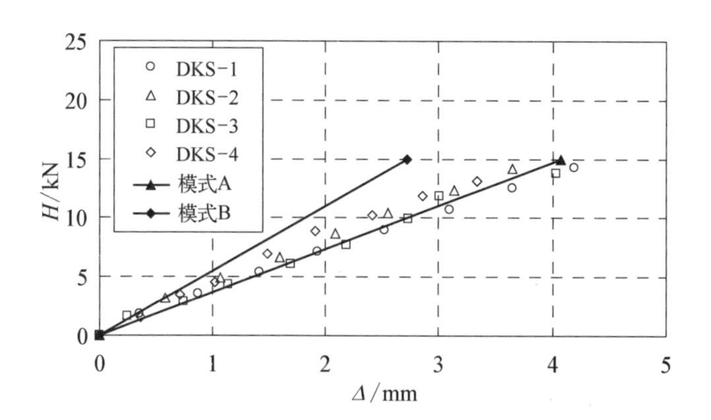

图 2-13　DKS 节点弹性水平力-水平变形曲线

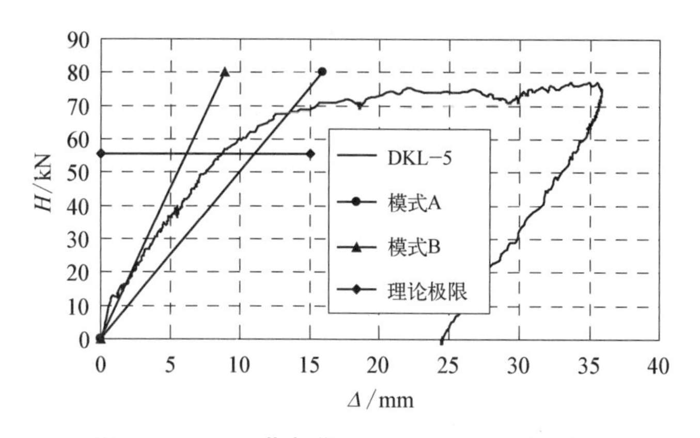

图 2-14　DKL 节点弹塑性水平力-水平变形曲线

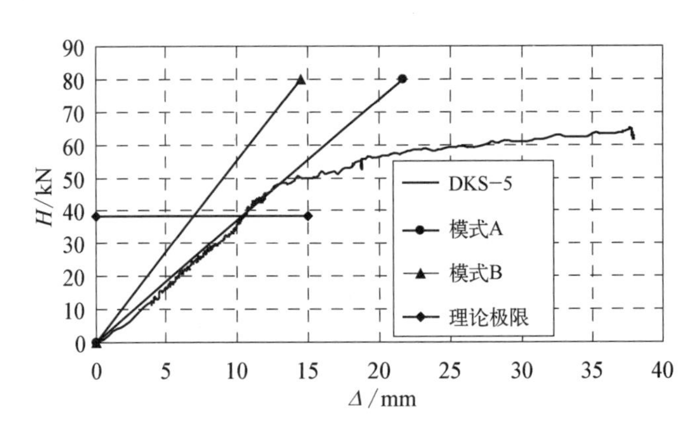

图 2－15　DKS 节点弹塑性水平力-水平变形曲线

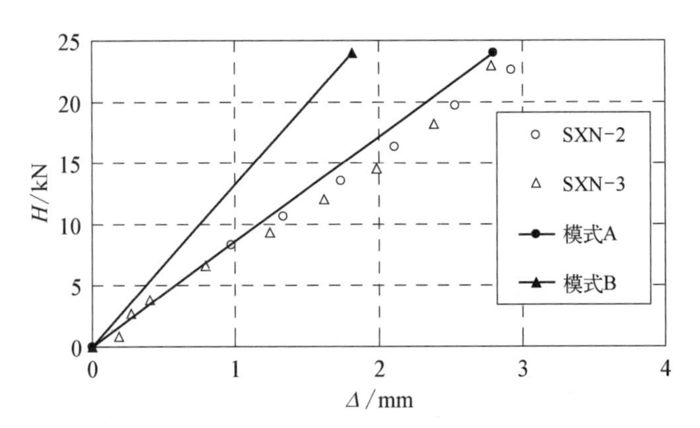

图 2－16　SXN 节点弹性水平力-水平变形曲线

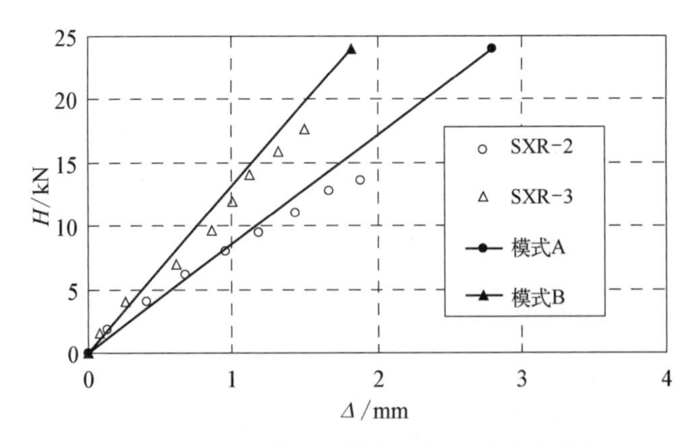

图 2－17　SXR 节点弹性水平力-水平变形曲线

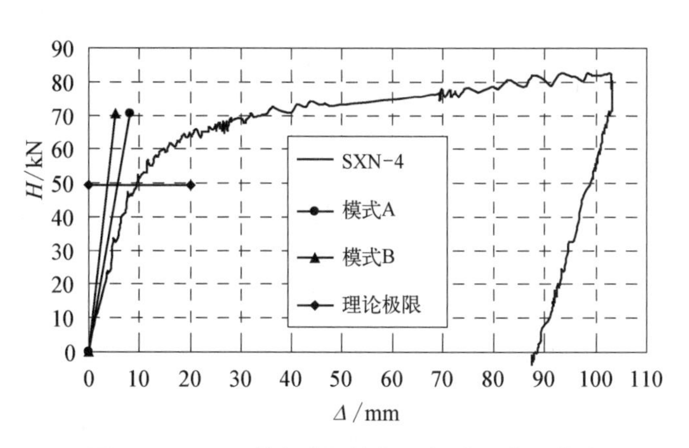

图 2-18　SXN 节点弹塑性水平力-水平变形曲线

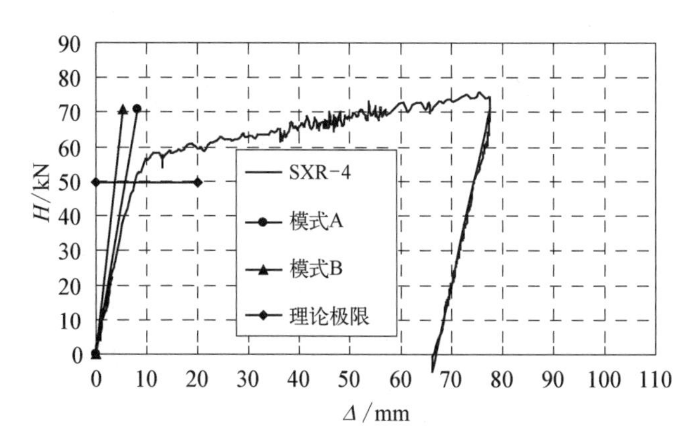

图 2-19　SXR 节点弹塑性水平力-水平变形曲线

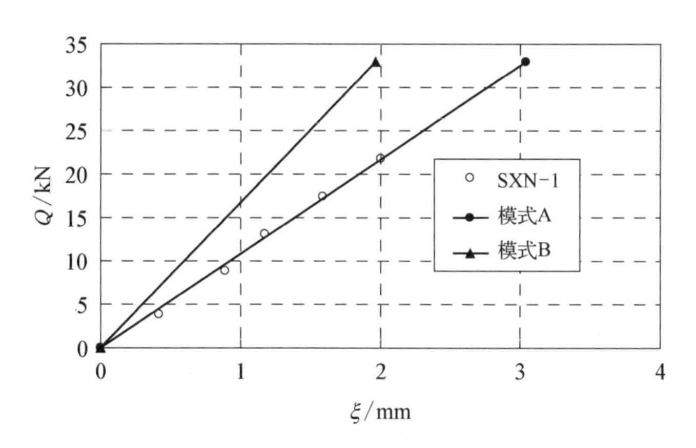

图 2-20　SXN 节点弹性竖向力-竖向变形曲线

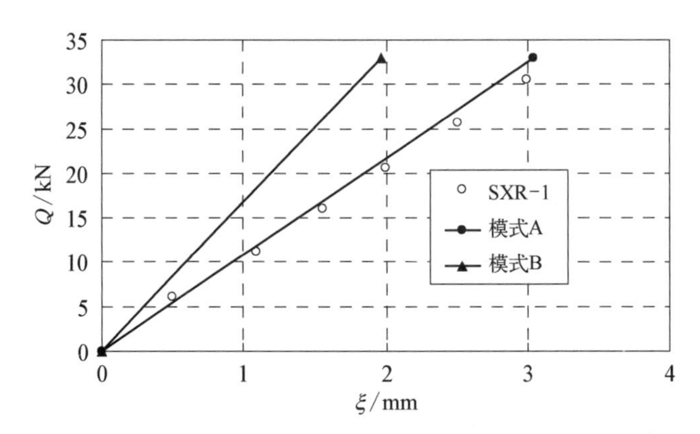

图 2-21　SXR 节点弹性竖向力-竖向变形曲线

表 2-8　KK 形试件实测弹性段斜率与理论模型斜率的数值比较　　kN/mm

试件工况名	受拉腹杆			受压腹杆		
	实测值	模式 A	模式 B	实测值	模式 A	模式 B
DKL-1	5.2			10.4		
DKL-2	6.9			10.5	6.1	10.9
DKL-3	8.3	5.0	9.0	11		
DKL-4	7.9			—	—	—
DKL-5	8.0			—	—	—
DKS-1	3.3			4.2		
DKS-2	3.8			4.3	4.5	6.6
DKS-3	3.5	3.8	5.5	4.1		
DKS-4	4.0			—	—	—
DKS-5	3.6			—	—	—

表 2-9　X 形试件实测弹性段斜率与理论模型斜率的数值比较　　kN/mm

试件工况名	腹杆受力特点	实测值	模式 A	模式 B
SXR-1	面外弯曲	10.3	10.8	16.8
SXR-2	面内拉弯	7.1		
SXR-3	面内压弯	11.6	8.6	13.2
SXR-4	面内无轴力弯曲	6.6		
SXN-1	面外弯曲	11.0	10.8	16.8

续　表

试件工况名	腹杆受力特点	实测值	模式 A	模式 B
SXN - 2	面内拉弯	7.6	8.6	13.2
SXN - 3	面内压弯	7.8		
SXN - 4	面内无轴力弯曲	6.2		

从图表对比中，可以看出以下事实：

(1) 试件 DKL、DKS 腹杆杆端弹性变形位于模式 A、模式 B 预测的变形范围内，其中试件 DKL 的受拉腹杆刚度介于模式 A、模式 B 之间，受压腹杆则与模式 B 相近。试件 DKS 略低于模式 A，其与 DKL 的差别详见第 2.5.5 节的分析，若参照欧洲规范对无侧移刚架节点刚性程度的分类方法[80]计算，DKS 仍可作为全刚性节点。试件 SXR、SXN 腹杆与弦杆的交角为直角，腹杆在平面内弯曲时的刚度大多低于模式 A。试验表明，相贯节点具有相当抗弯刚度，一定条件下能作为全刚性节点。

(2) 轴力性质(拉力或压力)、大小及相邻杆件的受力状态对节点抗弯刚度具有一定影响。从表 2 - 8 中可以看出，试件 DKL 的前三种工况均显现出腹杆受压时节点刚域性质明显的特征，受拉腹杆轴力绝对值大于受压腹杆轴力绝对值，减缓了受压腹杆下方弦杆管壁的转动变形是原因之一。弦杆弯矩对节点抗弯刚度影响不大。

(3) 节点对腹杆在平面内、外弯曲的约束程度有所不同。试件 SXR 和 SXN 的试验结果表明，在相同荷载下，平面外弯曲时的挠度与模式 A 挠度的比值总体小于平面内弯曲时的该比值，说明平面外比平面内更接近于刚性连接。

2.5.4　屈服后的抗弯刚度

各试件破坏性试验曲线均呈现明显的弹性-强化趋势。试验表明，试件腹杆根部截面弯曲屈服，有的发生局部塑性失稳；同时应变测点表明，弦杆节点区局部进入塑性。即使如此，节点仍能维持足够刚度。四个试件强化阶段刚度和弹性阶段刚度的比值分别估读为：0.13(DKL)、0.08(DKS)、0.05(SXR)、0.035(SXN)，突出反映了节点的几何参数对强化后节点刚度的影响，与弹性阶段具有相似的性质。

2.5.5　影响抗弯刚度的构造因素

(1) 杆件截面几何参数

表 2 - 1 列出的杆件截面参数中，3 组比值即 D/T、d/D、t/T 对节点抗弯刚度有较大影响。具体影响效应将在第 3 章讨论。

(2) 腹杆与弦杆的相交角度

试件 DKS 和试件 SXN 提供了典型的比较实例。实际结构中，相贯节点处腹杆与弦杆的轴线交角多在 30°～60°范围内。若其他条件相同，则交角增大时，节点平面内抗弯刚度减小，交角 90°时相对最小。

(3) 加劲肋的作用

本次试验的两个试件 SXR 和试件 SXN，不论加劲与否，在弹性阶段，当腹杆受拉时和不受轴力时，两者差别不大；腹杆受压时，加劲试件的刚度高于未加劲试件。而从屈服后刚度判断，加劲试件的刚度高于未加劲试件。

2.5.6 节点抗弯承载力

1. 试件破坏情况

破坏性试验结束后，DKL 试件受拉腹杆有残余弯曲变形；根部受压一侧发生局部鼓曲，判断为圆管的弹塑性局部失稳；弦杆管壁无可视凹凸变形，焊缝无破坏(图 2－22)。DKS 试件受拉腹杆有显著残余弯曲变形，根部发生截面椭圆化现象；受压腹杆亦有少许残余弯曲变形；破坏性质同 DKL(图 2－23)。SXR 试件腹杆有显著残余弯曲变形；根部受压一侧弹塑性局部失稳；弦杆管壁无可视变形与焊缝破坏，但进入塑性后出现弦杆节点区部位的塑性变形(图 2－24)。SXN 试件腹杆有显著残余弯曲变形，根部发生截面椭圆化现象；其余与 SXR 相同(图 2－25)。也即四个试件虽有弦杆节点区局部进入塑性，但试件失效都属于腹杆屈服破坏类型。

图 2－22　DKL 节点破坏照片

图 2－23　DKS 节点破坏照片

2. 节点承载能力分析

若腹杆根部弯矩达到杆件截面强度或杆件承载强度所容许的承载力之前，节点约束能够保持其初始约束刚度，则认为节点抗弯强度可以满足构件抗弯承载力的要求。本实验试件的腹杆承载力由截面承载强度决定，根据截面极限分析，可

图 2－24　SXR 节点破坏照片

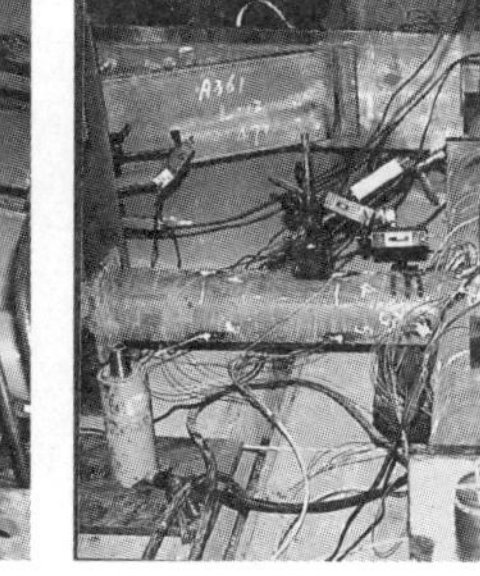

图 2－25　SXN 节点破坏照片

以确定截面屈服时轴力和弯矩的相互关系，据此作出截面屈服时的腹杆水平承载力的理论预测值，用横线分别标于图 2－14、图 2－15、图 2－18、图 2－19 中。从图中可以看出，腹杆与弦杆斜交的 DKL 和 DKS 试件，试件明显屈服时的水平荷载高于预测值，原因之一是斜交腹杆相贯线投影截面已接近椭圆，和计算采用的圆管截面相差较大；而腹杆与弦杆正交的 SXR、SXN 试件则与预测值吻合良好，虽然由于空间相贯线的缘故，腹杆根部的实际承弯机制也不完全等同于圆管截面。

需要说明的是，本试验中，试件 DKL 和 DKS 在腹杆根部截面到达屈服极限时，腹杆轴力与其屈服轴力之比分别为 0.04 和 0.034，根据圆管截面推出的极限相关关系式[110]：

$$当\ 0 \leqslant N/N_p \leqslant 0.65,\ M/M_p = 1 - 1.18(N/N_p)^2 \tag{2-1}$$

$$当\ 0.65 \leqslant N/N_p \leqslant 1,\ M/M_p = 1.43(1 - N/N_p) \tag{2-2}$$

截面几乎承受 100%的塑性极限弯矩。试件 SXR 和 SXN 破坏性试验时腹杆无轴力。所以，4 种试件的水平承载力理论预测值实际都按截面的塑性极限弯矩计算。试验表明，在设定的试件几何参数条件下，节点抗弯承载强度可以保证腹杆充分发挥其固有抗弯能力。

2.6　节点弹性及弹塑性抗弯刚度的有限元分析与校验

2.6.1　有限元模型的建立

1. 有限单元的选用

弦杆和腹杆采用 6 节点的曲边三角形壳单元（图 2－26），单元每个节点

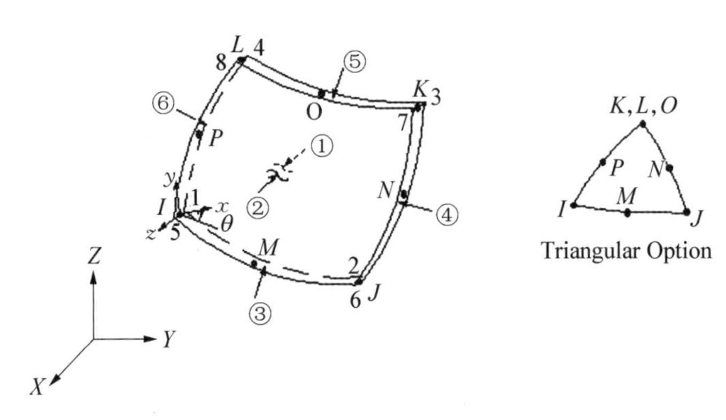

图 2-26 曲边壳单元

有 6 个自由度,在平面内的位移模式为二阶。拉杆采用空间三维梁单元,单元每个节点亦有 6 个自由度。壳单元与梁单元的连接通过节点自由度的耦合实现。

2. 材料

实际工程中的钢材为 Q235 钢,节点模型采用根据材性试验测得的材性参数值进行分析计算。

3. 网格划分

由于节点区域的变形性能是考察的重点,所以对弦、腹杆交界面附近的管壁作网格局部加密处理,以减小计算误差(图 2-27,图 2-28)。

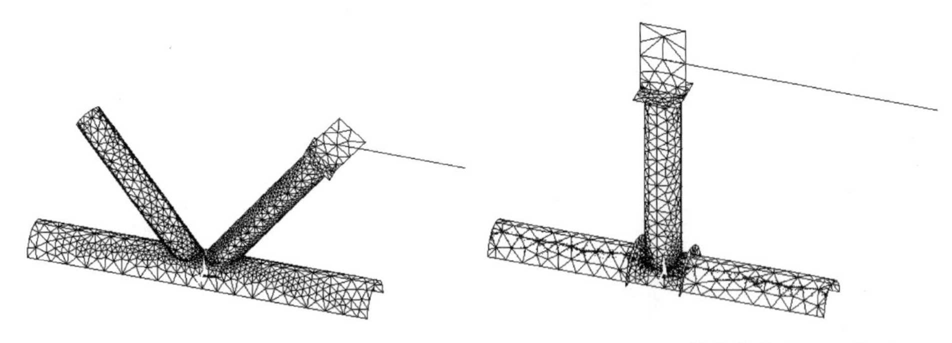

图 2-27 KK 形节点整体有限元模型　　图 2-28 X 形节点整体有限元模型

4. 边界条件

与实际试验条件保持一致,弦杆两端为释放绕 Y 轴转动自由度和沿 X 轴平动自由度的准滑动铰支座,两受压腹杆端部均为自由端,受拉腹杆与拉杆的连接

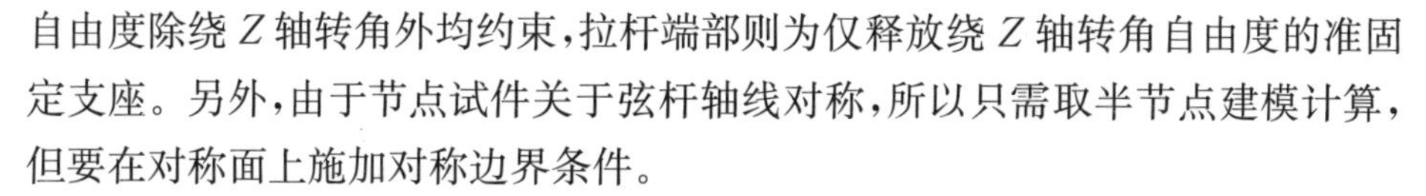

自由度除绕 Z 轴转角外均约束，拉杆端部则为仅释放绕 Z 轴转角自由度的准固定支座。另外，由于节点试件关于弦杆轴线对称，所以只需取半节点建模计算，但要在对称面上施加对称边界条件。

5. 荷载处理

千斤顶产生的压力分别均匀地施加在弦杆和腹杆的端部横截面上。

6. 数值算法

非线性有限元方程组的求解采用修正的牛顿-拉夫逊法。求解非线形方程组是一个不断进行平衡迭代，直到最终满足收敛准则（或直到达到计算所允许的平衡迭代的最大数）的过程。如何确定收敛准则对计算结果有很大影响。

在实际应用中，有两种量可作为收敛准则：一是节点不平衡力，二是位移增量。因这两个量均为矢量，所以在判断时，采用向量的范数来进行。计算节点试件时采用了力收敛准则，即

$$F \leqslant VALUE \cdot TOLER$$

式中，$TOLER$ 为允许相对误差，根据需要的精度取值为 0.001。F 是不平衡力。本书采用了 L2 范数来计算不平衡力，即取所有自由度不平衡力（或力矩）的平方和的平方根。$VALUE$ 的值是所加荷载（或所加位移，牛顿-拉夫逊回复力）的平方和的平方根。当 $VALUE$ 的值小于 1.0 时，取其为 1.0。当满足上式时，认为结构在本次迭代中收敛。

2.6.2　有限元分析与试验结果的比较

1. 位移比较

表 2－10 所列为 DKL－5 与 DKS－5 试验加载至第 4 级时腹杆端点垂直杆轴位移的试验实测值与有限元计算值的比较。图 2－29 和图 2－30 分别给出了试件 DKL 和 DKS 腹杆杆端水平力 H（垂直杆轴方向）与相应的水平变形 Δ 的全过程曲线，同时给出了采用板壳有限元方法计算得到的杆端水平力-水平变形曲线。表 2－11 所列为 SXR－4 与 SXN－4 试验加载至第 6 级时腹杆端点垂直杆轴位移的试验实测值与有限元计算值的比较。图 2－31 和图 2－32 分别给出了试件 SXR 和 SXN 腹杆杆端水平力 H（垂直杆轴方向）与相应的水平变形 Δ 的全过程曲线，同时给出了采用板壳有限元方法计算得到的杆端水平力-水平变形曲线。

表 2-10　DKL、DKS 的端点垂直杆轴位移的实测值与有限元计算值的比较　mm

试件名		实测	有限元	试件名		实测	有限元
DKL	受拉腹杆端	2.390	3.861	DKS	受拉腹杆端	4.836	4.449
	受压腹杆端	1.615	1.332		受压腹杆端	1.299	1.682

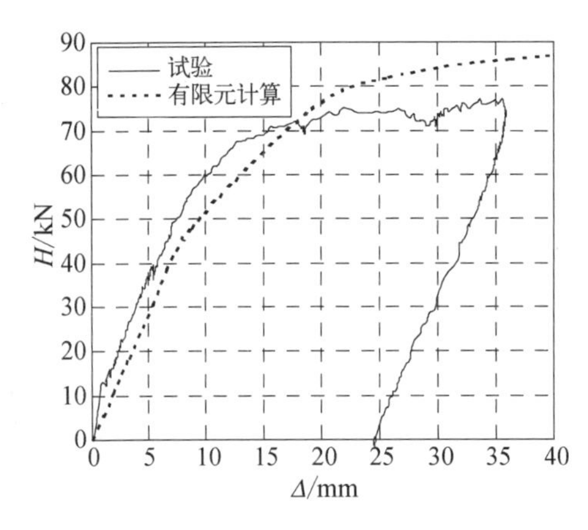

图 2-29　DKL 弹塑性有限元分析与试验的比较

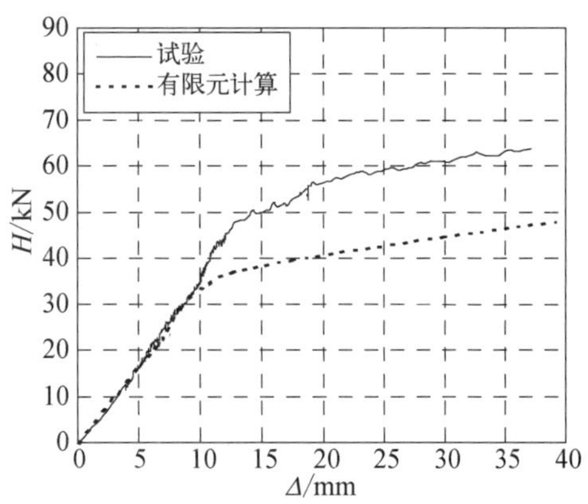

图 2-30　DKS 弹塑性有限元分析与试验的比较

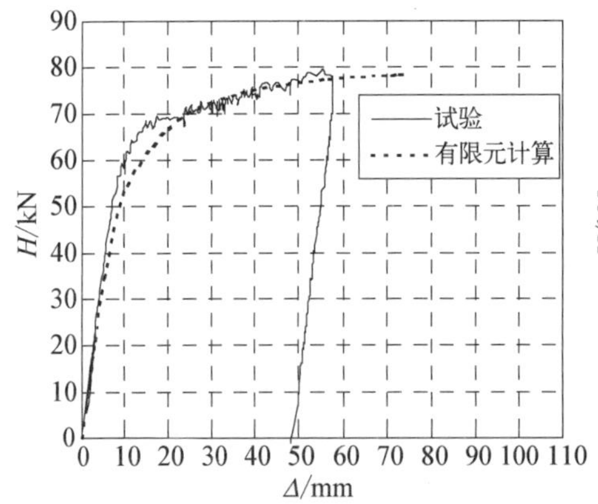

图 2-31　SXR 弹塑性有限元分析与试验的比较

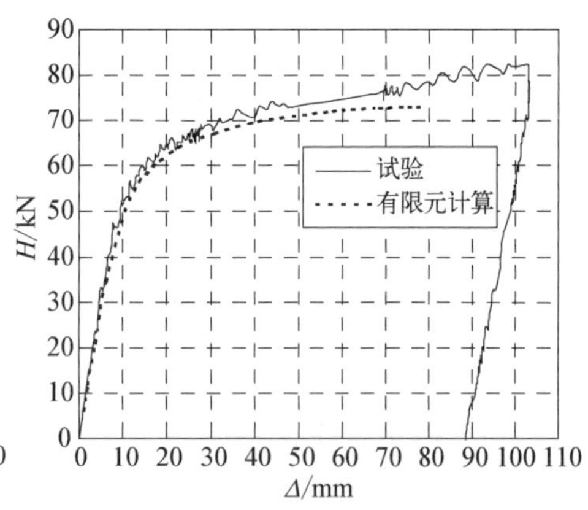

图 2-32　SXN 弹塑性有限元分析与试验的比较

表 2－11　SXR、SXN 的端点垂直杆轴位移的实测值与有限元计算值的比较　mm

试件名	实　测	有限元	试件名	实　测	有限元
SXR	3.968	4.344	SXN	4.515	4.879

从有限元分析与试验的比较可以看出，有限元分析较好模拟了试验的弹塑性水平力-水平变形曲线。无论是弹性刚度、弹塑性刚度都十分吻合，这说明采用本书的有限元方法考察相贯节点刚度是可靠的。但由于有限元分析未对焊缝做专门处理，所以承载能力有所差别。

2. 节点区的等效应力比较

表 2－12 所列为 DKL－5 与 DKS－5 试验分别加载至第 4 级时两节点上各三向应变计测点 Von Mises 应力。此时试件处在弹性范围内。腹杆与弦杆相交处为节点 Von Mises 应力最大区域，图 2－33 为节点 DKL 的腹杆与弦杆相交处的 Von Mises 应力图，图 2－34 为节点 DKS 的腹杆与弦杆相交处的 Von Mises 应力图。图中应力单位为 MPa。从图表中可以看出，有限元计算与试验实测的应力分布趋势和应力数值均吻合较好。

表 2－12　DKL、DKS 的实测 Mises 应力　MPa

应变片编号	T1	T2	T3	T4	T5	T6	T7	T8
DKL	50	36	13	13	7	76	67	80
DKS	84	19	19	24	24	42	195	111

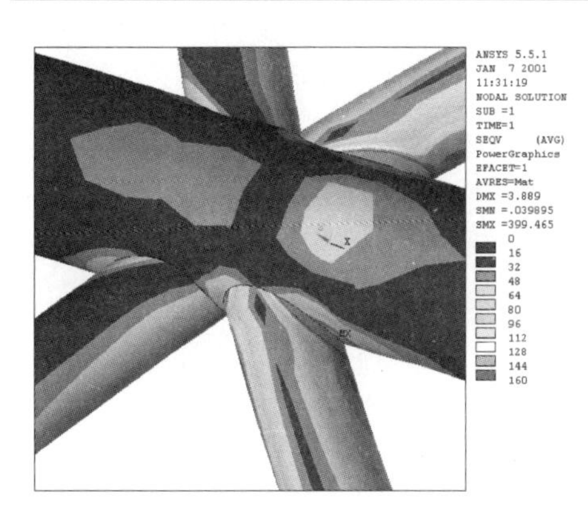

图 2－33　DKL 弦、腹杆相交处 Mises 应力图

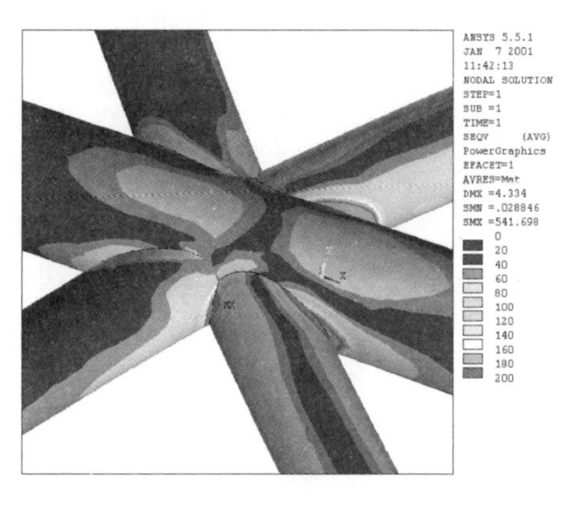

图 2－34　DKS 弦、腹杆相交处 Mises 应力图

表 2-13 所列为 SXN 与 SXR 试验加载至第 4 级时两节点上各三向应变计测点 Von Mises 应力。腹杆与弦杆相交处为节点 Von Mises 应力最大区域，图 2-35 为节点 SXR 的腹杆与弦杆相交处的 Von Mises 应力图，图 2-36 为节点 SXN 的腹杆与弦杆相交处的 Von Mises 应力图。图中应力单位为 MPa。从图表中可以看出，有限元计算与试验结果符合较好。表中的测点位置参看测点布置图 2-6 和图 2-7。

表 2-13　SXR、SXN 的实测 Von Mises 应力　　MPa

应变片编号	T1	T2	T3	T4	T5	T6	T7	
SXN	57	6	41	123	106	157	174	
SXR	41	11	111	147	148			

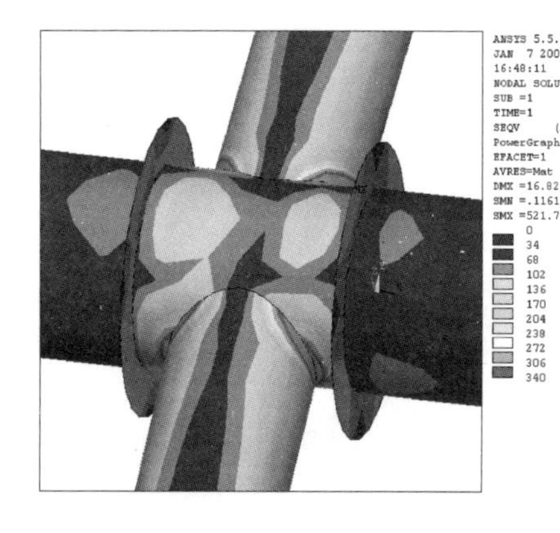

图 2-35　SXR 弦、腹杆相交处 Mises 应力图

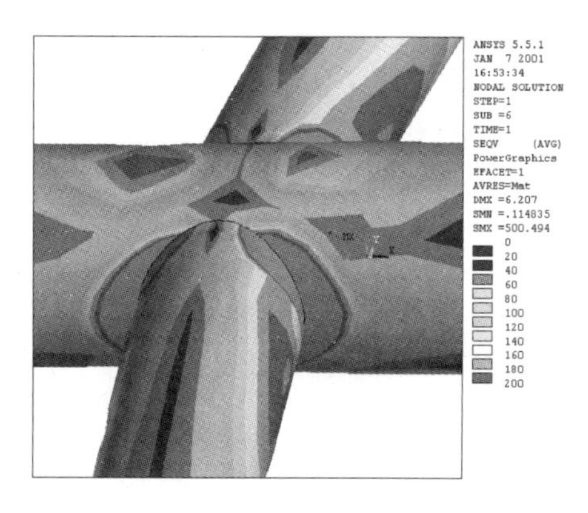

图 2-36　SXN 弦、腹杆相交处 Mises 应力图

2.7　本章结论

(1) 本章对圆钢管相贯节点在多种几何参数、荷载工况组合下的抗弯刚度进行了测试，试验方法有效，试验数据为深入进行数值分析提供了可靠的比较基础。

(2) 试验证明，在一定的几何参数条件下，相贯节点在直至相连腹杆达到屈服强度之前，可以作为全刚接节点看待；但对全刚接节点和半刚接节点的几何参数分界值，尚有待于更多试验数据和数值分析数据的归纳。

(3) 对各节点试件采用板壳单元和梁单元进行了弹塑性有限元分析，通过杆端位移和节点区等效应力的比较，证明了采用通用有限元程序对相贯节点进行刚度分析的可行性，并为后文的分析提供了有力的依据。

第3章 圆钢管相贯节点非刚性性能的理论分析与计算公式

3.1 引　　言

由于对相贯节点轴向承载力的研究成果众多,而对相贯节点刚度及抗弯承载力的研究相对较少,因此,本书的非刚性性能研究重点为相贯节点在轴力与弯矩作用下的弹性刚度、相贯节点在弯矩及轴力与弯矩共同作用下的极限承载力和相贯节点的弯曲非线性弹塑性行为。在平面圆管相贯节点中,T 形、Y 形和 K 形节点是主要的节点形式。T 形和 Y 形节点形式简单,对它们的研究可以为 K 形节点的研究提供基础。本章将从对 T 形节点分别在轴力和弯矩作用下变形机理的描述入手,说明节点局部刚度的定义;然后运用正交试验设计方法建立计算模型,分别对 9 个 T 形、Y 形节点和 25 个 K 形节点进行有限元分析,通过多元回归技术得到它们的刚度系数或柔度系数的计算公式,并给出公式适用范围。此外,本章还将通过对现有国内外计算公式的总结比较和基于国际钢管节点试验数据库的统计分析,提出具有较高精度和适用性的相贯节点抗弯承载力计算公式。在此基础上,进一步建立 T 形相贯节点 $M-\theta$ 关系的全过程非线性模型,以便在钢管结构的整体非线性分析中考虑节点的非线性行为。

3.2 相贯节点的变形机理及刚度定义

为简明起见,以 T 形节点为例来说明节点的变形机理。当节点腹杆受轴向压力作用时,除弦杆的整体竖向位移之外,还会在弦腹杆连接处发生弦杆管壁的局部凹陷,如图 3-1(a)所示;当节点腹杆受平面内弯矩作用时,除弦杆的整体转

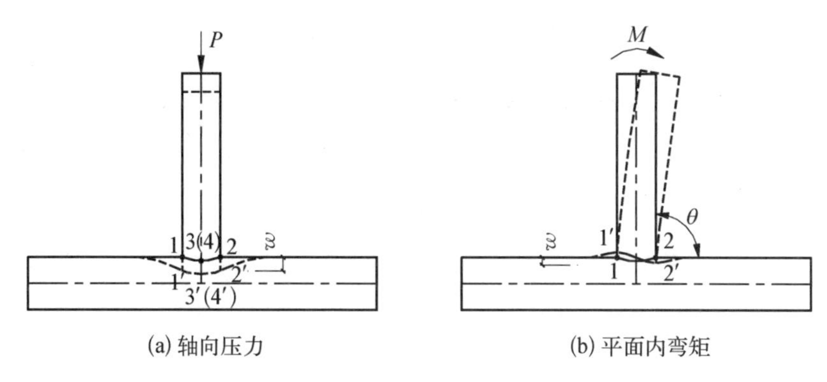

图 3-1　T 形节点的局部变形

动之外，还会在弦腹杆连接处伴随有弦杆管壁的局部转动，如图 3-1(b)所示。

基于这种局部的变形行为，可以把节点刚度定义为发生单位局部变形时的外荷载。对 T 形和 Y 形管节点，有

$$K_{\mathrm{N}} = \frac{P}{\delta},\ K_{\mathrm{M}} = \frac{M}{\theta_r} \tag{3-1}$$

式中，K 表示管节点的刚度。下标 N，M 分别表示受轴力、平面内弯矩作用的情况。δ 为在轴力 P 作用下弦腹杆相贯面沿腹杆轴线方向的局部线位移(不包括弦杆作为梁弯曲时的挠度)，θ_r 为在平面内弯矩 M 作用下弦腹杆相贯面的局部转角(同样不包括弦杆作为梁弯曲时的转角)。

在实际计算时，选择管节点的冠点和鞍点作为确定 δ 和 θ_r 的参考位置。如图 3-1 所示，1 点、2 点、3 点和 4 点在弦腹杆轴平面内垂直弦杆轴线的局部管壁凹凸变形分别记为 w_1、w_2、w_3 和 w_4。δ 和 θ_r 分别按式(3-2)和式(3-3)计算：

$$\delta = \frac{w_1 + w_2 + w_3 + w_4}{4}\sin\theta \tag{3-2}$$

$$\theta_{\mathrm{r}} = \frac{w_1 - w_2}{d - t}\sin\theta \tag{3-3}$$

因此，节点刚度可按式(3-4)和式(3-5)计算：

$$K_{\mathrm{N}} = (4P)/[(w_1 + w_2 + w_3 + w_4)(\sin\theta)] \tag{3-4}$$

$$K_{\mathrm{M}} = M(d - t)/[(w_1 - w_2)\sin\theta] \tag{3-5}$$

式中 θ 为弦腹杆的夹角；d 和 t 分别为腹杆的直径和壁厚。

K形管节点具有2根腹杆，与T形、Y形节点不同的是，相邻腹杆的存在将影响原单根腹杆处弦杆管壁在荷载作用下的局部变形，且某一腹杆上的荷载除引起该腹杆根部弦杆管壁的局部变形外，还将在相邻腹杆根部的弦杆管壁引起局部变形，这种现象称为腹杆间的交互影响。若要准确地反映该变形机制，必须定义一节点刚度矩阵。节点局部位移或转角与外荷载的关系式为

$$\{P_1, M_1, P_2, M_2\}^{\mathrm{T}} = [\boldsymbol{K}]_{\mathrm{L}}\{\delta_1, \theta_{\mathrm{r}1}, \delta_2, \theta_{\mathrm{r}2}\}^{\mathrm{T}} \tag{3-6}$$

式中

$$[\boldsymbol{K}]_{\mathrm{L}} = \begin{bmatrix} k_{11} & k_{12} & k_{13} & k_{14} \\ k_{21} & k_{22} & k_{23} & k_{24} \\ k_{31} & k_{32} & k_{33} & k_{34} \\ k_{41} & k_{42} & k_{43} & k_{44} \end{bmatrix} \tag{3-7}$$

矩阵$[\boldsymbol{K}]_{\mathrm{L}}$为节点刚度矩阵，其主对角线元素反映了载荷与相应的局部位移或转角之间的关系，非主对角线元素则反映了腹杆间的相互影响。根据互等定理可知，该刚度矩阵是一个对称矩阵，且有

$$k_{12} = k_{21}, k_{13} = k_{31}, k_{14} = k_{41}, k_{23} = k_{32}, k_{24} = k_{42}, k_{34} = k_{43} \tag{3-8}$$

为有限元计算方便起见，式(3-6)被等效地表达为

$$\{\delta_1, \theta_{r1}, \delta_2, \theta_{r2}\}^{\mathrm{T}} = [\boldsymbol{f}]_{\mathrm{L}}\{P_1, M_1, P_2, M_2\}^{\mathrm{T}} \tag{3-9}$$

式中，$[f]_{\mathrm{L}}$称为节点柔度矩阵，可表达为

$$[\boldsymbol{f}]_{\mathrm{L}} = \begin{bmatrix} f_{11} & f_{12} & f_{13} & f_{14} \\ f_{21} & f_{22} & f_{23} & f_{24} \\ f_{31} & f_{32} & f_{33} & f_{34} \\ f_{41} & f_{42} & f_{43} & f_{44} \end{bmatrix} \tag{3-10}$$

这样，对于K形节点，通过计算节点的局部柔度矩阵，再矩阵求逆后可得节点的刚度矩阵。

3.3 相贯节点刚度计算的有限元建模与分析

本节的分析采用有限元方法进行，分析时，采用ANSYS通用有限元软件[111]。

3.3.1　几何形式

节点形式和主要几何参数的定义如图 3－2 所示。在节点的几何模型中，弦杆长度与半径的比值 $\alpha = 2L/D = 20$，腹杆长度大于 3 倍的腹杆直径（$l_i > 3d_i$，$i = 1, 2$）。由于几何条件与荷载条件的对称性，取半结构建模，并在对称面上施加对称边界条件。在腹杆加载端设置刚性板以防止可能影响节点域应力分布和变形的局部扭曲。以往的研究[77,40]表明，焊缝模拟对相贯节点弹性刚度的影响可以忽略，所以，本章的有限元分析亦不考虑焊缝。

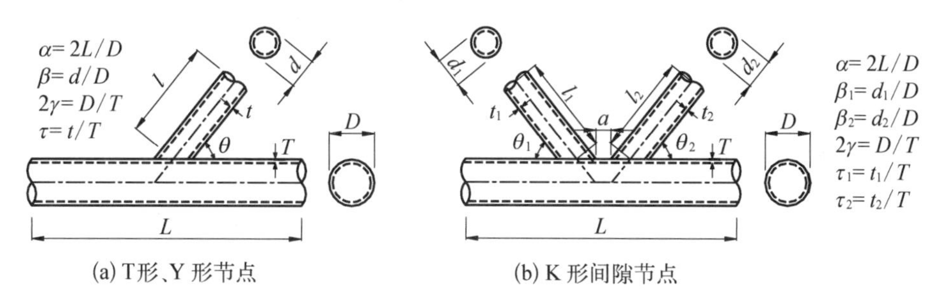

图 3－2　节点形式和参数定义

3.3.2　荷载施加方法

对于平面内受弯的节点，为了简化分析，忽略横向剪力的影响而在腹杆端板上直接施加集中弯矩。对于轴向受力节点，在腹杆刚性端板上施加均匀分布的压力。

3.3.3　单元类型和材料特性

有限单元采用 8 节点结构壳单元（8-Node Structural Shell Element）SHELL93。该单元尤其适合模拟曲面壳体。单元的每个结点具有 6 个自由度，分别为沿节点坐标轴 x，y 和 z 轴的平动和绕 x，y 和 z 轴的转动。单元插值函数在平面内为二次多项式。节点有限元模型的单元数与结点数大约分别为 3 000 和 6 500。

钢材的弹性模量 $E = 2.06 \times 10^5$ MPa，泊松比 $\nu = 0.3$。

3.3.4　边界条件

节点有限元模型弦杆端部的边界条件设置为固定约束，如图 3－3 所示。弦杆和腹杆的长度足以避免端部效应。本章的节点刚度有限元计算为弹性小变形

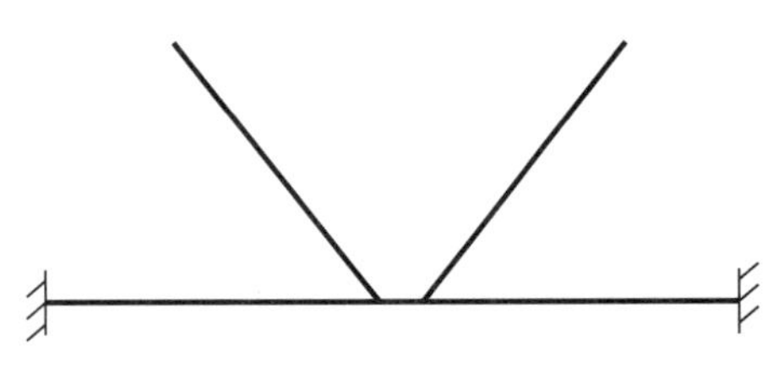

图 3-3 节点模型的边界条件

分析，由于弦杆两端固接产生的弦杆应力对节点相贯面的变形影响极小，由此可以认为边界条件不会对节点刚度产生影响。

3.4 T形、Y形相贯节点刚度的影响因素与参数公式

3.4.1 影响因素

本章限于弹性小变形分析，所以可以忽略杆件内力对节点刚度的影响，而把弦杆与腹杆的无量纲化几何特征参数作为节点刚度的主要影响因素。T形、Y形节点刚度的影响因素为$\beta(\beta=d/D)$，$\gamma(\gamma=D/(2T))$，$\tau(\tau=t/T)$和θ。各参数的意义参见图 3-2。这 4 个参数唯一确定了弦杆与腹杆的相对关系，但未反映节点尺寸绝对值的影响。因此，取 D 为决定节点绝对几何尺寸的因子，只要 D 和以上参数给定，节点就被唯一确定下来。

3.4.2 单参数分析

为了解各影响因素对节点刚度的影响，分别对各个因素进行单参数分析。具体方法是取一系列模型(保持弦杆直径 $D=300$ mm)，变化某一参数，而保持其他参数相同，使得模型刚度的差异仅由所变化参数的差异引起，从而获得节点刚度随各参数的变化趋势。

1. 参数β的影响

表 3-1 列出了β的单参数分析模型和节点刚度计算结果。节点轴向刚度与β的关系曲线见图 3-4，可以采用指数函数形式模拟。节点弯曲刚度与β的关系曲线见图 3-5，可以采用幂函数形式模拟。随着腹杆与弦杆的外径愈加接近，弦杆对腹杆的约束作用增强，因此，节点局部刚度增大。

表 3-1　参数 β 的分析模型和计算结果

模型编号	参数				轴向刚度 /(N·mm^{-1})	弯曲刚度 /(N·mm)
	β	γ	τ	θ		
1	0.20	25	0.6	90°	4.16×10^4	6.06×10^8
2	0.36	25	0.6	90°	6.15×10^4	1.51×10^9
3	0.52	25	0.6	90°	9.48×10^4	3.10×10^9
4	0.68	25	0.6	90°	1.41×10^5	5.61×10^9
5	0.84	25	0.6	90°	2.90×10^4	1.71×10^8

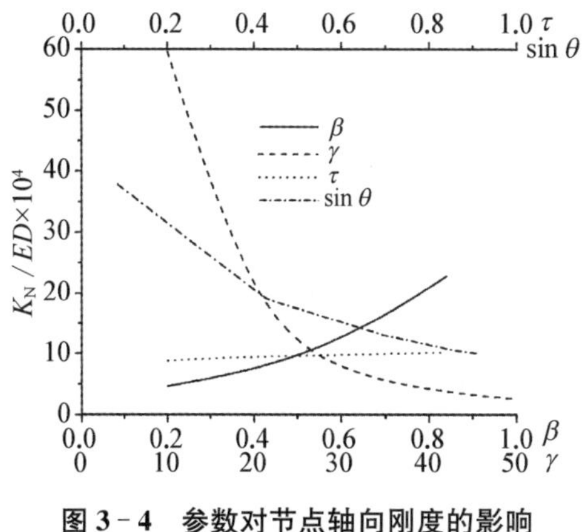

图 3-4　参数对节点轴向刚度的影响

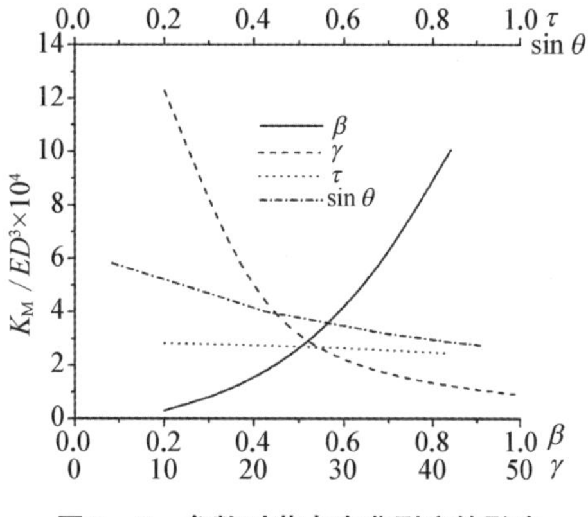

图 3-5　参数对节点弯曲刚度的影响

2. 参数 γ 的影响

表 3-2 列出了 γ 的单参数分析模型和节点刚度计算结果。节点轴向刚度与 γ 的关系曲线见图 3-4，可以采用幂函数形式模拟。节点弯曲刚度与 γ 的关系曲线见图 3-5，亦可以采用幂函数形式模拟。节点刚度随 γ 的增大而减小，这是因为在弦杆厚度 T 一定的情况下，弦杆管壁随 γ 的增大而变柔，导致其对腹杆的约束能力变弱。

表 3-2　参数 γ 的分析模型和计算结果

模型编号	参数				轴向刚度 /(N·mm^{-1})	弯曲刚度 /(N·mm)
	β	γ	τ	θ		
1	0.52	10	0.6	90°	9.84×10^4	2.19×10^9
2	0.52	20	0.6	90°	4.31×10^4	1.13×10^9

续　表

模型编号	参　　数				轴向刚度 /(N·mm^{-1})	弯曲刚度 /(N·mm)
	β	γ	τ	θ		
3	0.52	30	0.6	90°	2.44×10^{4}	7.14×10^{8}
4	0.52	40	0.6	90°	1.56×10^{4}	4.97×10^{8}
5	0.52	50	0.6	90°	3.69×10^{5}	6.83×10^{9}

3. 参数τ的影响

表 3-3 列出了τ的单参数分析模型和节点刚度计算结果。节点轴向刚度与τ的关系曲线见图 3-4，可以采用幂函数形式模拟。节点弯曲刚度与τ的关系曲线见图 3-5，亦可以采用幂函数形式模拟。随着腹杆与弦杆的壁厚愈加接近，弦杆对腹杆的约束作用增强，因此，节点局部刚度增大。

表 3-3　参数τ的分析模型和计算结果

模型编号	参　　数				轴向刚度 /(N·mm^{-1})	弯曲刚度 /(N·mm)
	β	γ	τ	θ		
1	0.52	25	0.20	90°	5.82×10^{4}	1.44×10^{9}
2	0.52	25	0.36	90°	5.95×10^{4}	1.49×10^{9}
3	0.52	25	0.52	90°	6.11×10^{4}	1.53×10^{9}
4	0.52	25	0.68	90°	6.29×10^{4}	1.57×10^{9}
5	0.52	25	0.84	90°	5.42×10^{4}	1.35×10^{9}

4. 参数θ的影响

表 3-4 列出了θ的单参数分析模型和节点刚度计算结果。节点轴向刚度与$\sin\theta$的关系曲线见图 3-4，可以采用幂函数形式模拟。节点弯曲刚度与$\sin\theta$的关系曲线见图 3-5，亦可以采用幂函数形式模拟。随着腹杆与弦杆之间的夹角越来越小，二者之间的相交面积越来越大，所以，弦杆对腹杆的约束就越强，从图中不难看出这一关系。

5. 各参数影响效应的机理分析

为了准确评价钢管节点的刚度行为，了解节点的荷载传递机制是十分必要的。表达节点受力行为的力学模型可简化如下：

表3-4　参数θ的分析模型和计算结果

模型编号	参　数				轴向刚度 /(N·mm^{-1})	弯曲刚度 /(N·mm)
	β	γ	τ	θ		
1	0.52	25	0.6	30°	1.18×10^5	2.22×10^9
2	0.52	25	0.6	45°	8.09×10^4	1.77×10^9
3	0.52	25	0.6	60°	6.48×10^4	1.57×10^9
4	0.52	25	0.6	75°	6.13×10^4	1.51×10^9
5	0.52	25	0.6	90°	2.34×10^5	3.25×10^9

对于平面内受弯节点，作用在节点域的弯矩可简化为一对间距为d(腹杆直径)的力偶垂直于弦杆轴线作用于相贯面的冠点(图3-6(a))；对于轴向受力节点，作用在节点域的轴力可简化为4个集中力分别作用于相贯面的冠点和鞍点(图3-6(b))。

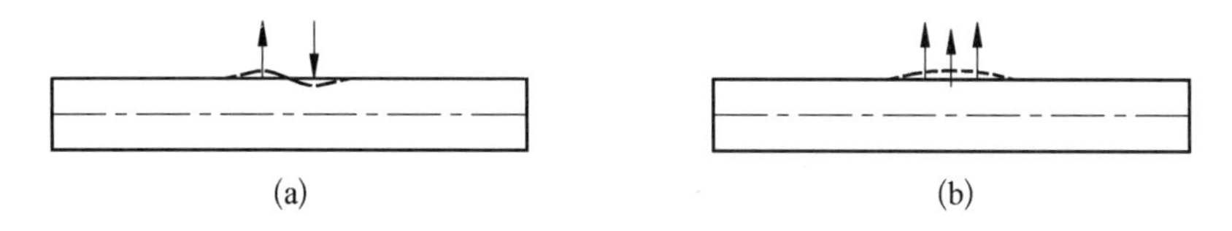

图3-6　相贯节点的简化受力模型

作用在节点域的荷载将导致弦杆管壁的弯曲，所以，节点域的局部变形主要取决于相贯面周围弦杆管壁的弯曲刚度。单位宽度壳的弯曲刚度可表达为

$$D_s = \frac{Et_s^3}{12(1-\nu^2)} \tag{3-11}$$

式中，t_s为壳的厚度(T)；ν为泊松比；E为弹性模量。

在弦杆直径保持不变的情况下，当γ增大时，弦杆壁厚减小，所以，相贯面的弯曲刚度减小，导致节点刚度减小；当β增大时，腹杆直径增大，则简化力偶间的力臂增大，此时，若弯矩不变，则力偶值减小，导致冠点局部变形减小，所以，相贯面转角减小，即节点刚度增大；当τ增大时，腹杆壁厚增大，由于腹杆直径不变，所以简化力偶间的力臂(腹杆壳体中面的直径)略有减小，此时，若弯矩不变，则力偶值增大，导致冠点局部变形增大，所以相贯面转角增大，节点刚度略有降低但不明显；当腹杆与弦杆之间的夹角增大时，两者的相贯区域面积减小，且简化力偶间的力臂减小，此时，若弯矩不变，则力偶值增大，导致冠点局部变形增大，所以相贯面转角增大，即节点刚度降低。

3.4.3 正交模型设计及分析

由于节点刚度的影响因素较多，不可能穷尽所有模型的计算，所以本书采用了正交试验设计方法。正交试验设计法是一种安排和分析多因素试验的科学方法，它是以人们的生产实践经验、有关的专业知识和概率论与数理统计为基础，利用一套数学上的"正交性"原理而编制并已标准化了的表格-正交表，来科学地安排试验方案和对试验结果进行计算、分析，找出最优或较优的生产条件或工艺条件的数学方法。

正交试验设计原理的直观解释如下：

(1) 正交试验设计所选择的试验点均匀地分布在整个试验点空间中，这种特性称之为"均衡分散性"。由于试验点均衡分散，所以代表性很强，能够较全面地反映分析出全面试验的优点。

(2) 采用正交试验设计，能在其他因素变化的情况下，比较某一因素的水平，这称之为"综合可比性"。

正因为正交表安排试验具有"均衡分散性"和"综合可比性"这两个特点，所以取得了减少试验次数的良好效果。

根据正交表设计的模型参数值和计算结果见表 3-5。表 3-5 中的参数范围基本覆盖了实际应用的节点。其中 D 取为 300 mm。

表 3-5 正交模型参数和计算结果

模型编号	影响参数				轴向刚度 /(N·mm^{-1})	弯曲刚度 /(N·mm)
	β	γ	τ	θ		
1	0.2	10	0.2	30°	8.17×10^5	2.68×10^9
2	0.2	30	0.6	60°	2.40×10^4	1.43×10^8
3	0.2	50	1.0	90°	6.35×10^3	4.90×10^7
4	0.55	10	0.6	90°	3.89×10^5	7.81×10^9
5	0.55	30	1.0	30°	1.97×10^5	2.94×10^9
6	0.55	50	0.2	60°	2.23×10^4	5.99×10^8

续　表

模型编号	影　响　参　数				轴向刚度 /(N·mm^{-1})	弯曲刚度 /(N·mm)
	β	γ	τ	θ		
7	0.9	10	1.0	60°	8.91×10^{5}	3.39×10^{10}
8	0.9	30	0.2	90°	1.16×10^{5}	4.29×10^{9}
9	0.9	50	0.6	30°	2.03×10^{5}	4.36×10^{9}

3.4.4　节点刚度参数公式的多元回归分析

1. 参数回归

由前节的参数分析可知，节点刚度公式的参数化模型可写为

$$K_N = C\cdot(\sin\theta)^{a_1}\gamma^{a_2}\tau^{a_3}e^{a_4\beta} \tag{3-12}$$

$$K_M = C\cdot(\sin\theta)^{a_1}\gamma^{a_2}\tau^{a_3}\beta^{a_4} \tag{3-13}$$

这一非线性函数形式可通过多元回归的线性化方法化为线性形式，即对上两式两边取对数，得

$$\ln K_N = \ln C + a_1\ln(\sin\theta) + a_2\ln\gamma + a_3\ln\tau + a_4\beta \tag{3-14}$$

$$\ln K_M = \ln C + a_1\ln(\sin\theta) + a_2\ln\gamma + a_3\ln\tau + a_4\ln\beta \tag{3-15}$$

式中，$\ln C$ 为一反映节点绝对几何尺寸对节点刚度影响的量。对于弦杆直径相同的各个正交模型，C 为一常数。通过置信度为 95%的多元线性回归分析，可求得如表 3-6 所示的 a_1—a_4 及 $\ln C$ 的值。

因此，在 $D = 300$ mm 时的节点刚度公式为

$$\ln K_N = 15.69 - 2.36\ln(\sin\theta) - 1.90\ln\gamma - 0.12\ln\tau + 2.44\beta \tag{3-16}$$

$$\ln K_M = 28.33 - 1.47\ln(\sin\theta) - 1.79\ln\gamma - 0.08\ln\tau + 2.29\ln\beta \tag{3-17}$$

2. 回归校验

将正交表中的参数数据代入式(3-16)和式(3-17)，所得计算值与有限元的计算值对比，见表 3-7。

表 3-6　多元回归分析结果

系　数	轴向刚度/(N·mm^{-1})	弯曲刚度/(N·mm)
$\ln C$	15.69	28.33
a_1	−2.36	−1.47
a_2	−1.90	−1.79
a_3	−0.12	−0.08
a_4	2.44	2.29

表 3-7　公式计算值与有限元计算值的误差比较

模型编号	轴向刚度/(N·mm^{-1})			弯曲刚度/(N·mm)		
	公式计算值	有限元计算值	误差	公式计算值	有限元计算值	误差
1	13.63	13.61	0.14%	21.67	21.71	−0.18%
2	10.12	10.08	0.32%	18.81	18.78	0.17%
3	8.75	8.76	−0.12%	17.64	17.71	−0.36%
4	12.72	12.87	−1.19%	22.88	22.78	0.44%
5	12.21	12.19	0.13%	21.89	21.80	0.41%
6	10.13	10.01	1.20%	20.30	20.21	0.43%
7	13.85	13.70	1.10%	24.18	24.25	−0.29%
8	11.62	11.66	−0.36%	22.13	22.18	−0.23%
9	12.15	12.22	−0.60%	22.15	22.20	−0.22%

从上表的误差比较中可以看出，回归出的公式离散较小，与有限元计算的最大误差为 1.20%，这说明参数公式可以准确地描述 T 形、Y 形节点的刚度。

3. 参数公式

式(3-16)和式(3-17)中的常数值包含了节点绝对尺寸因素的影响，现对此因素进行分析。取不同的弦杆外径值，保持其他 4 个反映相对几何关系的参数不变，建立一系列模型进行计算。此时，这些模型的刚度差异仅由绝对尺寸的差异产生。图 3-7 和图 3-8 给出了相对几何参数不变时刚度随弦杆直径 D 变化的关系曲线。当弦杆直径增加时，弦杆圆柱壳的整体弯曲刚度增大，所以节点刚度增大。而且从图中曲线拟合的结果看，D 与节点轴向刚度恰好构成 $K_N = C_N \times D$ 的关系，D 与节点弯曲刚度恰好构成 $K_M = C_M \times D^3$ 的关系（C_N，C_M为常系数），这为物理量纲的统一奠定了基础。

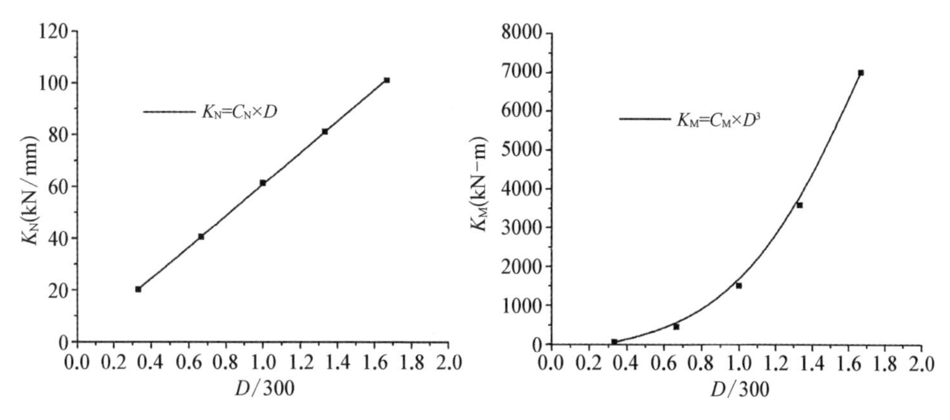

图 3－7　弦杆直径对轴向刚度的影响　　**图 3－8　弦杆直径对弯曲刚度的影响**

结合前述刚度参数公式的多元回归分析，从公式中分离出与材性有关的弹性模量 E，从而得到 T 形、Y 形节点的刚度公式如下：

$$K_N = 0.105ED(\sin\theta)^{-2.36}\gamma^{-1.90}\tau^{-0.12}e^{2.44\beta} \tag{3-18}$$

$$K_M = 0.362ED^3(\sin\theta)^{-1.47}\gamma^{-1.79}\tau^{-0.08}\beta^{2.29} \tag{3-19}$$

式中，$30° \leqslant \theta \leqslant 90°$，$0.2 \leqslant \beta \leqslant 1.0$，$10 \leqslant \gamma \leqslant 50$，$0.2 \leqslant \tau \leqslant 1.0$。

上述公式的适用范围已覆盖了规范允许的参数范围。从公式中各因子的指数大小可以看出，在腹杆与弦杆夹角一定的情况下，β 和 γ 对于节点刚度的影响较大，而 τ 的影响较小，原因是腹杆的轴向刚度远大于弦杆的径向刚度以致于腹杆壁厚的变化对节点刚度的影响可以忽略。所以，工程设计时，可以主要通过 β 和 γ 的取值来控制节点刚度的范围。

3.4.5　节点刚度参数公式与试验结果的比较

为检验节点刚度参数公式的适用性，将公式的计算结果与试验结果进行了比较。可用于与上述参数公式进行比较的试验结果来自 Makino 管节点试验数据库[13]、作者在第 2 章进行的 X 形相贯节点刚度试验[102]以及同济大学进行的重庆江北机场 T 形相贯节点刚度试验[112]。比较结果见表 3－8 和表 3－9。可以看出，参数公式结果与试验结果吻合良好。

表 3-8 试验结果与节点弯曲刚度公式计算值的比较

试 件	β	γ	τ	θ	K_M(试验) /(kN·m)	K_{Mj}(公式) /(kN·m)	K_M/K_{Mj}
TM-33[13]	0.36	14.6	0.97	90°	279	284	0.98
TM-35[13]	1.00	14.8	1.00	90°	2 680	2 852	0.94
TM-36[13]	0.36	24.4	1.00	90°	115	112	1.02
TM-38[13]	1.00	23.8	1.00	90°	1 430	1 234	1.16
SXN[102]	0.76	7.0	0.67	90°	5 003	5 910	0.85
JB-1[112]	0.80	14.4	0.86	90°	27 000	25 234	1.07

表 3-9 试验结果与节点轴向刚度公式计算值的比较

试 件	β	γ	τ	θ	K_N(试验) /(kN·mm^{-1})	K_{Nj}(公式) /(kN·mm^{-1})	K_N/K_{Nj}
TC-12[13]	0.44	35.4	0.98	90°	24.5	23.0	1.07
TC-13[13]	0.20	46.7	0.61	90°	12.7	11.4	1.11
TC-14[13]	0.36	46.7	0.96	90°	19.6	16.2	1.21
TC-17[13]	0.36	46.9	0.97	90°	16.7	16.0	1.04
TC-115[13]	1.00	23.8	1.00	90°	86.1	101.0	0.85

3.5 K形相贯节点柔度系数的影响因素与参数公式

3.5.1 影响参数

本章限于弹性小变形分析，所以可以忽略杆件内力对节点局部柔度系数的影响，而把弦杆与腹杆的无量纲化几何特征参数作为节点柔度系数的主要影响因素。取以下 6 个参数作为节点局部柔度系数的影响因素：$\beta_1(\beta_1 = d_1/D)$，$\beta_2(\beta_2 = d_2/D)$，$\gamma(\gamma = D/(2T))$，θ_1，θ_2和a/D。各参数的意义参见图 3-2。由上节分析可知τ对 Y 形节点刚度影响微小，为减少正交计算模型的数量，未将τ

作为 K 形间隙节点柔度系数的主要影响因素。上述 6 个参数唯一确定了弦杆与腹杆的相对关系，但未反映节点尺寸这一绝对因素的影响。因此仍取 D 为决定节点绝对几何尺寸的因子，只要 D 和以上 6 个参数给定，K 形间隙节点就被唯一地确定下来。

3.5.2　单参数分析

上节已对 β、γ、θ 进行过单参数分析，因此本节仅对参数 a/D 的影响进行分析。

表 3 - 10 列出了 a/D 的单参数分析模型。节点柔度系数与 a/D 的关系曲线见图 3 - 9，可以采用指数函数形式模拟。

表 3 - 10　参数 a/D 的分析模型

模型编号	参数					
	γ	β_1	β_2	θ_1	θ_2	a/D
1	10	0.3	0.3	45°	45°	0.01
2	10	0.3	0.3	45°	45°	0.25
3	10	0.3	0.3	45°	45°	0.50
4	10	0.3	0.3	45°	45°	0.75
5	10	0.3	0.3	45°	45°	1.00

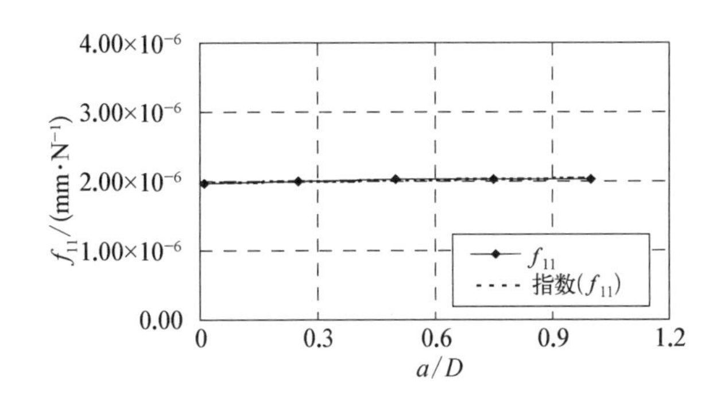

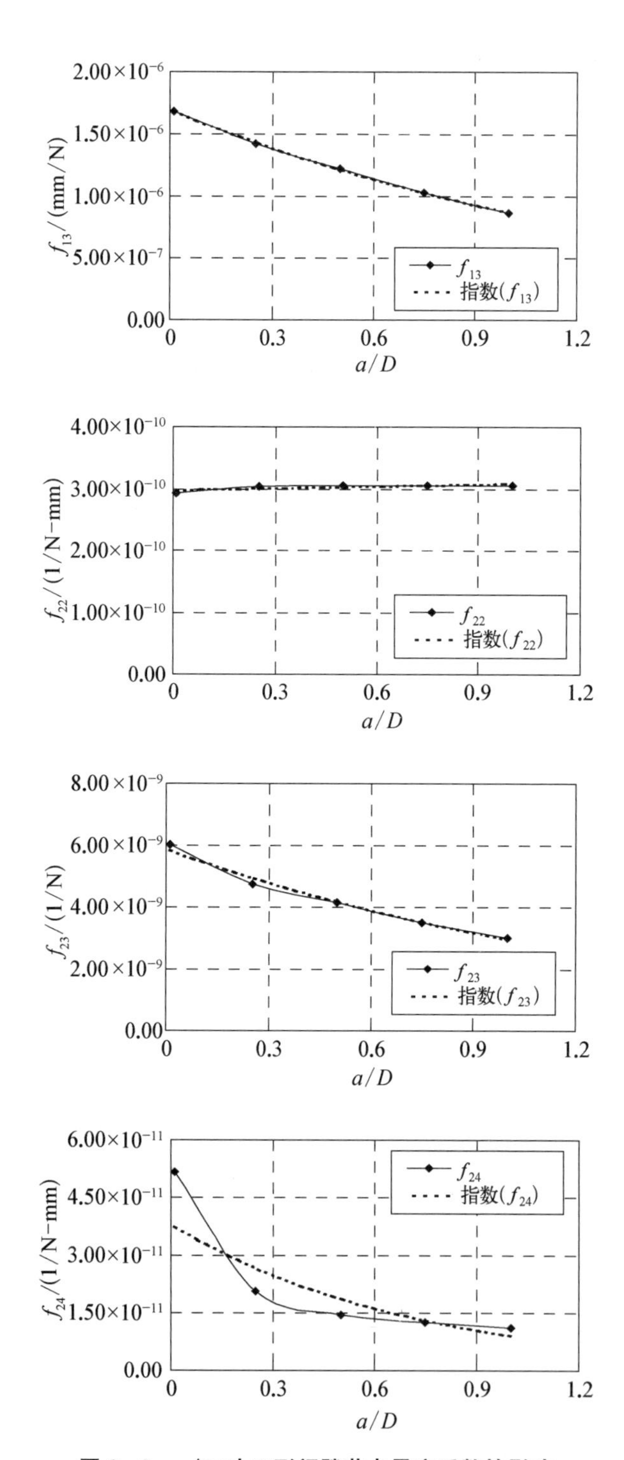

图 3-9　*a/D* 对 K 形间隙节点柔度系数的影响

3.5.3　正交模型设计及分析

根据正交表设计的模型参数和计算结果分别见表 3-11 和表 3-12。表中的参数范围基本覆盖了实际应用的节点。其中 D 取为 300 mm。

表 3-11　正交模型参数

模型编号	影响参数					
	γ	β_1	β_2	θ_1	θ_2	a/D
1	10	0.1	0.1	30°	30°	0.01
2	10	0.3	0.3	45°	45°	0.25
3	10	0.5	0.5	60°	60°	0.50
4	10	0.7	0.7	75°	75°	0.75
5	10	0.9	0.9	90°	90°	1
6	20	0.1	0.3	60°	75°	1
7	20	0.3	0.5	75°	90°	0.01
8	20	0.5	0.7	90°	30°	0.25
9	20	0.7	0.9	30°	45°	0.50
10	20	0.9	0.1	45°	60°	0.75
11	30	0.1	0.5	90°	45°	0.75
12	30	0.3	0.7	30°	60°	1
13	30	0.5	0.9	45°	75°	0.01
14	30	0.7	0.1	60°	90°	0.25
15	30	0.9	0.3	75°	30°	0.50
16	40	0.1	0.7	45°	90°	0.50
17	40	0.3	0.9	60°	30°	0.75
18	40	0.5	0.1	75°	45°	1
19	40	0.7	0.3	90°	60°	0.01
20	40	0.9	0.5	30°	75°	0.25
21	50	0.1	0.9	75°	60°	0.25
22	50	0.3	0.1	90°	75°	0.50

续　表

模型编号	影响参数					
	γ	β_1	β_2	θ_1	θ_2	a/D
23	50	0.5	0.3	30°	90°	0.75
24	50	0.7	0.5	45°	30°	1
25	50	0.9	0.7	60°	45°	0.01

表 3-12　正交模型计算结果

模型编号	柔度系数				
	f_{11}	f_{13}	f_{22}	f_{23}	f_{24}
1	1.48×10^{-6}	1.34×10^{-6}	1.44×10^{-9}	1.08×10^{-8}	1.95×10^{-10}
2	2.00×10^{-6}	1.42×10^{-6}	3.04×10^{-10}	4.75×10^{-9}	2.06×10^{-11}
3	2.08×10^{-6}	1.27×10^{-6}	1.33×10^{-10}	3.25×10^{-9}	1.02×10^{-11}
4	1.86×10^{-6}	1.03×10^{-6}	6.67×10^{-11}	1.91×10^{-9}	6.53×10^{-12}
5	1.54×10^{-6}	8.38×10^{-7}	3.57×10^{-11}	1.04×10^{-9}	3.97×10^{-12}
6	2.05×10^{-5}	8.26×10^{-6}	9.48×10^{-9}	2.12×10^{-8}	5.02×10^{-11}
7	1.32×10^{-5}	1.00×10^{-5}	1.33×10^{-9}	1.20×10^{-8}	1.34×10^{-10}
8	1.02×10^{-5}	2.66×10^{-6}	4.93×10^{-10}	5.05×10^{-9}	2.68×10^{-11}
9	1.61×10^{-6}	1.12×10^{-6}	9.92×10^{-11}	3.95×10^{-9}	1.01×10^{-11}
10	2.13×10^{-6}	2.53×10^{-6}	7.78×10^{-11}	1.01×10^{-8}	7.59×10^{-12}
11	6.59×10^{-5}	1.49×10^{-5}	2.58×10^{-8}	2.39×10^{-8}	8.80×10^{-11}
12	9.51×10^{-6}	5.05×10^{-6}	1.40×10^{-9}	1.65×10^{-8}	3.66×10^{-11}
13	7.82×10^{-6}	5.74×10^{-6}	5.22×10^{-10}	5.20×10^{-9}	7.36×10^{-11}
14	1.08×10^{-5}	1.36×10^{-5}	3.49×10^{-10}	3.87×10^{-8}	3.42×10^{-10}
15	7.28×10^{-6}	3.72×10^{-6}	1.82×10^{-10}	1.23×10^{-8}	1.03×10^{-11}
16	4.94×10^{-5}	1.96×10^{-5}	3.32×10^{-8}	1.24×10^{-8}	1.19×10^{-11}
17	4.63×10^{-5}	5.67×10^{-6}	4.72×10^{-9}	6.67×10^{-9}	3.83×10^{-11}
18	4.23×10^{-5}	2.52×10^{-5}	1.51×10^{-9}	6.18×10^{-8}	1.32×10^{-10}
19	2.46×10^{-5}	2.22×10^{-5}	6.07×10^{-10}	5.28×10^{-8}	4.92×10^{-11}
20	3.38×10^{-6}	6.89×10^{-6}	1.60×10^{-10}	2.44×10^{-8}	1.10×10^{-11}

续　表

模型编号	柔度系数				
	f_{11}	f_{13}	f_{22}	f_{23}	f_{24}
21	9.46×10^{-5}	1.68×10^{-5}	7.48×10^{-8}	4.27×10^{-8}	3.96×10^{-10}
22	1.25×10^{-4}	1.04×10^{-4}	8.40×10^{-9}	2.15×10^{-7}	5.03×10^{-10}
23	1.69×10^{-5}	2.81×10^{-5}	1.08×10^{-9}	1.02×10^{-7}	3.27×10^{-10}
24	1.87×10^{-5}	8.51×10^{-6}	6.29×10^{-10}	2.55×10^{-8}	7.65×10^{-11}
25	1.34×10^{-5}	1.02×10^{-5}	3.30×10^{-10}	2.17×10^{-8}	8.82×10^{-11}

3.5.4　节点柔度系数参数公式的多元回归分析

1. 参数回归

由前节的单参数分析可知，节点柔度系数公式的参数化模型可写为

$$f_{ij}=C\cdot(\sin\theta_1)^{a_1}(\sin\theta_2)^{a_2}\gamma^{a_3}\beta_1^{a_4}\beta_2^{a_5}e^{a_6\frac{a}{D}} \tag{3-20}$$

这一非线性函数形式通过多元回归的线形化方法化为线形形式，即对上式两边取对数，得

$$\ln f_{ij}=\ln C+a_1\ln(\sin\theta_1)+a_2\ln(\sin\theta_2)+a_3\ln\gamma+a_4\ln\beta_1+a_5\ln\beta_2+a_6\frac{a}{D} \tag{3-21}$$

式中，$\ln C$ 为反映节点绝对几何尺寸对节点柔度系数影响的量。对于弦杆直径相同的各个正交模型，C 为一常数。通过置信度为 95%的多元线形回归分析，可求得表 3-13 的 a_1—a_6 及 $\ln C$ 的值。

表 3-13　多元回归分析结果

系数	f_{11}	f_{13}	f_{22}	f_{23}	f_{24}
$\ln C$	−17.94	−18.04	−28.25	−24.23	28.61
a_1	2.11	0.95	1.19	−0.08	0.22
a_2	0.12	1.19	0.12	0.56	−0.12
a_3	1.86	1.80	1.72	1.63	−1.26
a_4	−0.78	−0.38	−2.19	−0.27	0.53

续 表

系数	f_{11}	f_{13}	f_{22}	f_{23}	f_{24}
a_5	−0.06	−0.45	0.02	−0.82	0.67
a_6	0.34	−0.13	0.14	−0.11	0.94

将表中的参数值代入式(3-21),即得到在 $D=300$ mm 时的节点柔度系数公式。

2. 回归校验

将正交表中的参数数据代入式(3-21),所得计算值与有限元的计算值对比见表 3-14。

表 3-14 公式计算值与有限元计算值的误差比较

模型编号	误 差				
	f_{11}	f_{13}	f_{22}	f_{23}	f_{24}
1	−1.16%	−0.39%	−0.79%	−0.22%	2.36%
2	1.61%	1.54%	0.84%	1.00%	−0.56%
3	1.09%	0.84%	0.72%	1.53%	0.10%
4	−0.11%	−0.09%	0.11%	0.56%	0.89%
5	−1.16%	−0.38%	−0.56%	−1.04%	1.03%
6	−3.04%	−1.41%	−1.94%	1.06%	0.03%
7	1.96%	3.47%	0.36%	1.19%	4.40%
8	2.67%	1.92%	0.95%	0.94%	0.84%
9	0.59%	−0.77%	0.35%	0.05%	−1.50%
10	−3.22%	−5.56%	−0.17%	−4.58%	−6.72%
11	−0.68%	1.15%	−0.95%	1.28%	1.01%
12	1.98%	0.53%	0.43%	1.59%	0.93%
13	0.34%	−0.74%	−0.34%	−3.51%	2.11%
14	−0.15%	−2.61%	0.12%	−2.04%	4.59%
15	−3.25%	−1.94%	−0.79%	−0.59%	−5.09%
16	−0.94%	−0.73%	−0.04%	−4.79%	−8.96%

续　表

模型编号	误　差				
	f_{11}	f_{13}	f_{22}	f_{23}	f_{24}
17	2.85%	−1.04%	1.29%	−2.98%	0.10%
18	1.03%	0.82%	0.33%	−0.94%	1.23%
19	1.21%	1.69%	−0.27%	2.74%	−3.12%
20	−2.07%	−0.88%	−0.34%	0.47%	−6.76%
21	−4.32%	−6.20%	0.59%	1.66%	4.55%
22	4.80%	4.78%	1.45%	2.35%	2.64%
23	2.46%	4.49%	0.51%	3.76%	5.58%
24	−0.64%	1.38%	−0.36%	1.00%	2.92%
25	−2.86%	−1.27%	−1.48%	0.39%	1.10%

从上表的误差比较中可以看出，回归出的公式离散度及误差均较小，这说明参数公式可以较为准确地描述 K 形间隙节点的柔度系数。

3. 参数公式

式(3－21)中的常数值包含了节点绝对尺寸因素的影响，现对此因素进行分析。取不同的弦杆外径值，保持其他 6 个反映相对几何关系的参数不变，建立一系列模型进行计算。此时，这些模型的刚度差异仅由于绝对尺寸的差异而产生。图 3－10 给出了柔度系数随绝对尺寸变化的关系曲线。

结合前述柔度系数参数公式的多元回归分析，从公式中分离出与材性有关的弹性模量 E，从而得到 K 形间隙节点的柔度系数公式如下：

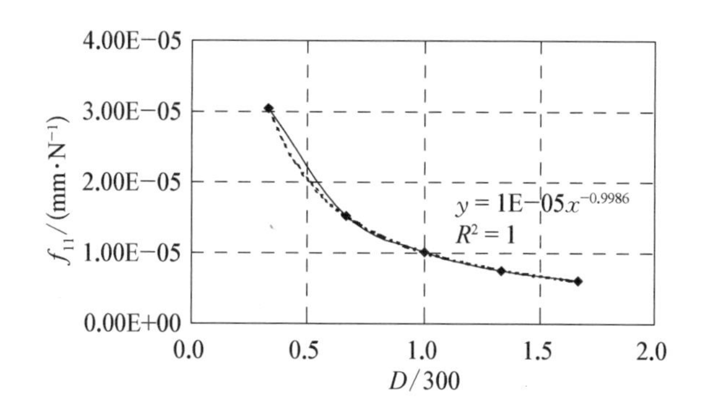

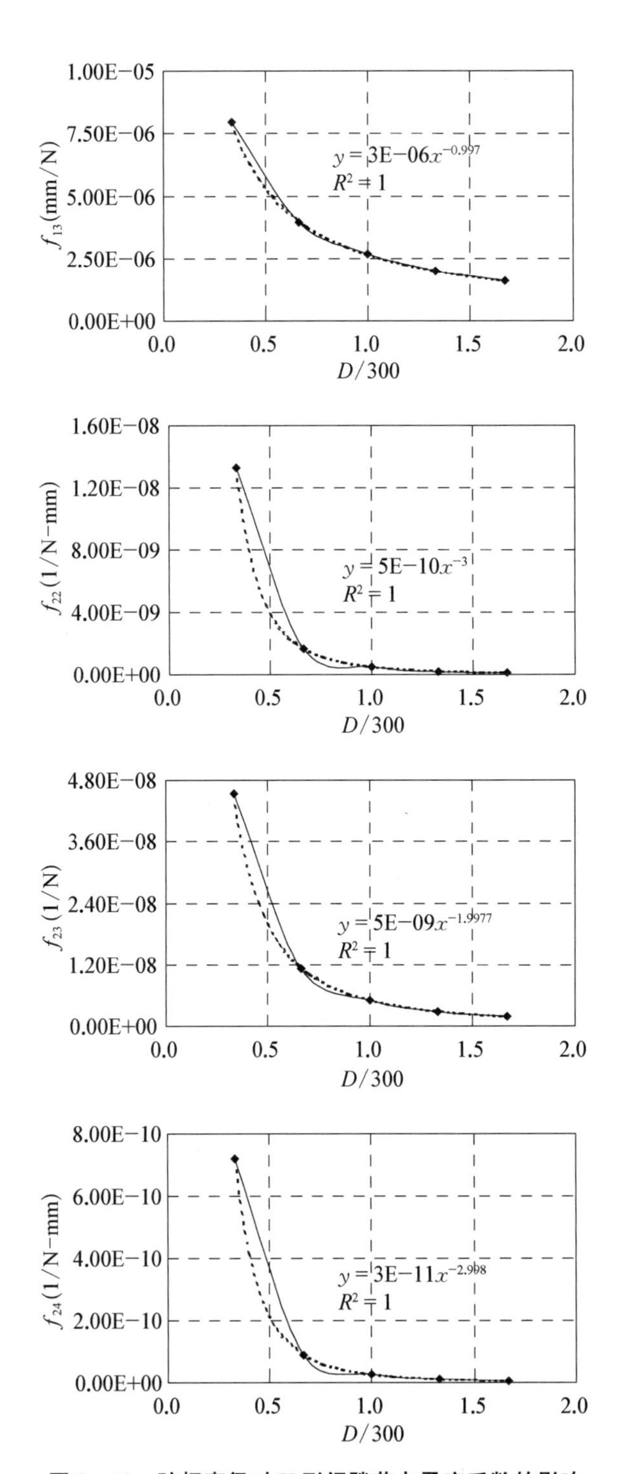

图 3-10　弦杆直径对 K 形间隙节点柔度系数的影响

$$f_{11}=\frac{1}{ED}(\sin\theta_1)^{2.11}(\sin\theta_2)^{0.12}\gamma^{1.86}\beta_1^{-0.78}\beta_2^{-0.06}e^{0.34a/D} \tag{3-22}$$

$$f_{12}=f_{21}=f_{34}=f_{43}=0 \tag{3-23}$$

$$f_{13}=f_{31}=\frac{0.904}{ED}(\sin\theta_1)^{0.95}(\sin\theta_2)^{1.19}\gamma^{1.80}\beta_1^{-0.38}\beta_2^{-0.45}e^{-0.13a/D} \tag{3-24}$$

$$f_{14}=f_{41}=\frac{0.556}{ED^2}(\sin\theta_1)^{0.56}(\sin\theta_2)^{-0.08}\gamma^{1.63}\beta_1^{-0.82}\beta_2^{-0.27}e^{-0.11a/D} \tag{3-25}$$

$$f_{22}=\frac{2.994}{ED^3}(\sin\theta_1)^{1.19}(\sin\theta_2)^{0.12}\gamma^{1.72}\beta_1^{-2.19}\beta_2^{0.02}e^{0.14a/D} \tag{3-26}$$

$$f_{23}=f_{32}=\frac{0.556}{ED^2}(\sin\theta_1)^{-0.08}(\sin\theta_2)^{0.56}\gamma^{1.63}\beta_1^{-0.27}\beta_1^{-0.82}e^{-0.11a/D} \tag{3-27}$$

$$f_{24}=f_{42}=\frac{2.088}{ED^3}(\sin\theta_1)^{-0.22}(\sin\theta_2)^{0.12}\gamma^{1.26}\beta_1^{-0.53}\beta_2^{-0.67}e^{-0.94a/D} \tag{3-28}$$

$$f_{33}=\frac{1}{ED}(\sin\theta_1)^{0.12}(\sin\theta_2)^{2.11}\gamma^{1.86}\beta_1^{-0.06}\beta_2^{-0.78}e^{0.34a/D} \tag{3-29}$$

$$f_{44}=\frac{2.994}{ED^3}(\sin\theta_1)^{0.12}(\sin\theta_2)^{1.19}\gamma^{1.72}\beta_1^{0.02}\beta_2^{-2.19}e^{0.14a/D} \tag{3-30}$$

式中，$30°\leqslant\theta_1$，$\theta_2\leqslant 90°$，$0.2\leqslant\beta_1$，$\beta_2\leqslant 1.0$，$10\leqslant\gamma\leqslant 50$，$0\leqslant a/D\leqslant 1.0$。

上述公式的适用范围已覆盖了规范允许的参数范围。

3.5.5　节点柔度系数的参数公式与试验结果的比较

为检验节点柔度系数参数公式的适用性，将公式的计算结果与作者在第 2

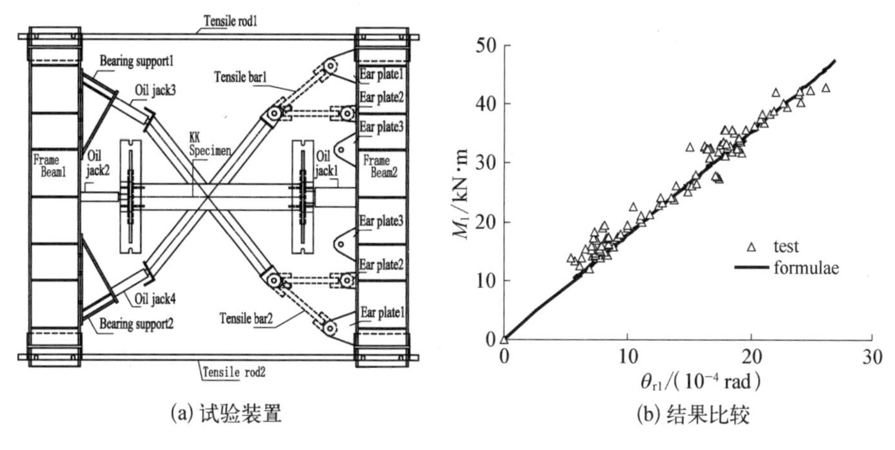

(a) 试验装置　　(b) 结果比较

图 3-11　K 形节点公式计算值与试验值的对比

章进行的 KK 形相贯节点刚度试验结果进行了比较。图 3－11(b)给出了分别由试验和参数公式计算得到的式(3－9)中 M_1 与 θ_{r1} 的关系曲线。可以看出，参数公式与试验数据吻合良好。因此，这些公式可以在钢管结构的整体结构分析中得到应用。

3.6 相贯节点的抗弯极限承载力

3.6.1 抗弯承载力公式的理论基础与参数化模型

由于弯矩可通过垂直作用在弦杆上并相隔一定距离的力偶来替代，受弯矩作用的节点承载力公式的理论模型与轴向荷载作用下的公式相同，即也是建立在 Togo 提出的环模型[28]基础上，基本形式仅相差一个表征力臂的因子 d(腹杆直径)。因此，对应于弦杆塑性软化破坏模式的相贯节点抗弯承载力公式的基本形式为

$$M_u = \frac{f_y T^2}{\sin\theta} \mathrm{d} Q_u \tag{3-31}$$

式中，f_y 为弦杆屈服应力；Q_u 为几何系数，$Q_u = Q_u(\beta,\ \gamma,\ \text{etc.})$。

3.6.2 各国规范公式比较

目前，相贯节点抗弯承载力计算公式的主要来源有欧洲规范(Eurocode 3)[80]、日本规范(AIJ)[82]、美国石油协会许用应力设计规范(API－WSD)[83]和荷载与抗力系数设计规范 (API－LRFD)[84]以及其他若干海工结构的规范，包括 HSE 规范[85]、ISO 规范[86]、NORSOK 规范[87]。下面分别列出各规范对于公式(3－31)中 Q_u 的计算公式，其中，Q_{ui} 表示平面内抗弯承载力公式的几何系数，Q_{uo} 表示平面外抗弯承载力公式的几何系数。

(1) API－WSD&LRFD 公式

$$Q_{ui} = 0.8(3.4 + 19\beta) \tag{3-32}$$

$$Q_{uo} = 0.8(3.4 + 7\beta) \cdot \frac{0.3}{\beta(1 - 0.833\beta)} \tag{3-33}$$

(2) HSE 公式

$$Q_{ui} = 5\beta\gamma^{0.5}\sin\theta \tag{3-34}$$

$$Q_{uo} = (1.6 + 7\beta) \cdot \frac{0.3}{\beta(1 - 0.833\beta)} \text{（Y、K 节点）} \tag{3-35}$$

$$Q_{uo} = (1.6 + 7\beta) \cdot \left[\frac{0.3}{\beta(1 - 0.833\beta)}\right]^{0.5} \text{（X 节点）} \tag{3-36}$$

（3）ISO&NORSOK 公式

$$Q_{ui} = 4.5\beta\gamma^{0.5} \tag{3-37}$$

$$Q_{uo} = 3.2\gamma^{(0.5\beta^2)} \tag{3-38}$$

（4）Eurocode 3 公式

$$Q_{ui} = 4.85\beta\gamma^{0.5} \tag{3-39}$$

$$Q_{uo} = \frac{2.7}{1 - 0.81\beta} \tag{3-40}$$

（5）AIJ 公式

$$Q_{ui} = 5.02\beta\gamma^{0.42} \tag{3-41}$$

$$Q_{uo} = \frac{2.2}{1 - 0.81\beta}\gamma^{-0.1} \tag{3-42}$$

此外，Van der Vegte 在其博士论文[39]中提出了以下公式：

$$Q_{ui} = \frac{5.1\gamma^{1.04\beta - 0.43\beta^2}}{(1 - 0.4\beta) + \sqrt{(1 - 0.4\beta^2) + \dfrac{2 - (0.4\beta)^2}{\gamma^2}}} \tag{3-43}$$

$$Q_{uo} = \frac{2.5\gamma^{0.28\beta} \cdot [0.8\beta + \sin 0.8(1.8 + 0.5\beta^2)]}{(0.8\beta + 1.0)\left[\left(1 - \dfrac{\arcsin 0.8\beta}{\pi}\right)\sin 0.8(1.8 + 0.5\beta^2) - \left(1 - \dfrac{0.8(1.8 + 0.5\beta^2)}{\pi}\right)0.8\beta\right] + \dfrac{0.5}{\gamma^2}} \tag{3-44}$$

通过以上公式的算例比较发现，在大多数情况下，圆管节点在平面内弯矩作用下的承载能力远高于平面外弯矩作用下的承载能力。

3.6.3 公式与试验数据的对比评价

表 3-15 给出了作者对各国抗弯承载力规范公式拟合试验数据[13]的统计分析结果，m、σ 和 υ 分别表示公式计算值与试验值之比的均值、方差和离散度。其中 M_{ui}^{j}、M_{uo}^{j} 分别为根据公式计算得到的节点平面内与平面外抗弯承载力，计算时，已将各规范中的强度设计值置换为钢材屈服值；M_{ui}、M_{uo} 分别为试验测得的节点平面内与平面外抗弯承载力。从表中的对比可以看出，在平面内抗弯承载力方面，API 公式与试验结果最为接近，但离散度较大，HSE 与 Eurocode 3 公式比试验结果低，但数据离散度较小。在平面外抗弯承载力方面，HSE 公式与试验结果最为接近，API 公式次之，但数据离散度较大。Van der Vegte 公式与试验结果差别较大，且计算异常繁琐，不便于工程应用。

表 3-15 抗弯承载力公式拟合试验数据的统计分析

试件数			Eurocode 3	AIJ	ISO	HSE	API	Van der Vegte	本书公式
36	M_{ui}^{j}/M_{ui}	m	0.849	0.702	0.788	0.875	0.905	0.815	1.056
		σ	0.087	0.068	0.081	0.090	0.169	0.075	0.102
		υ	0.103	0.096	0.103	0.103	0.187	0.092	0.096
24	M_{uo}^{j}/M_{uo}	m	0.795	0.482	0.803	0.955	1.044	1.935	—
		σ	0.142	0.094	0.114	0.184	0.248	1.505	—
		υ	0.179	0.196	0.142	0.192	0.237	0.778	—

由于各规范公式考虑了一定的承载力安全储备，所以计算值均低于节点实际承载力。本书在上述公式的基础上提出以下未考虑强度折减的相贯节点平面内抗弯承载力计算公式：

$$Q_{ui} = 7.55\beta\gamma^{0.42} \tag{3-45}$$

该公式拟合试验数据的统计分析结果同样列于表 3-15 中。由表中可以看出，均值 m 接近于 1，而且方差和离散度也较小，这表明该公式能够很好地预测相贯节点的实际平面内抗弯承载力。

3.6.4 弯矩与轴力组合作用下的节点承载力相关方程

下面分别列出各规范对于节点在弯矩与轴力共同作用下的承载力相关方

程，其中，N_c、N_{cu}分别为组合荷载下腹杆轴压力与节点仅受轴压力作用时的极限承载力公式计算值；N_t、N_{tu}分别为组合荷载下腹杆轴拉力与节点仅受轴拉力作用时的极限承载力公式计算值；M_i、M_{ui}分别为组合荷载下腹杆平面内弯矩与节点仅受平面内弯矩作用时的极限承载力公式计算值；M_o、M_{uo}分别为组合荷载下腹杆平面外弯矩与节点仅受平面外弯矩作用时的极限承载力公式计算值。

（1）API - LRFD 相关方程

$$1-\cos\left[\frac{\pi}{2}\left(\frac{N}{N_u}\right)\right]+\left[\left(\frac{M_i}{M_{ui}}\right)^2+\left(\frac{M_o}{M_{uo}}\right)^2\right]^{0.5}=1 \tag{3-46}$$

（2）AIJ 相关方程

$$\frac{N}{N_u}+\frac{M_i}{M_{ui}}+\frac{M_o}{M_{uo}}=1 \tag{3-47}$$

（3）Eurocode 3、HSE、ISO、NORSOK 相关方程

$$\frac{N}{N_u}+\left(\frac{M_i}{M_{ui}}\right)^2+\frac{M_o}{M_{uo}}=1 \tag{3-48}$$

对上述公式进行比较，表明欧洲规范认为平面内弯矩对节点组合荷载作用下承载力的影响较平面外弯矩小，而美国规范和日本规范则认为两者权重相同。图 3 - 12—图 3 - 15 给出了各种性质荷载组合下试验值与相关方程曲线的比较。可以看出，AIJ 相关公式在所有情况下都是偏于安全的，Eurocode 3 相关公式在大多数情况下是安全的，仅有个别数据点越界，而 API - LRFD 相关公式相对来

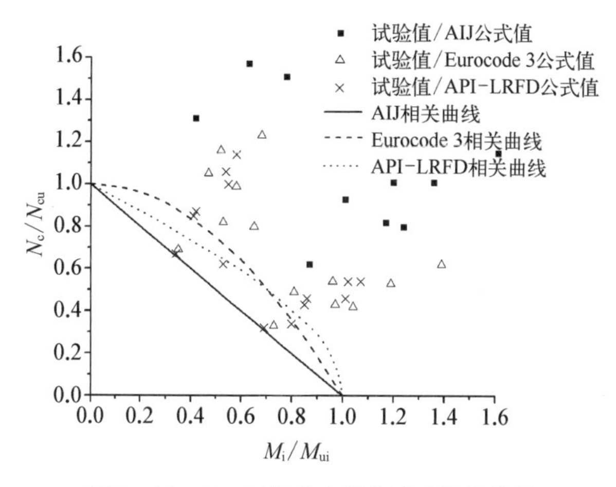

图 3 - 12 N_c- M_i相关方程与试验数据比较

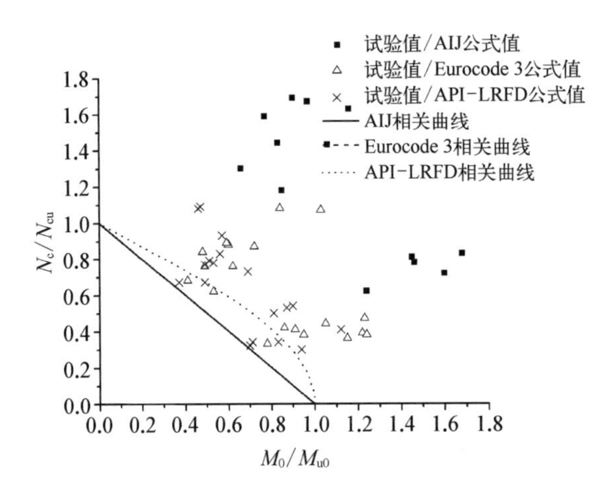

图 3-13　N_c-M_o相关方程与试验数据比较

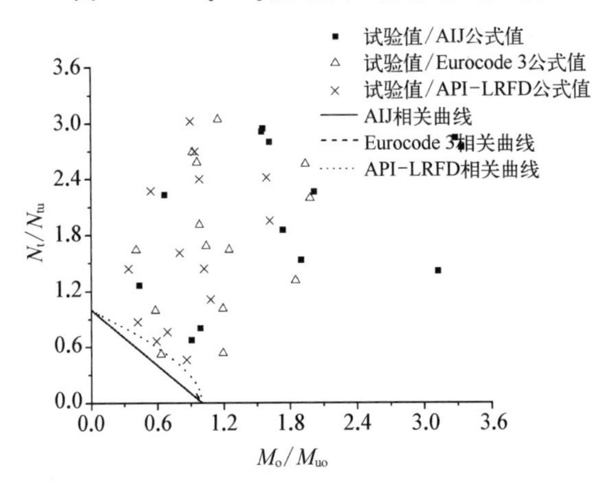

图 3-14　N_t-M_o相关方程与试验数据比较

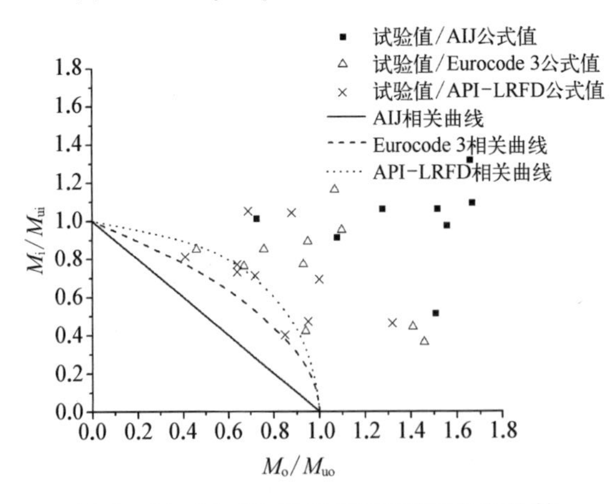

图 3-15　M_i-M_o相关方程与试验数据比较

说安全度稍低，有少数数据点越界。表 3－16 还给出了节点在轴力、平面内弯矩、平面外弯矩共同作用下试验值代入各相关公式中的计算结果，同样显示了上述现象。

表 3－16　N_c－M_i－M_o 相关方程与试验数据的比较

试件号	N_c (kN)	M_i (kN－m)	M_o (kN－m)	AIJ 相关公式	Eurocode 3 相关公式	API－LRFD 相关公式
TCM－40	－34.5	2.0	1.3	2.35	1.26	0.70
TCM－41	－56.5	2.2	1.4	2.95	1.60	0.96
TCM－42	－42.0	3.2	1.3	2.88	1.74	0.97
TCM－43	－17.9	1.2	0.8	3.41	1.87	1.18
TCM－44	－140.0	7.1	5.3	4.05	2.69	1.22
TCM－45	－32.5	2.9	2.2	2.82	1.48	1.22
TCM－46	－50.0	2.3	1.5	2.77	1.41	1.35
TCM－47	－81.0	7.4	4.0	2.17	1.14	0.84
TCM－48	－113.0	5.3	2.9	2.13	1.08	0.86
TCM－49	－66.0	8.3	6.4	2.77	1.46	1.55
TCM－50	－145.0	19.8	13.5	2.27	1.23	1.10
TCM－51	－194.0	17.0	12.4	2.86	1.67	1.07

3.7　相贯节点的弯曲非线性模型

在上节建立了相贯节点抗弯极限承载力的基础上，本节的目的是建立 T 形节点平面内 $M-\theta$ 关系的全过程非线性模型，以便在下一章钢管结构的整体非线性分析中考虑相贯节点的局部非线性行为。

3.7.1　$M-\theta$ 非线性曲线的模型化

目前已有的梁柱节点非线性模型可分为以下几类：

(1) 线性模型

第一次采用数学表达式来定义 $M-\theta$ 曲线的尝试来自 Rathbum[113]。与 $M-\theta$ 曲线的初始斜率相切的直线被定义为半刚性连接系数 Z：

$$Z=\theta/M \tag{3-49}$$

此后，Tarpy 和 Cardinal[114]、Liu 和 Chen[115]提出了双线性模型。尽管线性模型比较简单，但较低的精度和在转折点处刚度的突变使得应用十分困难。

(2) 多项式模型

Frye 和 Morris[116]提出多项式函数模型来表达连接的弯矩-转角关系：

$$\theta=C_1(KM)^1+C_2(KM)^3+C_3(KM)^5 \tag{3-50}$$

式中，K 是与节点类型和几何尺寸有关的标准化系数；C_1、C_2、C_3是曲线拟合常数。该模型比较合理地表达了 $M-\theta$ 行为，但主要缺点是多项式在一定范围内时高时低的特性。某些弯矩值对应的节点刚度可能为负，如果框架结构分析中采用切线刚度矩阵时将导致数值困难。

(3) 幂函数模型

Richard 和 Abbott 为表达应力-应变关系提出了幂函数模型[117]，它用于表达 $M-\theta$ 关系时，见式(3-51)：

$$M=\frac{(k_i-k_p)\theta}{\left(1+\left|\dfrac{(k_i-k_p)\theta}{M_0}\right|^n\right)^{(1/n)}}+k_p\theta \tag{3-51}$$

式中，k_{i}为节点初始刚度；k_{p}为节点强化刚度；M_0为参考弯矩；n 为形状参数。

(4) 指数模型

Liu 和 Chen[118]提出了一个多参数指数模型，见式(3-52)：

$$M=\sum_{j=1}^{m}C_j\left[1-\exp\left(-\frac{|\theta|}{2j\alpha}\right)\right]+M_0+R_{kf}\ |\theta| \tag{3-52}$$

式中，M_0是曲线拟合的连接弯矩初始值；R_{kf}是连接应变硬化刚度；α 是保证数值稳定的标量系数；C_j是由线性回归分析求得的曲线拟合常数。

在上述已有模型的基础上，本书根据 T 形相贯节点弯矩-转角非线性行为的特点，采用以下幂函数模型来表达其 $M-\theta$ 关系：

$$M=\frac{K_M\theta}{\left[1+\left(\frac{\theta}{\theta_0}\right)^n\right]^{1/n}} \tag{3-53}$$

其中，$\theta_0=M_u/K_M$，称为参考塑性转角；M_u为节点抗弯极限承载力，将式(3-45)代入式(3-31)计算得到；K_M为节点初始抗弯刚度，按式(3-19)计算；n为形状参数。在任何情况下，上式均满足以下四个边界条件：

① 当 $\theta=0$ 时，$M=0$；

② 当 $\theta\rightarrow+\infty$ 时，$M\rightarrow M_u$；

③ 当 $\theta\rightarrow 0$ 时，$dM/d\theta\rightarrow K_M$；

④ 当 $\theta\rightarrow+\infty$ 时，$dM/d\theta\rightarrow 0$。

采用该函数描述节点 $M-\theta$ 曲线的优点是该函数的导数值即曲线斜率不会像多项式函数模型那样大小波动。上述情况表明，只要知道了节点的模型参数 M_u和 K_M，则式(3-53)可以用来描述相贯节点的弯矩-转角关系。

3.7.2　模型参数的确定与检验

相贯节点 M_u和 K_M的计算公式通过本章前面的分析已经得到，现通过有限元计算来确定形状参数 n。所采用的节点计算模型几何尺寸与参数见表 3-17。其中模型 10—15 来自国际相贯节点试验数据库[13]。弹性模量 $E=206$ GPa，应力应变关系采用双线性，超过 f_y后 $E_t=E/100$。单元类型为 SOLID92 实体单元。

表 3-17　模 型 参 数

编号	$D\times T$/mm×mm	$d\times t$/mm×mm	β	γ	f_y/(N/mm^{-2})
1	300×15	60×9	0.20	10	235
2	300×10	60×6	0.20	15	235
3	300×6	60×3	0.20	25	235
4	300×15	150×9	0.50	10	235
5	300×10	150×6	0.50	15	235
6	300×6	150×3	0.50	25	235
7	300×15	240×9	0.80	10	235

续 表

编号	$D\times T$/ mm×mm	$d\times t$/ mm×mm	β	γ	f_y/ (N·mm^{-2})
8	300×10	240×6	0.80	15	235
9	300×6	240×3	0.80	25	235
10	168.70×10.55	59.80×11.10	0.35	8.0	263
11	168.40×10.28	114.50×11.31	0.68	8.2	235
12	168.30×5.78	60.60×5.63	0.36	14.6	286
13	168.30×5.90	114.60×5.95	0.68	14.3	332
14	168.50×3.45	60.80×3.81	0.36	24.4	299
15	168.50×3.42	114.70×3.90	0.68	24.6	303

经过对有限元计算结果的回归分析，确定形状参数 n 的表达式为

$$n = 15.2\lg\theta_0 + 31.1 \tag{3-54}$$

式中，$\theta_0 = M_u/K_M$，为参考塑性转角。

由上述非线性模型计算得到的各算例的 $M-\theta$ 曲线与相应的有限元分析结果对比见图 3-16—图 3-30。可以看出，采用该模型可以较为准确地反映 T 形相贯节点的全过程变形行为。

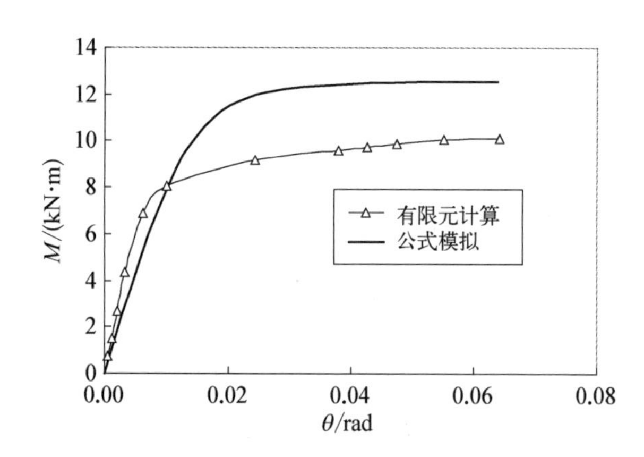

图 3-16 算例 1 的 $M-\theta$ 曲线比较

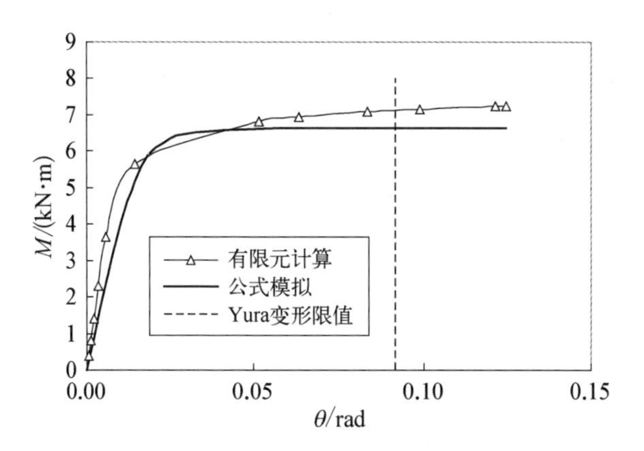

图 3 - 17　算例 2 的 $M-\theta$ 曲线比较

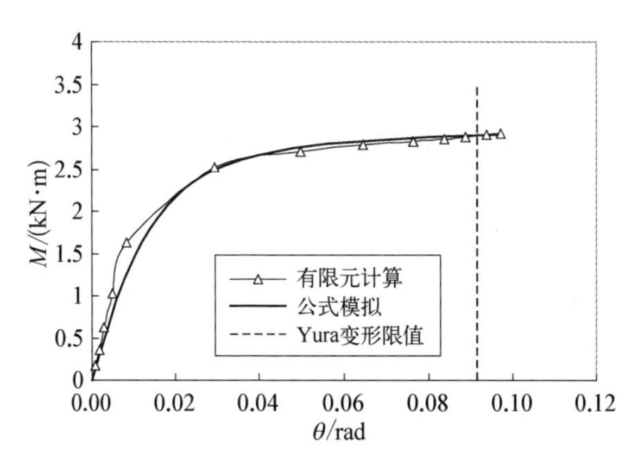

图 3 - 18　算例 3 的 $M-\theta$ 曲线比较

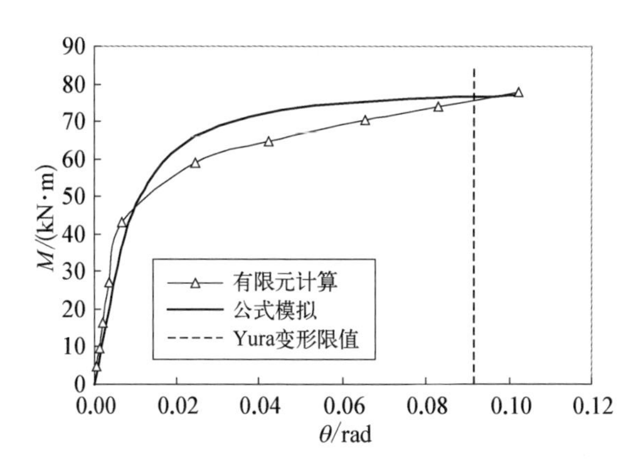

图 3 - 19　算例 4 的 $M-\theta$ 曲线比较

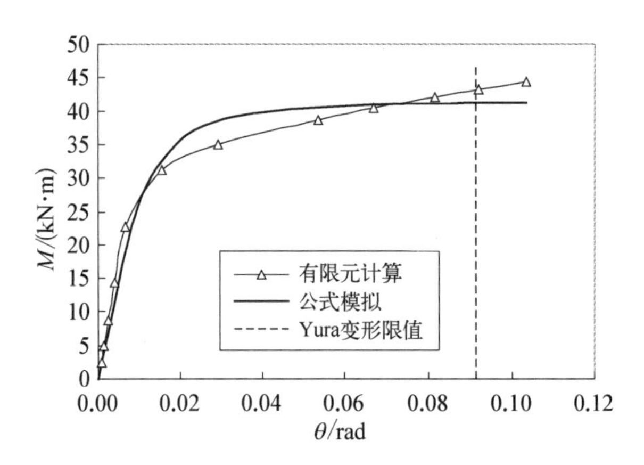

图 3-20　算例 5 的 $M-\theta$ 曲线比较

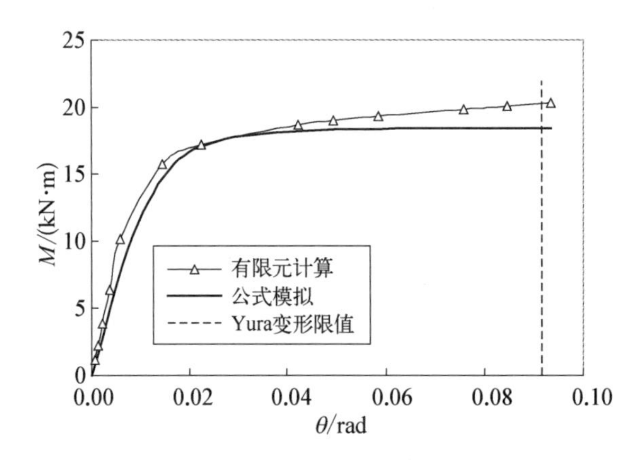

图 3-21　算例 6 的 $M-\theta$ 曲线比较

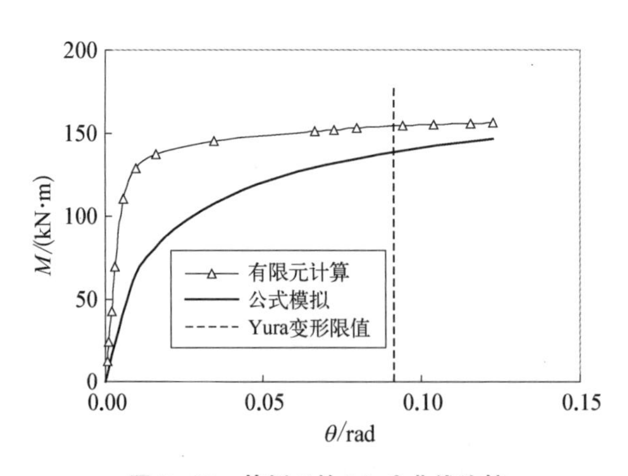

图 3-22　算例 7 的 $M-\theta$ 曲线比较

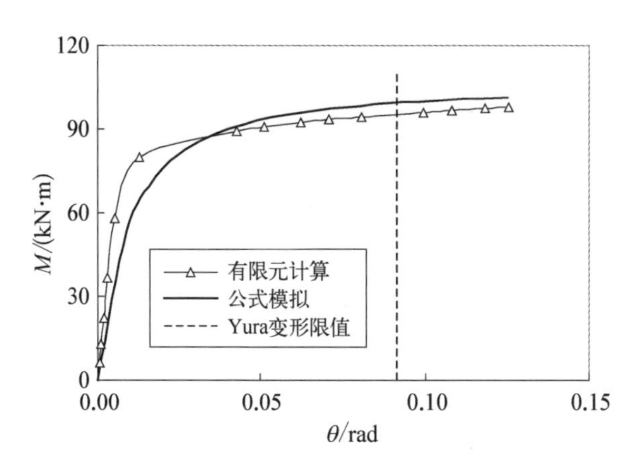

图 3-23　算例 8 的 $M-\theta$ 曲线比较

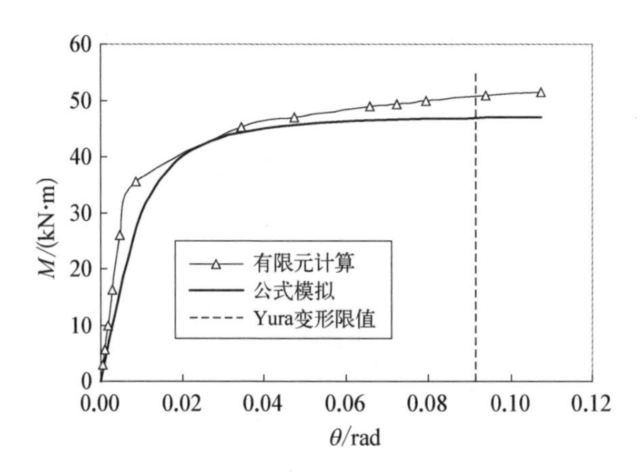

图 3-24　算例 9 的 $M-\theta$ 曲线比较

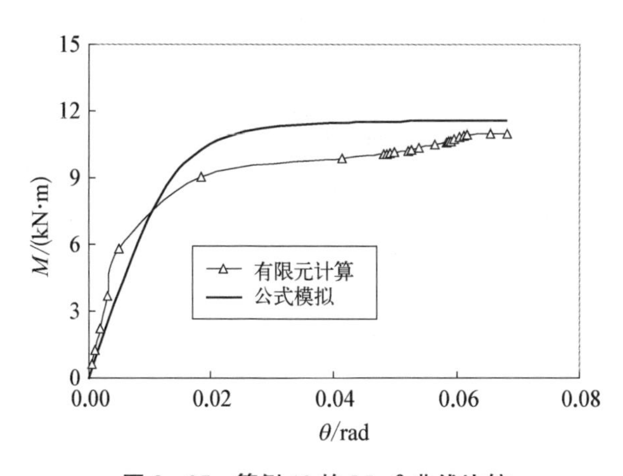

图 3-25　算例 10 的 $M-\theta$ 曲线比较

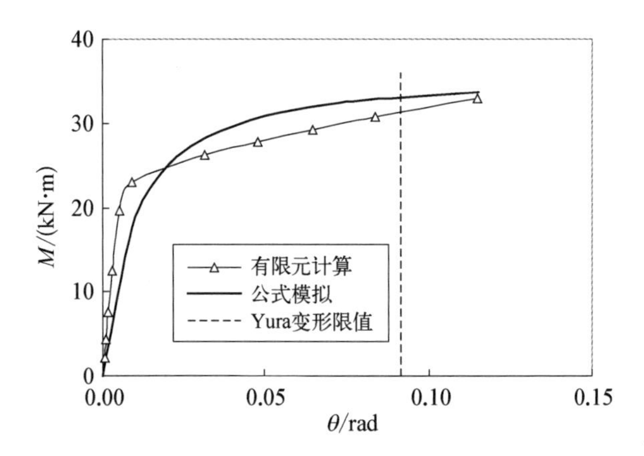

图 3-26　算例 11 的 *M*-*θ* 曲线比较

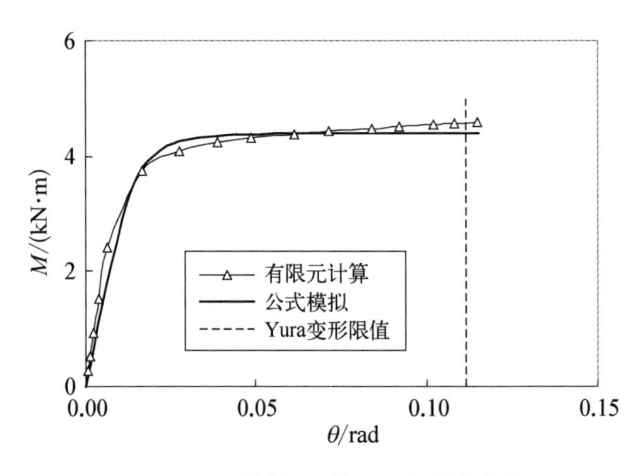

图 3-27　算例 12 的 *M*-*θ* 曲线比较

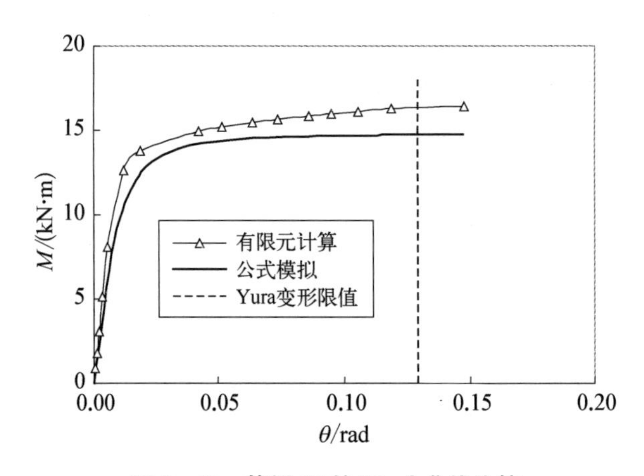

图 3-28　算例 13 的 *M*-*θ* 曲线比较

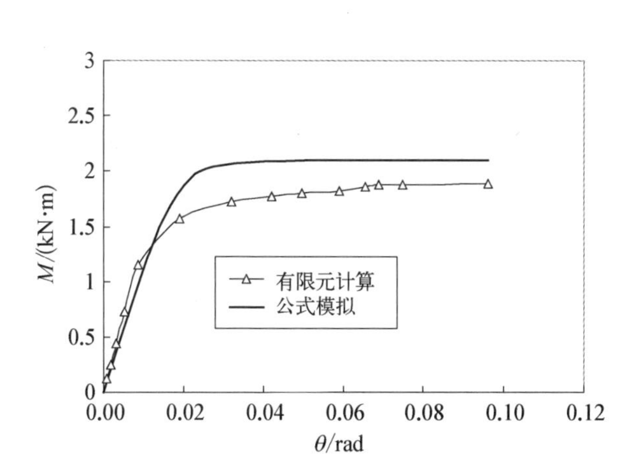

图 3－29　算例 14 的 $M-\theta$ 曲线比较

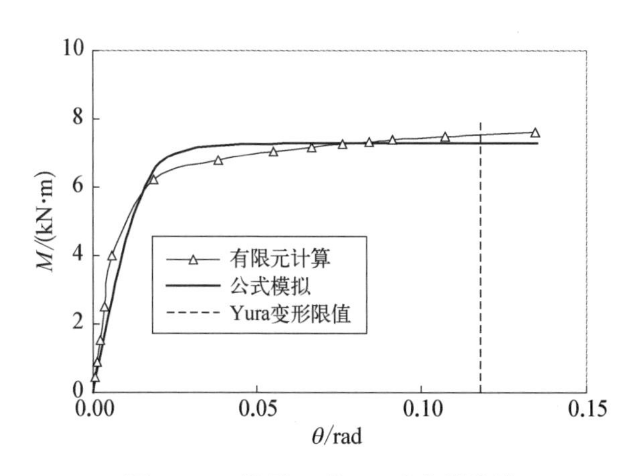

图 3－30　算例 15 的 $M-\theta$ 曲线比较

3.8　本章结论

（1）圆管相贯节点的刚度与决定节点几何外形的参数（包括腹杆与弦杆的直径比、弦杆的径厚比、腹杆与弦杆的壁厚比、腹杆与弦杆的夹角以及两腹杆的间隙）有关。其中，腹杆与弦杆的直径比、弦杆的径厚比这两个因素有比较显著的影响，而腹杆与弦杆的壁厚比影响较小。

（2）经与试验的对比，本章采用的有限元分析方法对于计算钢管相贯节点的刚度行之有效，且具有较好的可靠性。

(3) 本章提出了 T 形、Y 形相贯节点的刚度系数和 K 形相贯节点柔度系数的计算公式，经与试验结果的比较表明具有较好的精度，可以应用于工程设计。

(4) 通过对现有国内外计算公式的总结比较和基于国际钢管节点试验数据库的统计分析，提出了具有较高精度和适用性的相贯节点抗弯承载力计算公式。在上述公式基础上进一步建立了 T 形相贯节点 $M-\theta$ 关系的全过程非线性模型，为在钢管结构的整体非线性分析中考虑节点行为奠定了基础。

第4章 圆钢管相贯节点刚度判定准则与钢管结构整体行为

4.1 引　　言

相贯节点性能对钢管结构的内力、变形以及整体稳定承载力等都有较大影响。本章首先选取空腹格构梁为研究对象，采用简化力学模型分析的手段，从结构整体变形层面上建立钢管非刚性节点刚度判定准则。Warren 型钢管格构梁和单层肋环型球面网壳也是对节点刚度具有较大敏感性的钢管结构。本章根据其不同的特性建立不同的非刚性节点单元模型，并引入结构整体静力数值分析和非线性数值分析中，考察节点性能对结构整体行为的影响效应。

4.2 空腹格构梁的节点刚度判定准则

4.2.1 空腹格构梁

Arthur Vierendeel 首先在 1896 年推出了空腹“桁架”这一结构形式。所以空腹桁架又称 Vierendeel Truss。如图 4-1 所示，桁架的弦杆与腹杆总是以 90°夹角相互连接。一般工程设计时，总是将直接焊接的相贯节点作为铰接节点处理，结构分析所得的杆件内力为轴力；如果以带斜腹杆的平面或空间桁架为对象，这种处理结果一般和实际结构受力状况是接近的。但是若在图 4-1 所示的空腹“桁架”中钢管杆件端部必须负担弯矩，其主要设计前提是假定节点为全刚性连接，但实际节点很难满足这一要求；在其他一些情况下，有斜腹杆的桁架杆件也可能产生较大的杆端弯矩。此时，节点承载力需要考虑节点可以承受的腹杆杆端弯矩。

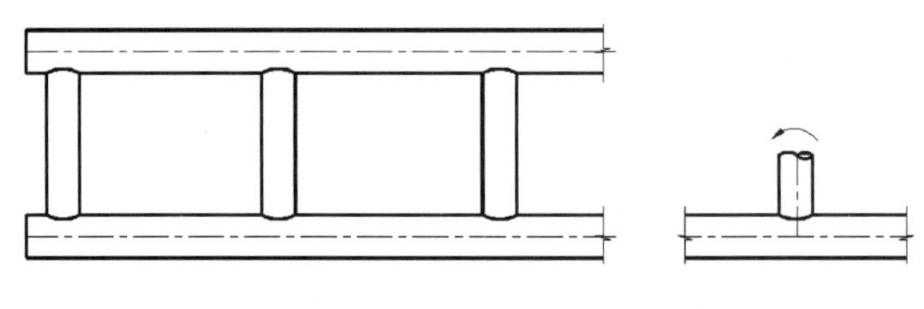

图 4-1　空腹桁架

4.2.2　刚架模型

为了在节点的刚度分类准则中考虑格构梁的行为，采用若干子结构模型来近似表达图 4-2 中的多跨空腹“桁架”的不同节点位置。这些子结构的选取原

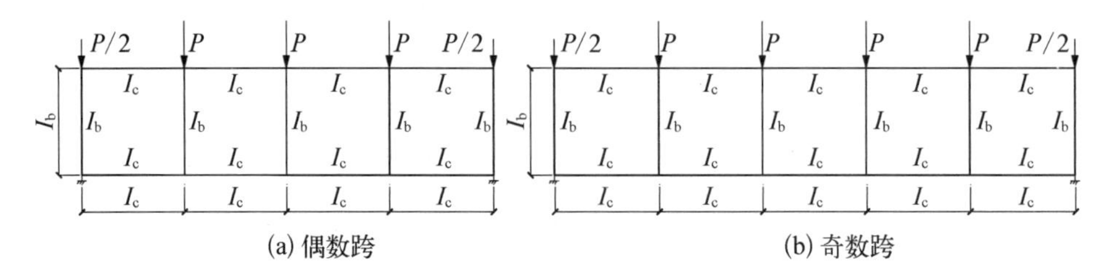

图 4-2　多跨空腹格构梁

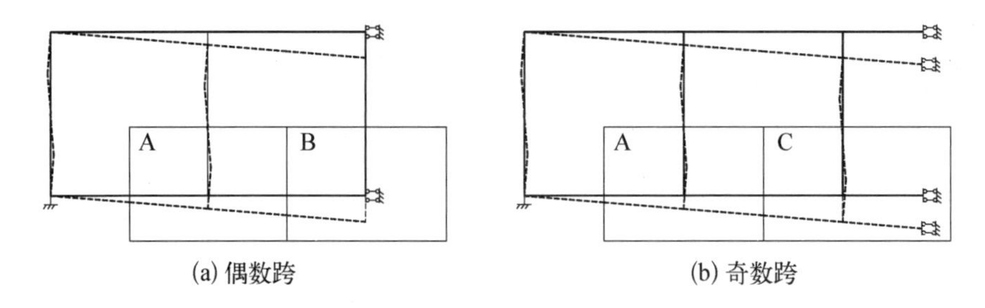

图 4-3　空腹格构梁的变形模式

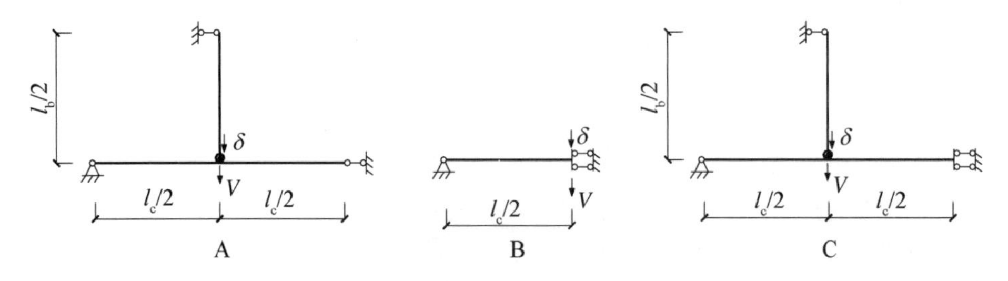

图 4-4　子结构模型

则是能够反映空腹“桁架”不同节点部位如图 4 - 3 所示的变形模式。所采用的子结构模型见图 4 - 4。

4.2.3　基于结构整体变形的节点刚度判定准则

1. 分类标准

节点刚度对格构梁在正常使用极限状态的行为有较大的影响。因此，采用以下通过位移定义的标准来区分节点的刚性与半刚性：

$$\Delta = (\delta_s - \delta_r)/\delta_r \tag{4-1}$$

式中，δ_s为具有半刚性连接的格构梁的位移；δ_r为具有刚性连接的格构梁的位移。

用于计算位移的荷载条件如图 4 - 4 所示。下文将基于格构梁的变形行为详细推导节点刚度介于刚性与半刚性之间的分界线。在实际采用的节点中，有时会出现初始刚度无法准确定义的情形，这时可采用对应于较低弯矩水平的割线刚度来近似节点初始刚度。

2. 节点刚性与半刚性分界线的推导

节点刚度介于刚性与半刚性之间的分界线是通过式(4 - 1)来确定的。其中，位移 δ_s和 δ_r分别以当竖向力 V 作用于子结构模型时节点产生的竖向位移来代表。在位移 δ_s和 δ_r的计算中，由于基于格构梁正常使用极限状态，所以采用小位移理论，且半刚性连接的刚度假定为线弹性。

对于具有半刚性连接的子结构 A，竖向位移 δ_s经理论推导得

$$\delta_s = \frac{Vl_c^2}{12K_cK_b}(K_b + K_c) + \frac{Vl_c^2}{4K_M} = \frac{Vl_c^2}{12K_cK_bK_M}(K_MK_b + K_MK_c + 3K_cK_b) \tag{4-2}$$

式中

$$K_b = \frac{EI_b}{l_b},\ K_c = \frac{EI_c}{l_c}, \tag{4-3a,4-3b}$$

同理，对于具有刚性连接的子结构 A，竖向位移 δ_s经理论推导得

$$\delta_r = \frac{Vl_c^2}{12K_cK_b}(K_b + K_c) \tag{4-4}$$

将式(4 - 2)和式(4 - 4)代入式(4 - 1)后得到如下条件：

$$\frac{K_M}{K_b}=\frac{3}{(1+G)\cdot\Delta} \tag{4-5}$$

式中，

$$G=\frac{K_b}{K_c} \tag{4-6}$$

若按 EC3[80] 在确定刚性与半刚性梁柱节点分界线时采用的假定取 $G=1.4$，同时取 $\Delta=0.05$，则 $K_M/K_b=25$。该值与 EC3 给出的分界值相等。

对于子结构 B,格构梁的竖向位移与节点弯曲刚度无关,所以无需进行分界值的推导。

对于具有半刚性连接的子结构 C,竖向位移 δ_s 经理论推导得

$$\begin{aligned}\delta_s&=\frac{Vl_c^2}{24K_c(3K_b+K_c)}\cdot(3K_b+4K_c)+\frac{9Vl_c^2\cdot K_b^2}{4K_M(3K_b+K_c)^2}\\&=\delta_r+\frac{9Vl_c^2\cdot K_b^2}{4K_M(3K_b+K_c)^2}\end{aligned} \tag{4-7}$$

同理,对于具有刚性连接的子结构 C,竖向位移 δ_s 经理论推导得

$$\delta_r=\frac{Vl_c^2}{24K_c(3K_b+K_c)}\cdot(3K_b+4K_c) \tag{4-8}$$

将式(4-7)和式(4-8)代入式(4-1)后得到如下条件：

$$\begin{aligned}\frac{K_M}{K_b}&=\frac{54K_bK_c}{\Delta\cdot(3K_b+K_c)(3K_b+4K_c)}\\&=\frac{54G}{\Delta\cdot(3G+1)(3G+4)}\end{aligned} \tag{4-9}$$

若取 $G=1.4$，同时取 $\Delta=0.05$，则 $K_M/K_b=35.5$。该值大于 EC3 给出的分界值 25。对上述推导得到的节点弯曲刚度分界值汇总于表 4-1。

表 4-1 节点弯曲刚度分界值 K_M^b

节点位置	K_M^b/K_b
A	$\frac{3}{(1+G)\cdot\Delta}$
B	无
C	$\frac{54G}{\Delta\cdot(3G+1)(3G+4)}$

4.3　节点刚度对 Warren 型钢管格构梁整体静力行为的影响分析

4.3.1　Warren 型钢管格构梁

格构梁或桁架是由杆件组成的几何不变体，既可作为独立的结构，又可作为结构体系中的一个单元发挥承载作用。组成格构梁的杆件，可以是钢管截面，如圆管、矩形或方形钢管、轧制的 I 形钢、H 形钢、T 形钢、角钢或双角钢组合截面；在一些轻形格构梁中，还可使用圆钢作为受拉构件。另外，一个格构梁还可以由不同截面形式的杆件组成。

Warren 型格构梁，即由 K 形节点构成的格构梁是最为常用的一种类型。这种格构梁布置较为经济，因为其较长的受压腹杆可以利用管截面有效的受压特性。而且与 Pratt 形格构梁（即由 N 形节点构成的格构梁）相比，Warren 型格构梁只有其一半数量的腹杆与节点，这样可极大节约材料与工时。间隙节点较容易应用于此类格构梁。

众所周知，为简化分析和设计过程，在工程中对 Warren 型格构梁的计算，一般均假定其为“理想桁架”来计算杆件的轴向应力（称为主应力）。所谓“理想桁架”的假定如下：

① 节点均为理想铰接；

② 各杆件的中心轴均在桁架平面内并交汇于节点的中心；

③ 荷载（包括杆件自重）均作用于节点上；

④ 所有各杆的重心轴系绝对平直，即不考虑初弯曲的影响。

事实上，上述假定与实际情况是不符合的，如各杆件不可避免均有初弯曲；由于制造工艺上的原因，各杆件的重心轴并不真正交汇于一点而在节点处存在着一些偏心；荷载（特别是杆件自重和吊车轮压等）亦不都作用于节点，因而在杆件两端便产生不平衡的固端弯矩；其中最为重要的因素是节点并非理想铰，杆件端部存在约束，从而产生一定程度的弯矩，但这种弯矩引起的应力相对轴力引起的应力在数值上较小，分别称为次弯矩和次应力。现行钢结构设计规范[100]对于采用非钢管截面的桁架设计进行了如下规定：分析桁架杆件内力时，可将节点视为铰接；对用节点板连接的桁架，当杆件为 H 形、箱形等刚度较大的截面，且在桁架平面内的杆件截面高度与其几何长度(节点中心间的距离)之比大于1/10(对弦杆)或大于1/15(对腹杆)时,应考虑节点刚性引起的次弯矩。同时,规范还在EC3[80]条文的基础上对钢管结构设计进行了如下规定:当相贯节点符合相应的几何参数适用范围且在桁架平面内杆件的节间长度或杆件长度与截面高度(或直径)之比不小于12(主管)和24(支管)时,分析桁架杆件内力时可将节点视为铰接。

虽然规范对桁架内力计算的原则做了规定,但在理想铰接假定或理想刚接假定下的钢管桁架设计内力和变形与考虑节点非刚性后的计算结果的差别仍然是设计人员关心的问题。为了在结构分析中考虑相贯节点的非刚性,必须建立一个能反映节点局部刚度的计算模型并将其引入数值分析程序中。传统的钢管结构数值分析通常有三种方法。第一种方法是将相贯节点模拟为三维有限元子结构[119](图4-5)。该法能精确地反映节点的局部非刚性性质,但显然要大大增加计算工作量。而且目前只有能正确进行单元选取和网格划分的研究者才能运用这种方法。第二种方法是将弦杆模拟为连续梁,腹杆通过代表节点刚度的弹簧连接于弦杆[120]。模型中考虑了节点偏心效应。通过该法能够适当求得杆件中的弯矩。但对于K形节点来说,相邻腹杆的交互作用不能被反映。第三种方法是用有效长度来代替腹杆的实际长度,从而使构件刚度矩阵的主对角元素得到修正。但该法仅是一种近似简化方法,当节点的刚度特征未知时常被采用。

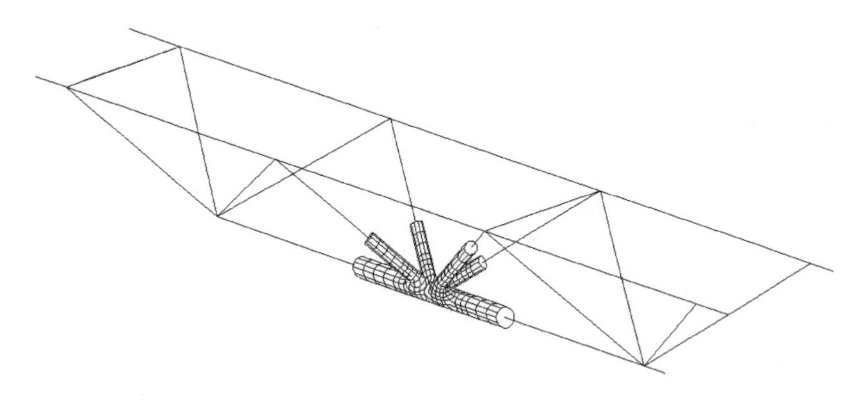

图4-5 圆钢管桁架的子结构模拟

本书采用一种代表相贯节点局部刚度的非刚性单元[121]来分析平面钢管格构梁结构。在管节点处,弦杆和腹杆通过非刚性单元相连接。通过考虑作用在管节点上的载荷与管节点的局部变形之间的关系建立了非刚性单元的刚度矩阵。利用刚度公式得到刚度系数或刚度系数矩阵，即可计算非刚性单元的刚度矩阵。这一单元可有效地反映管节点在轴力和弯矩作用下的局部变形性质，从而有效地表征管节点的局部刚度。对于 K 形管节点，它还有效地反映了两腹杆间的相互作用。根据刚度矩阵，本书编制了结构分析有限元程序，对应用广泛的 Warren 形钢管格构梁进行了节点刚度的影响效应分析。

4.3.2　表征节点局部刚度的非刚性单元

1. 表征 T 形和 Y 形相贯节点刚度的非刚性单元

对于图 4-6 所示的 Y 形管节点，i 点为腹杆轴线与弦杆管壁的交点，k 点为腹杆轴线与弦杆轴线的交点。i 点与 k 点之间用非刚性单元相连接。

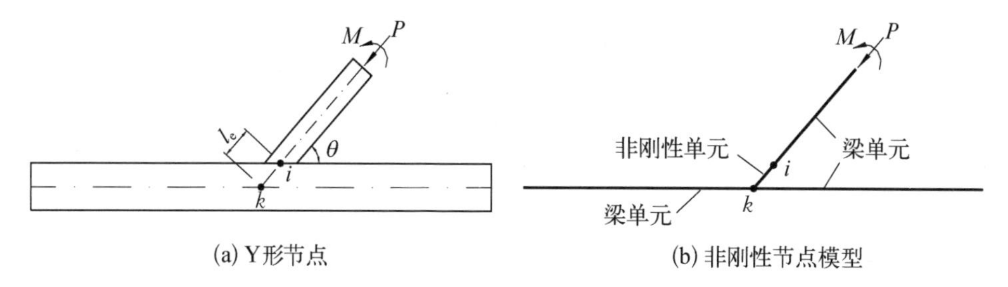

(a) Y形节点　　(b) 非刚性节点模型

图 4-6　T 形和 Y 形节点模型

首先来建立外荷载与单元节点力之间的关系。如图 4-7 所示，把作用在管节点上的轴力和剪力分解成沿 x 轴和 y 轴的分量 P_x 和 P_y。作用在非刚性单元 i 节点和 k 节点上的力分别记为 X_i、Y_i、Z_i 和 X_k，Y_k，Z_k。容易得到：

$$X_i = P_x,\ Y_i = P_y,\ Z_i = M \tag{4-10}$$

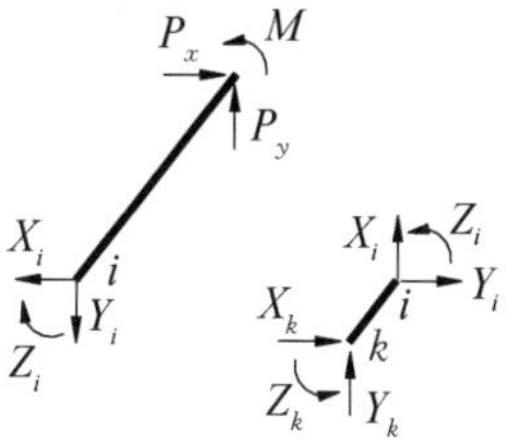

图 4-7　外荷载与节点力的关系

由静力平衡条件可得

$$X_k = -X_i = -P_x,\ Y_k = -Y_i = -P_y,$$

$$Z_k = -Z_i + X_i l_e \sin\theta - Y_i l_e \cos\theta = -M + P_x l_e \sin\theta - P_y l_e \cos\theta \tag{4-11}$$

式中，$l_e = D/2\sin\theta$ 为非刚性单元的长度。

由以上两式得到外荷载与非刚性单元的节点力之间的关系，用矩阵表达为

$$\begin{Bmatrix} \boldsymbol{X}_i \\ \boldsymbol{Y}_i \\ \boldsymbol{Z}_i \\ \boldsymbol{X}_k \\ \boldsymbol{Y}_k \\ \boldsymbol{Z}_k \end{Bmatrix} = \begin{bmatrix} 1 & 0 & 0 \\ 0 & 1 & 0 \\ 0 & 0 & 1 \\ -1 & 0 & 0 \\ 0 & -1 & 0 \\ l_e \sin\theta & -l_e \cos\theta & -1 \end{bmatrix} \begin{Bmatrix} \boldsymbol{P}_x \\ \boldsymbol{P}_y \\ \boldsymbol{M} \end{Bmatrix} \tag{4-12}$$

记为

$$\{\boldsymbol{F}\} = [\boldsymbol{N}]\{\boldsymbol{P}\} \tag{4-13}$$

式中，

$$[\boldsymbol{N}] = \begin{bmatrix} 1 & 0 & 0 \\ 0 & 1 & 0 \\ 0 & 0 & 1 \\ -1 & 0 & 0 \\ 0 & -1 & 0 \\ l_e \sin\theta & -l_e \cos\theta & -1 \end{bmatrix} \tag{4-14}$$

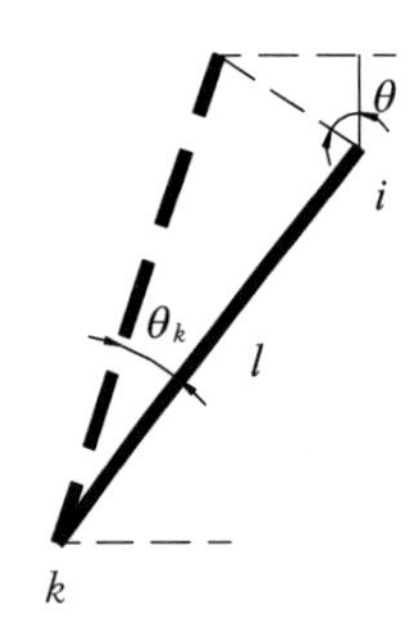

图 4-8
非刚性单元位移模式

再来建立单元节点位移与相对位移的关系。在此假定非刚性单元的位移模式为一阶多项式。设单元的 i 与 k 节点的位移分别为 u_i、v_i、θ_i 和 u_k、v_k、θ_k；它们的正向分别与 X、Y、Z 的正向一致。i 与 k 节点的相对位移为 δ_x、δ_y、ϕ，其正向分别与 P_x、P_y 和 M 的正向一致。由图 4-8 可知：

$$\begin{aligned} \delta_x &= u_i - u_k + \theta_k l_e \sin\theta \\ \delta_y &= v_i - v_k - \theta_k l_e \cos\theta \\ \phi &= \theta_i - \theta_k \end{aligned} \tag{4-15}$$

写成矩阵形式，则为

$$\begin{Bmatrix} \boldsymbol{\delta}_x \\ \boldsymbol{\delta}_y \\ \phi \end{Bmatrix} = \begin{bmatrix} 1 & 0 & 0 & -1 & 0 & l_e \sin\theta \\ 0 & 1 & 0 & 0 & -1 & -l_e \cos\theta \\ 0 & 0 & 1 & 0 & 0 & -1 \end{bmatrix} \begin{Bmatrix} u_i \\ v_i \\ \theta_i \\ u_k \\ v_k \\ \theta_k \end{Bmatrix} \tag{4-16}$$

记为
$$\{\delta\} = [\boldsymbol{N}]^{\mathrm{T}}\{U\} \tag{4-17}$$

最后来建立相对位移与外荷载的关系。

$$\begin{Bmatrix} P_x \\ P_y \\ M \end{Bmatrix} = \begin{bmatrix} K_{\mathrm{NX}} & 0 & 0 \\ 0 & K_{\mathrm{NY}} & 0 \\ 0 & 0 & K_{\mathrm{M}} \end{bmatrix} \begin{Bmatrix} \delta_x \\ \delta_y \\ \phi \end{Bmatrix} \tag{4-18}$$

记为

$$\{P\} = [\boldsymbol{B}]\{\delta\} \tag{4-19}$$

所以 $\{F\} = [\boldsymbol{N}]\{P\} = [\boldsymbol{N}][\boldsymbol{B}]\{\delta\} = [\boldsymbol{N}][\boldsymbol{B}][\boldsymbol{N}]^{\mathrm{T}}\{U\}$

令 $[\boldsymbol{K}] = [\boldsymbol{N}][\boldsymbol{B}][\boldsymbol{N}]^{\mathrm{T}}$，则有 $\{F\} = [\boldsymbol{K}]\{U\}$，即$[\boldsymbol{K}]$为非刚性单元的刚度矩阵。

$$[\boldsymbol{K}] = [\boldsymbol{N}][\boldsymbol{B}][\boldsymbol{N}]^{\mathrm{T}}$$

$$= \begin{bmatrix} K_{\mathrm{NX}} & 0 & 0 & -K_{\mathrm{NX}} & 0 & l_{\mathrm{e}}\sin\theta K_{\mathrm{NX}} \\ & K_{\mathrm{NY}} & 0 & 0 & -K_{\mathrm{NY}} & -l_{\mathrm{e}}\cos\theta K_{\mathrm{NY}} \\ & & K_{\mathrm{M}} & 0 & 0 & -K_{\mathrm{M}} \\ & & & K_{\mathrm{NX}} & 0 & -l_{\mathrm{e}}\sin\theta K_{\mathrm{NX}} \\ & \mathrm{sym} & & & K_{\mathrm{NY}} & l_{\mathrm{e}}\cos\theta K_{\mathrm{NY}} \\ & & & & & l_{\mathrm{e}}^2\sin^2\theta K_{\mathrm{NX}} + l_{\mathrm{e}}^2\cos^2\theta K_{\mathrm{NY}} + K_{\mathrm{M}} \end{bmatrix} \tag{4-20}$$

由于弦杆管壁的轴向刚度远远大于径向刚度，可忽略弦杆管壁沿 x 方向的拉伸和压缩，于是在矩阵$[\boldsymbol{K}]$中令 $K_{\mathrm{NX}} \rightarrow \infty$，根据节点刚度定义可得

$$K_{\mathrm{NY}} = K_{\mathrm{N}}\sin^2\theta \tag{4-21}$$

根据本书第 3 章参数公式计算得 K_{NY}和 K_{M}后，即可按式(4-20)得到非刚性单元的刚度矩阵。

2. 表征 K 形相贯节点刚度的非刚性单元

对于图 4-9 所示的 K 形间隙管节点，i 点为腹杆 1 轴线与弦杆管壁的交点，j 点为腹杆 2 轴线与弦杆管壁的交点，k 点为两腹杆轴线交点在弦杆轴线上的投影点。i 点、j 点与 k 点组成一三角形。此三角形单元即为表征 K 形管节点刚度的非刚性单元。

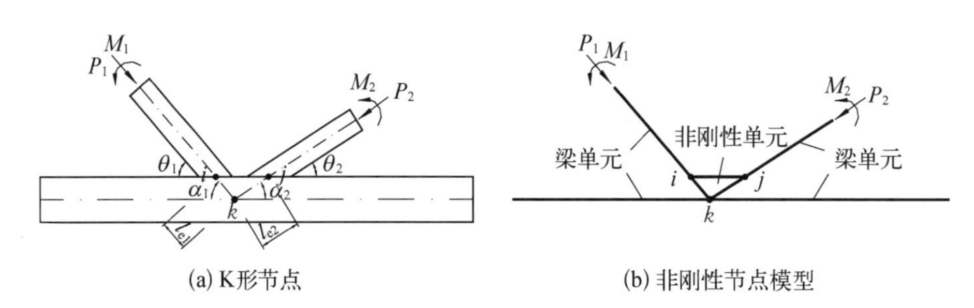

图 4-9　K 形节点模型

如图 4-10 所示，首先来建立外荷载与单元节点力之间的关系。把作用在 K 形管节点两腹杆上的轴力和剪力分解成沿 x 轴和 y 轴的分量 P_{1x}、P_{1y} 和 P_{2x}、P_{2y}。作用在非刚性单元 i 节点、j 节点和 k 节点的力分别记为 X_i、Y_i、Z_i；X_j、Y_j、Z_j；X_k、Y_k、Z_k。容易得到

$$
\begin{aligned}
X_i &= P_{1x},\ Y_i = P_{1y},\ Z_i = M_1 \\
X_j &= P_{2x},\ Y_j = P_{2y},\ Z_j = M_2
\end{aligned}
\tag{4-22}
$$

由静力平衡条件可得

$$
\begin{aligned}
X_k &= -(X_i + X_j) = -P_{1x} - P_{2x},\ Y_k = -(Y_i + Y_j) = -P_{1y} - P_{2y}, \\
Z_k &= X_i l_{e1} \sin\alpha_1 + X_j l_{e2} \sin\alpha_2 + Y_i l_{e1} \cos\alpha_1 - Y_j l_{e2} \cos\alpha_2 - (Z_i + Z_j) \\
&= P_{1x} l_{e1} \sin\alpha_1 + P_{2x} l_{e2} \sin\alpha_2 + P_{1y} l_{e1} \cos\alpha_1 - P_{2y} l_{e2} \cos\alpha_2 - (M_1 + M_2)
\end{aligned}
\tag{4-23}
$$

式中，$l_{e1} = D/2\sin\alpha_1$；$l_{e2} = D/2\sin\alpha_2$，为非刚性单元两边的长度。

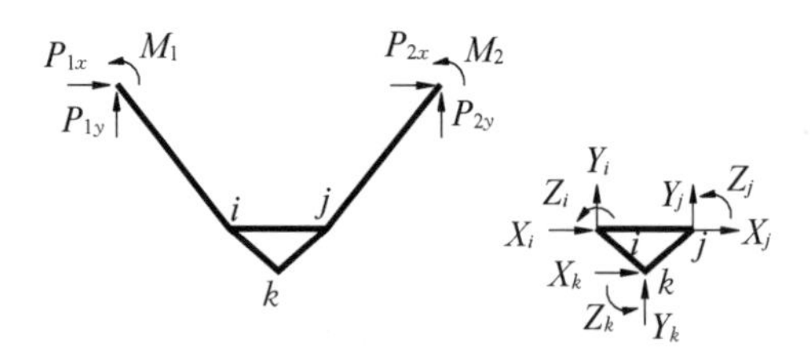

图 4-10　外荷载与节点力的关系

由以上两式得到外荷载与非刚性单元的节点力之间的关系，用矩阵表达为

$$\begin{Bmatrix} X_i \\ Y_i \\ Z_i \\ X_j \\ Y_j \\ Z_j \\ X_k \\ Y_k \\ Z_k \end{Bmatrix} = \begin{bmatrix} 1 & 0 & 0 & 0 & 0 & 0 \\ 0 & 1 & 0 & 0 & 0 & 0 \\ 0 & 0 & 1 & 0 & 0 & 0 \\ 0 & 0 & 0 & 1 & 0 & 0 \\ 0 & 0 & 0 & 0 & 1 & 0 \\ 0 & 0 & 0 & 0 & 0 & 1 \\ -1 & 0 & 0 & -1 & 0 & 0 \\ 0 & -1 & 0 & 0 & -1 & 0 \\ l_{e1}\sin\alpha_1 & l_{e1}\cos\alpha_1 & -1 & l_{e2}\sin\alpha_2 & -l_{e2}\cos\alpha_2 & -1 \end{bmatrix} \begin{Bmatrix} P_{1x} \\ P_{1y} \\ M_1 \\ P_{2x} \\ P_{2y} \\ M_2 \end{Bmatrix} \tag{4-24}$$

记为

$$\{\boldsymbol{F}\} = [\boldsymbol{N}]\{\boldsymbol{P}\} \tag{4-25}$$

再来建立单元节点位移与相对位移的关系。同样假定非刚性单元的位移模式为一阶多项式。设单元的 i 节点、j 节点与 k 节点的位移分别为 u_i、v_i、θ_i；u_j、v_j、θ_j 和 u_k、v_k、θ_k，它们的正向分别与 X、Y、Z 的正向一致。i 与 k 节点的相对位移为 δ_{x1}、δ_{y1}、ϕ_1，j 与 k 节点的相对位移为 δ_{x2}、δ_{y2}、ϕ_2，其正向分别与 P_{1x}、P_{1y}、M_1 和 P_{2x}、P_{2y}、M_2 的正向一致。由图 4-11 可知：

$$\begin{aligned} \delta_{x1} &= u_i - u_k + \theta_k l_{e1}\sin\alpha_1 \\ \delta_{y1} &= v_i - v_k + \theta_k l_{e1}\cos\alpha_1 \\ \phi_1 &= \theta_i - \theta_k \\ \delta_{x2} &= u_j - u_k + \theta_k l_{e2}\sin\alpha_2 \\ \delta_{y2} &= v_j - v_k - \theta_k l_{e2}\cos\alpha_2 \\ \phi_2 &= \theta_j - \theta_k \end{aligned} \tag{4-26}$$

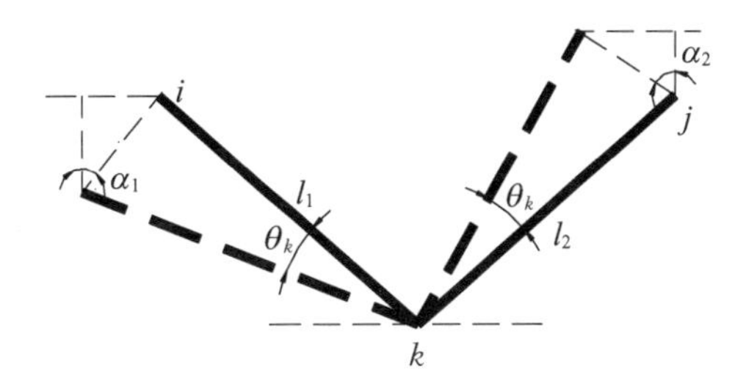

图 4-11　非刚性单元位移模式

写成矩阵形式，则为

$$\begin{Bmatrix} \delta_{x1} \\ \delta_{y1} \\ \phi_1 \\ \delta_{x2} \\ \delta_{y2} \\ \phi_2 \end{Bmatrix} = \begin{bmatrix} 1 & 0 & 0 & 0 & 0 & 0 & -1 & 0 & l_{e1}\sin\alpha_1 \\ 0 & 1 & 0 & 0 & 0 & 0 & 0 & -1 & l_{e1}\cos\alpha_1 \\ 0 & 0 & 1 & 0 & 0 & 0 & 0 & 0 & -1 \\ 0 & 0 & 0 & 1 & 0 & 0 & -1 & 0 & l_{e2}\sin\alpha_2 \\ 0 & 0 & 0 & 0 & 1 & 0 & 0 & -1 & -l_{e2}\cos\alpha_2 \\ 0 & 0 & 0 & 0 & 0 & 1 & 0 & 0 & -1 \end{bmatrix} \begin{Bmatrix} u_i \\ v_i \\ \theta_i \\ u_j \\ v_j \\ \theta_j \\ u_k \\ v_k \\ \theta_k \end{Bmatrix} \tag{4-27}$$

记为 $$\{\boldsymbol{\delta}\} = [\boldsymbol{N}]^{\mathrm{T}}\{\boldsymbol{U}\} \tag{4-28}$$

最后来建立相对位移与外荷载的关系。

$$\begin{Bmatrix} \delta_{x1} \\ \delta_{y1} \\ \phi_1 \\ \delta_{x2} \\ \delta_{y2} \\ \phi_2 \end{Bmatrix} = \begin{bmatrix} \frac{1}{K_{NX1}} & 0 & 0 & 0 & 0 & 0 \\ 0 & \frac{f_{11}}{\sin^2\theta_1} & 0 & 0 & \frac{f_{13}}{\sin\theta_1\sin\theta_2} & \frac{-f_{14}}{\sin\theta_1} \\ 0 & 0 & f_{22} & 0 & \frac{f_{23}}{\sin\theta_2} & -f_{24} \\ 0 & 0 & 0 & \frac{1}{K_{NX2}} & 0 & 0 \\ 0 & \frac{f_{31}}{\sin\theta_1\sin\theta_2} & \frac{f_{32}}{\sin\theta_2} & 0 & \frac{f_{33}}{\sin^2\theta_2} & 0 \\ 0 & \frac{-f_{41}}{\sin\theta_1} & -f_{42} & 0 & 0 & f_{44} \end{bmatrix} \begin{Bmatrix} P_{1x} \\ P_{1y} \\ M_1 \\ P_{2x} \\ P_{2y} \\ M_2 \end{Bmatrix} \tag{4-29}$$

记为 $$\{\boldsymbol{P}\} = [\boldsymbol{A}]\{\boldsymbol{\delta}\} \tag{4-30}$$

所以 $$\{\boldsymbol{F}\} = [\boldsymbol{N}]\{\boldsymbol{P}\} = [\boldsymbol{N}][\boldsymbol{A}]^{-1}\{\boldsymbol{\delta}\} = [\boldsymbol{N}][\boldsymbol{A}]^{-1}[\boldsymbol{N}]^{\mathrm{T}}\{\boldsymbol{U}\}$$

令 $[\boldsymbol{K}] = [\boldsymbol{N}][\boldsymbol{A}]^{-1}[\boldsymbol{N}]^{\mathrm{T}}$，则有 $\{\boldsymbol{F}\} = [\boldsymbol{K}]\{\boldsymbol{U}\}$，即 $[\boldsymbol{K}]$ 为非刚性单元的刚度矩阵。

由于弦杆管壁的轴向刚度远远大于径向刚度，可忽略弦杆管壁沿 x 方向的拉伸和压缩，于是在矩阵[$\boldsymbol{K}$]中可令 $K_{NX1} \to \infty$，$K_{NX2} \to \infty$。

根据本书第 3 章参数公式计算得 f_{11}，f_{13}，f_{14}，f_{22}，f_{23}，f_{24}，f_{33}，f_{44}后，即可按上式得到非刚性单元的刚度矩阵。

4.3.3　节点模型的数值实现与校验

1. 数值程序编制

为了研究相贯节点非刚性性能对整体结构的影响，本书编制了包含上述非刚性单元的平面梁系有限元程序。程序的研究对象为采用圆钢管相贯节点的 Warren 型格构梁。由于在格构梁的实际制作过程中弦杆通常连续，所以本程序将弦杆的相邻单元作为刚接处理，腹杆通过非刚性单元与弦杆相连。程序的流程见图 4-12。

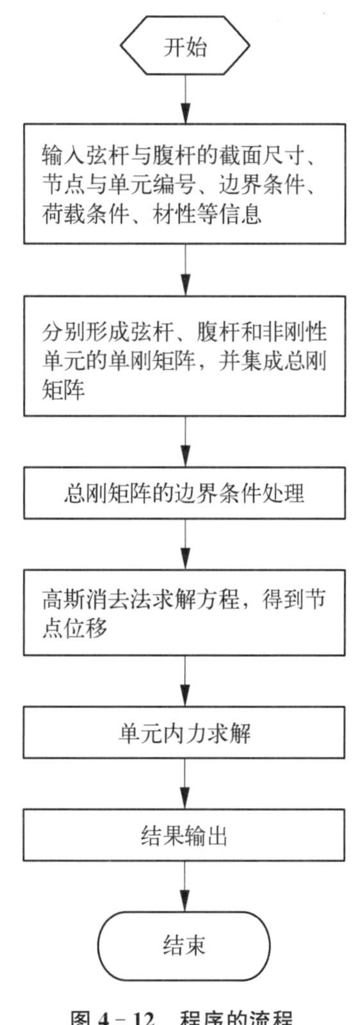

图 4-12　程序的流程

2. 节点模型校验

为检验引入非刚性单元后的数值程序表征钢管结构行为的有效性，分别采用板壳有限元程序、未引入非刚性单元的梁系有限元程序和上节编制的引入非刚性单元的梁系有限元程序对一钢管格构梁的静力性能进行了计算比较。

该算例的上弦杆和下弦杆截面均为 $\phi168\times12$ 的圆管，腹杆为 $\phi127\times8$ 的圆管。图 4-13 为算例的板壳单元模型，图 4-14(a)为算例的刚性节点梁单元模型简图，图 4-14(b)为算例的节点非刚性模型简图，图中未加圆圈的数字为节点编号，加圆圈的数字为单元编号。结构在上弦中间节点处受竖向向下荷载 200 kN，上、下弦的左右两边节点处均为固定支座。

表 4-2 给出了数值校验的结果。从表中可以看出，与传统刚性节点梁单元模型计算值相比，当引入非刚性单元后，程序计算得到的结构挠度和杆件应力更为接近板壳有限元的分析结果。由此可见，本章采用的非刚性单元及相应的数值程序能够

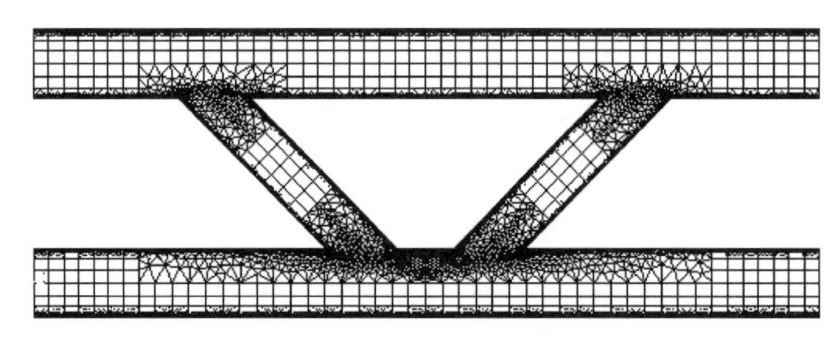

图 4-13　钢管格构梁的壳单元模型

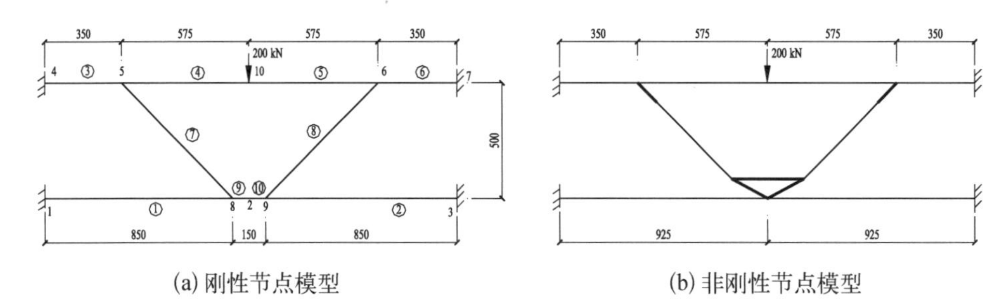

(a) 刚性节点模型　　(b) 非刚性节点模型

图 4-14　钢管格构梁的线单元模型

有效反映相贯节点轴向和弯曲刚度的影响。

表 4-2　钢管格构梁的数值分析结果

	节点	$\delta_{非刚性}$	$\delta_{刚性}$	$\delta_{壳}$		单元	节点	$\sigma_{非刚性}$	$\sigma_{刚性}$	$\sigma_{壳}$
竖向位移	2	−0.44	−0.38	−0.46	最大正应力	1	1	−43.3	−46.9	−40.2
	5	−0.45	−0.39	−0.50		3	4	172.5	140.6	200.8
							5	41.8	26.1	35.2
	10	−1.50	−1.33	−1.53		4	5	−70.1	−75.3	−68.3
							10	−199.4	−175.3	−264.5

4.3.4　节点刚度影响 Warren 型钢管格构梁静力性能的算例分析

1. 节点分析模型

为了考察相贯节点刚度对 Warren 型钢管格构梁静力性能的影响，本节选取一如图 4-15 所示的两端简支格构梁为对象进行研究。该格构梁的所有节点均为零偏心。所采用的节点分析模型包括以下 6 种：

① 模型 1：所有杆件单元在轴线相交处刚接；

② 模型 2：所有杆件单元在轴线相交处铰接；

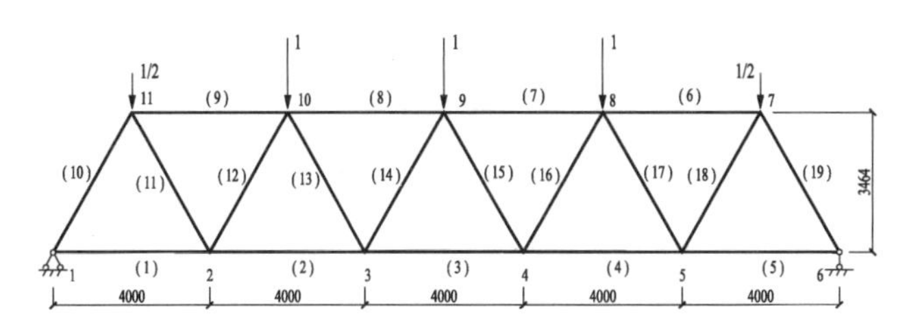

图 4-15　格构梁的几何布置

③ 模型 3：弦杆单元在轴线相交处刚接，腹杆与弦杆之间通过非刚性单元连接，该非刚性单元包含节点轴向刚度、弯曲刚度和 K 形节点两腹杆的相互作用；

④ 模型 4：弦杆单元在轴线相交处刚接，腹杆与弦杆之间通过非刚性单元连接，该非刚性单元包含节点轴向刚度和弯曲刚度，但不包含 K 形节点两腹杆的相互作用；

⑤ 模型 5：弦杆单元在轴线相交处刚接，腹杆与弦杆之间通过非刚性单元连接，该非刚性单元假定节点轴向刚度无穷大，仅考虑节点弯曲刚度，且不包含 K 形节点两腹杆的相互作用；

⑥ 模型 6：弦杆单元在轴线相交处刚接，腹杆与弦杆之间通过非刚性单元连接，该非刚性单元假定节点弯曲刚度无穷大，仅考虑节点轴向刚度，且不包含 K 形节点两腹杆的相互作用。

钢管格构梁的边界条件和单位荷载作用情况如图 4-14 所示。不同节点模型的分析结果将在下文中进行分析比较。

2. 节点刚度对轴力的影响

表 4-3 列出了采用不同节点模型计算得到的杆件轴力。从表中可以看出，越接近支座的腹杆构件轴力越大，越接近支座的弦杆构件轴力越小。节点刚度对弦杆和腹杆的轴力影响均很小，不同模型之间的最大差别仅为 5%。因此可以认为采用全铰接节点模型足以准确计算格构梁的轴力。

表 4-3　不同节点模型对应的钢管格构梁轴力计算值

单　元		轴　力/kN					
		模型 1	模型 2	模型 3	模型 4	模型 5	模型 6
下弦杆	1	1.155	1.155	1.157	1.159	1.153	1.162
	2	2.865	2.887	2.861	2.857	2.867	2.857
	3	3.444	3.464	3.443	3.437	3.445	3.439

续　表

单　元		轴　力/kN					
		模型 1	模型 2	模型 3	模型 4	模型 5	模型 6
上弦杆	8	−3.155	−3.175	−3.155	−3.148	−3.156	−3.149
	9	−2.008	−2.021	−2.009	−2.005	−2.009	−2.007
腹　杆	10	−2.296	−2.309	−2.288	−2.290	−2.299	−2.285
	11	1.692	1.732	1.667	1.668	1.702	1.651
	12	−1.701	−1.732	−1.675	−1.680	−1.707	−1.663

3. 节点刚度对弯矩的影响

图 4-16 给出了轴线刚接节点模型时的结构弯矩分布图。采用不同节点模型计算得到的杆件临界弯矩列于表 4-4。从图表中可以看出，越接近支座的弦杆构件弯矩越大。模型 1 和模型 3 的计算结果比较，表明考虑相贯节点非刚性能后，杆件计算弯矩增大。模型 3 和模型 4 的计算结果比较，表明 K 形节点相邻腹杆的交互作用导致格构梁中部分杆件弯矩增大而另一部分杆件弯矩减小。模型 5 和模型 6 的计算结果比较，表明由节点轴向刚度引起的弯矩增加大大高于由节点弯曲刚度引起的弯矩增加。因此对于 Warren 型钢管格构梁来说，相贯节点的轴向刚度对杆件的弯矩大小及分布具有较大的影响。

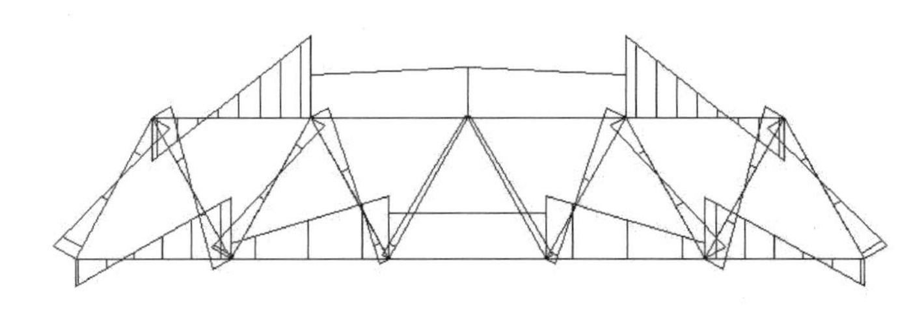

图 4-16　格构梁的弯矩分布

表 4-4　不同节点模型对应的钢管格构梁临界弯矩计算值

单　元		临界弯矩/(kN・cm)					
		模型 1	模型 2	模型 3	模型 4	模型 5	模型 6
下弦杆	1	4.435	—	7.791	6.882	3.572	8.674
	2	4.567	—	6.264	6.782	4.071	8.002
	3	3.259	—	3.397	4.721	3.250	4.392

续　表

单　元		临界弯矩/(kN·cm)					
		模型 1	模型 2	模型 3	模型 4	模型 5	模型 6
上弦杆	8	3.623	—	4.297	5.205	3.435	5.593
	9	5.872	—	9.198	9.434	5.046	11.319
腹　杆	10	1.938	—	2.685	3.249	1.036	4.630
	11	1.645	—	4.084	2.871	1.149	4.172
	12	1.729	—	3.657	2.615	1.030	4.336

4. 节点刚度对整体挠度的影响

表 4-5 列出了采用不同节点模型计算得到的结构跨中竖向挠度。通过比较可以发现，采用轴线刚接节点模型（模型 1）和采用轴线铰接节点模型（模型 2）计算得到的跨中挠度十分接近。与轴线铰接模型相比，节点刚度使结构总体挠度增加 17.9%。这表明采用铰接节点假定仍然可能低估结构变形，这主要是因为相贯节点的局部变形所致。国外进行的 2 个方管桁架的试验[122]以及 Czechowski[120]和 Coutie 与 Saidani[119]的研究也得到相似的结果。模型 3 和模型 4 的比较表明 K 形节点相邻腹杆的交互作用减小了格构梁的挠度。由节点轴向刚度引起的挠度超过了由节点弯曲刚度引起挠度的 33%。

表 4-5　不同节点模型对应的钢管格构梁整体挠度计算值

跨中挠度/mm					
模型 1	模型 2	模型 3	模型 4	模型 5	模型 6
−0.066	−0.067	−0.079	−0.096	−0.064	−0.096

5. 次应力分析

由模型 2 计算得到的主应力 σ_p 和由模型 3 计算得到的次应力 σ_s 列于表 4-6。从表中可以发现，越靠近支座的杆件次应力越大。次应力与主应力的比值显著受到轴力分布的影响。轴力较大的弦杆或腹杆对应的次应力与主应力的比值较小。对本格构梁来说，许多杆件的次应力超过了主应力的 20%，因此次弯矩必须在设计中予以考虑[123]。

表 4-6　钢管格构梁的主应力与次应力

单　元		跨高比	σ_p /MPa	σ_s /MPa	σ_s/σ_p
下弦杆	1	13.3	0.106	0.104	97.4%
	2	13.3	0.266	0.083	31.3%
	3	13.3	0.319	0.045	14.2%
上弦杆	8	13.3	0.292	0.057	19.6%
	9	13.3	0.186	0.122	65.8%
腹　杆	10	19.0	0.455	0.109	23.9%
	11	19.0	0.341	0.165	48.5%
	12	19.0	0.341	0.148	43.4%

4.4　节点性能对单层肋环形球面网壳整体稳定行为的影响分析

4.4.1　单层肋环形球面网壳

穹顶是曲线(简称经线)绕中心轴旋转而形成的一种不可展曲面(水平面上的剖线简称为纬线),外型中应用最多的为球型。“球顶的构造非常富于艺术性,在空间的展示方面,为雕塑与艺术的结合。球顶可说是最自然的造型,是人们根据对天堂的想象而构筑的米开朗基罗。”[124]肋环形网壳从肋形穹顶发展起来,是应用最早的传统形式球面网壳。肋形穹顶由许多相同的辐射实腹肋或桁架相交于穹顶顶部,下部安置在支座拉力环上,肋与肋之间放置檩条。当穹顶矢跨比较小时,支座上产生很大的水平推力,肋的用钢量较大。为了克服这一缺点,将纬向檩条(实腹的或格构的)与肋连成一个刚性立体体系,称为肋环形网壳(图4-17)。此时,檩条与肋共同工作,除受弯外,还承受纬向拉力,从而降低了用钢量。这种网壳通常用于中、小跨度的穹顶,跨度不超过 60 m,矢跨比介于 1/7～1/3。由于单层网壳的承载力较低,设计主要由稳定控制,材料的实际工作应力仅为允许应力的 1/10～1/6。

肋环形网壳只有经向和纬向杆件,大部分网格呈梯形。由于它的杆件种类

图 4-17　单层肋环形球面网壳

少，每个节点只汇交 4 根杆件，故节点构造简单。在对该类网壳进行结构分析时大都考虑节点为刚接。但实际上由于各种因素，节点既非完全刚接也非完全铰接。国内外对网壳非刚性节点的研究较少，本节利用 ANSYS 软件，在引入非刚性节点模型的基础上针对相贯节点非刚性性能对单层肋环型球面网壳稳定性影响的问题进行探讨。

4.4.2　非刚性节点网壳分析的数值模型

目前对单层网壳无论从理论分析还是从实际应用的角度看，一般情况下只考虑几何非线性，而不考虑材料非线性。因此本书也采用仅考虑几何非线性的分析方法。此外，本书假定节点在网壳平面外的弯曲刚度为无穷大，重点考察节点平面内弯曲刚度与轴向刚度对单层肋环型网壳性能的影响。

空间梁系有限元法[125]和空间梁-柱单元法[126-127]是目前网壳结构分析中精度较高且常用的方法。本书采用空间梁系有限元法对单层肋环形球面网壳进行计算分析，并采用适当单元模拟相贯节点域。

在进行结构线性屈曲分析时，采用 ANSYS 软件中线性弹簧单元 COMBIN14 来模拟相贯节点平面内弹性弯曲刚度 K_M；在进行结构非线性屈曲分析时，则采用非线性弹簧单元 COMBIN39 来模拟节点平面内的弯曲非线性行为，其非线性模型已在上一章给出，详见式(3-53)。每个弹簧单元具有 2 个重合节点。相贯节点的弹性轴向刚度 K_N则采用长度 $l_r = D/2$ 的弯曲刚域单元模拟，即 $EI_r/l_r=\infty$，$EA_r/l_r=K_N$。节点数值模型如图 4-18 所示。

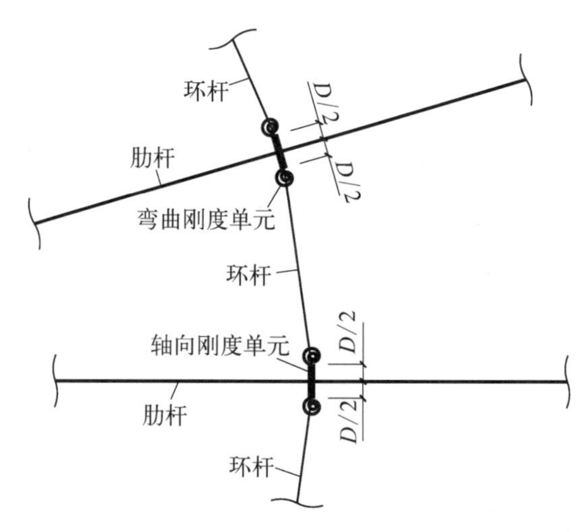

图 4-18　非刚性节点模型

4.4.3　网壳结构的屈曲分析

屈曲分析的目的是确定结构从稳定的平衡状态变为不稳定的平衡状态时的临界荷载及其屈曲模态的形状。目前普遍采用的两种方法是理想结构的线性屈曲分析（特征值屈曲分析）和缺陷结构的非线性全过程分析（非线性屈曲分析）。

1. 线性屈曲分析

线性屈曲分析用来预测一个理想线性结构的理论屈曲强度，优点是无须进行复杂的非线性分析，即可获得结构的临界荷载和屈曲模态，并可为非线性屈曲分析提供参考荷载值。线性屈曲分析的控制方程为

$$([\boldsymbol{K}_{\mathrm{L}}]+\lambda[\boldsymbol{K}_{\sigma}])\{\boldsymbol{\psi}\}=\{0\} \tag{4-31}$$

式中，λ——特征值，即通常意义上的荷载因子；

$\{\psi\}$——特征位移向量；

$[K_{\mathrm{L}}]$——结构的小位移（即弹性）刚度矩阵；

$[K_{\sigma}]$——参考初应力矩阵。

2. 非线性屈曲分析

为了考虑初始缺陷对结构理论屈曲强度的影响，必须对结构进行基于大挠度理论的非线性屈曲分析，其单元增量刚度方程（忽略高阶小量的影

响)为

$$[\boldsymbol{K}_{\mathrm{T}}]^{\mathrm{e}}\{\Delta\boldsymbol{u}\}^{\mathrm{e}}=\{\boldsymbol{R}\}^{\mathrm{e}}-\{\boldsymbol{r}\}^{\mathrm{e}} \tag{4-32}$$

式中,$[\boldsymbol{K}_{\mathrm{T}}]^{\mathrm{e}}$——单元切线刚度矩阵,$[\boldsymbol{K}_{\mathrm{T}}]^{\mathrm{e}}=[\boldsymbol{K}_{\mathrm{L}}]^{\mathrm{e}}+[\boldsymbol{K}_{\sigma}]^{\mathrm{e}}$;

$\{\Delta\boldsymbol{u}\}^{\mathrm{e}}$——位移增量矩阵;

$\{\boldsymbol{R}\}^{\mathrm{e}}$——外力矩阵;

$\{\boldsymbol{r}\}^{\mathrm{e}}$——残余力矩阵。

非线性有限元增量方程的最基本求解方法是牛顿-拉斐逊法(Newton Raphson Method)或修正的牛顿-拉斐逊法(Modified Newton Raphson Method)。基于这个基本方法,近年来各国学者做了大量的研究工作,其中比较有参考价值而又行之有效的一种方法即等弧长法(Arc Length Method)。该法最初由 Riks 和 Wemprer 提出,继而由 Crisfield 和 Ramm 等人加以改进和发展,目前已成为结构稳定分析中的主要方法。

4.4.4　算例验证

为保证采用 ANSYS 进行分析的可靠性,本书采用一些标准校验算例来加以验证。

1. 算例 1:Williams 双杆体系(Williams' toggle Frame)[128]

图 4-19 表示一个由两个梁单元组成的平面刚架,该结构具有较高的几何非线性。最初 Williams[128] 从理论和实验两方面研究了该结构的非线性性能。后来 Wood 和 Zienkiewicz[129] 用有限元法对该结构做了计算分析,计算中每半跨结构取为 5 个单元。沈世钊[127] 也利用自编程序对该结构进行了计算。从图 4-19(a)和(b)中荷载-位移曲线对比可以看到,作者的计算结果与试验结果和有关文献的数值结果非常接近。

2. 算例 2:扁拱(Shallow Arch)[130]

图 4-20 表示一个平面两铰拱。Haisler[130] 等用有限元位移增量法计算了该结构的几何非线性荷载反应曲线,计算中每半跨结构取为 3 个单元。Meek 和 Tan[131] 用弧长法对该结构做了全过程分析,计算中每半跨结构取为 4 个单元。沈世钊[127] 也利用自编程序对该结构进行了计算。从图 4-20(a)和(b)中荷载-位移曲线对比可以看到,作者的计算结果与有关文献的数值结果非常接近。

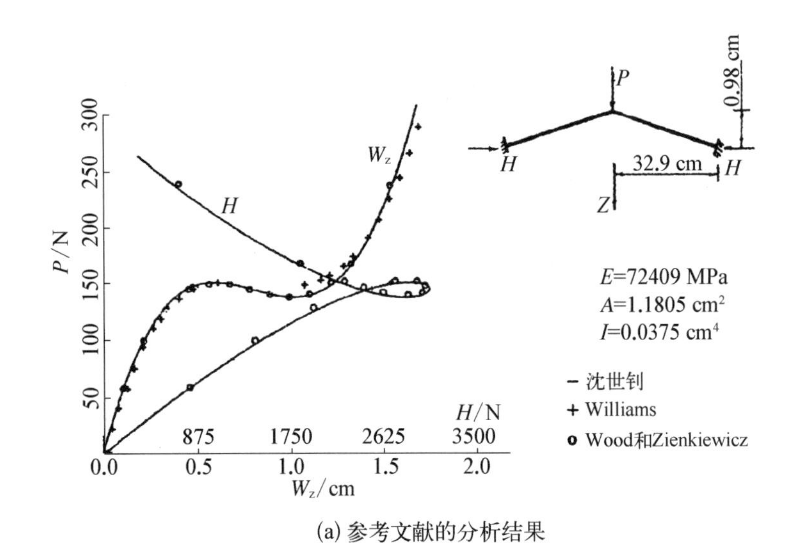

(a) 参考文献的分析结果

(b) 作者的ANSYS分析结果

图 4 - 19　双杆体系荷载-位移曲线

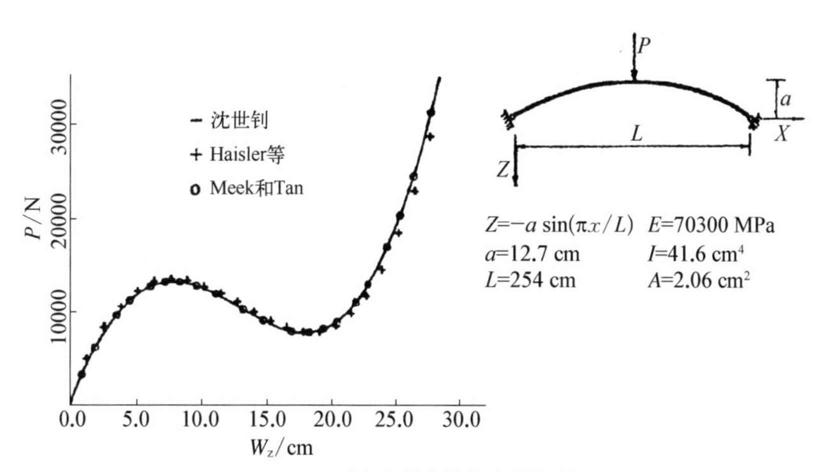

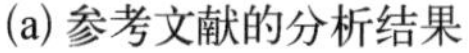
(a) 参考文献的分析结果

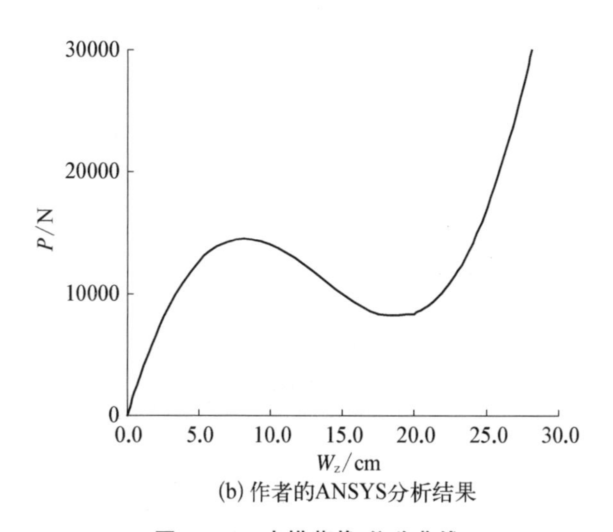

(b) 作者的ANSYS分析结果

图 4－20　扁拱荷载-位移曲线

3. 算例 3：12 单元六边形刚架[132]

图 4－21 是一个空间刚架体系。Papadrakakis[132]采用两个向量迭代法跟踪了结构屈曲后阶段的荷载-位移性能。Meek 和 Tan[131]采用弧长法研究了结构的荷载-位移反应曲线。计算中假定结构 6 个边节点均为滑动铰支座。沈世钊[127]也利用自编程序对该结构进行了计算,其中每个中央杆件取为 4 个计算单元。从图 4－21(a)和(b)中荷载-位移曲线对比可以看到,作者的计算结果与有关文献的数值结果非常接近。

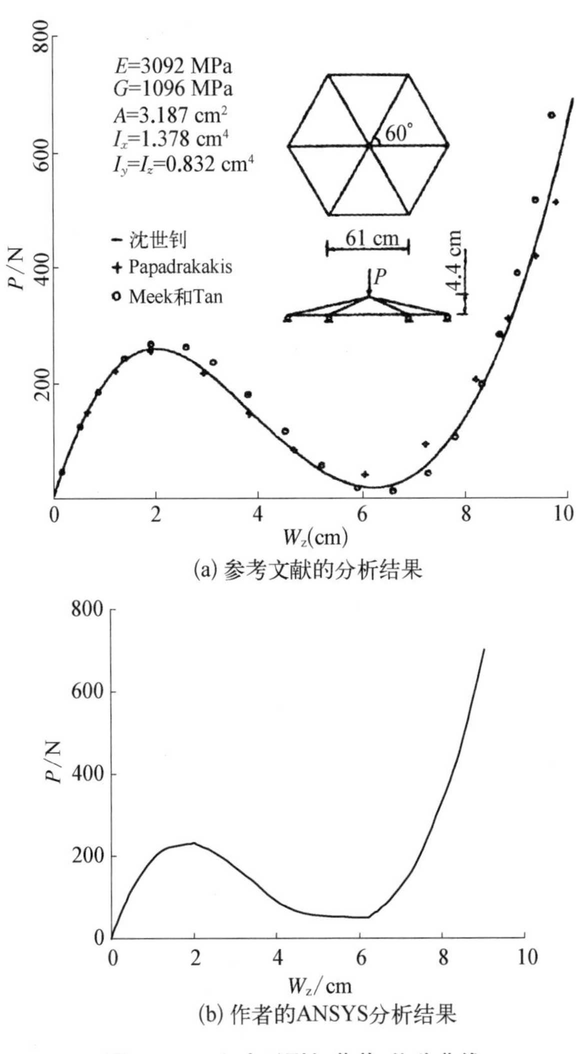

(a) 参考文献的分析结果

(b) 作者的ANSYS分析结果

图 4-21　六边形刚架荷载-位移曲线

4. 算例 4：24 单元六角星形穹顶[132]

结构形状如图 4-22 所示。Papadrakakis[132] 用两个向量迭代法研究了该结构作为桁架体系的荷载-位移性能。Meek 和 Tan[131] 用弧长法进一步研究了该结构作为刚架体系的受力性能。沈世钊[127] 也利用自编程序对该结构进行了计算。结构荷载-位移曲线如图 4-23(a)所示，其中曲线 a，曲线 b 是该结构作为刚架的计算情况，曲线 c 是作为桁架的计算情况。从图 4-23(a)和(b)中荷载-位移曲线对比可以看到，作者的计算结果与有关文献的数值结果比较接近。

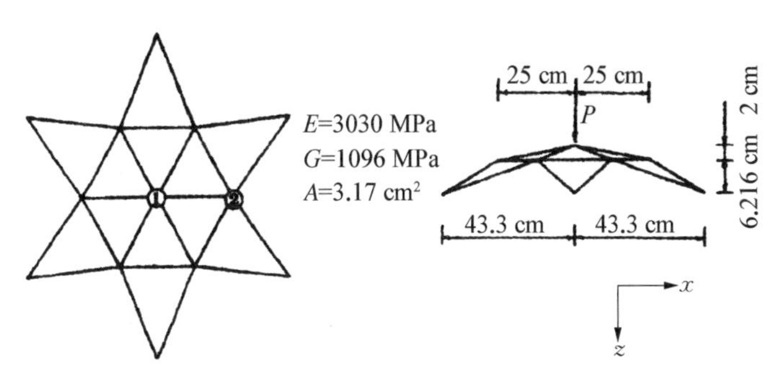

图 4 - 22　六角星型穹顶几何特性

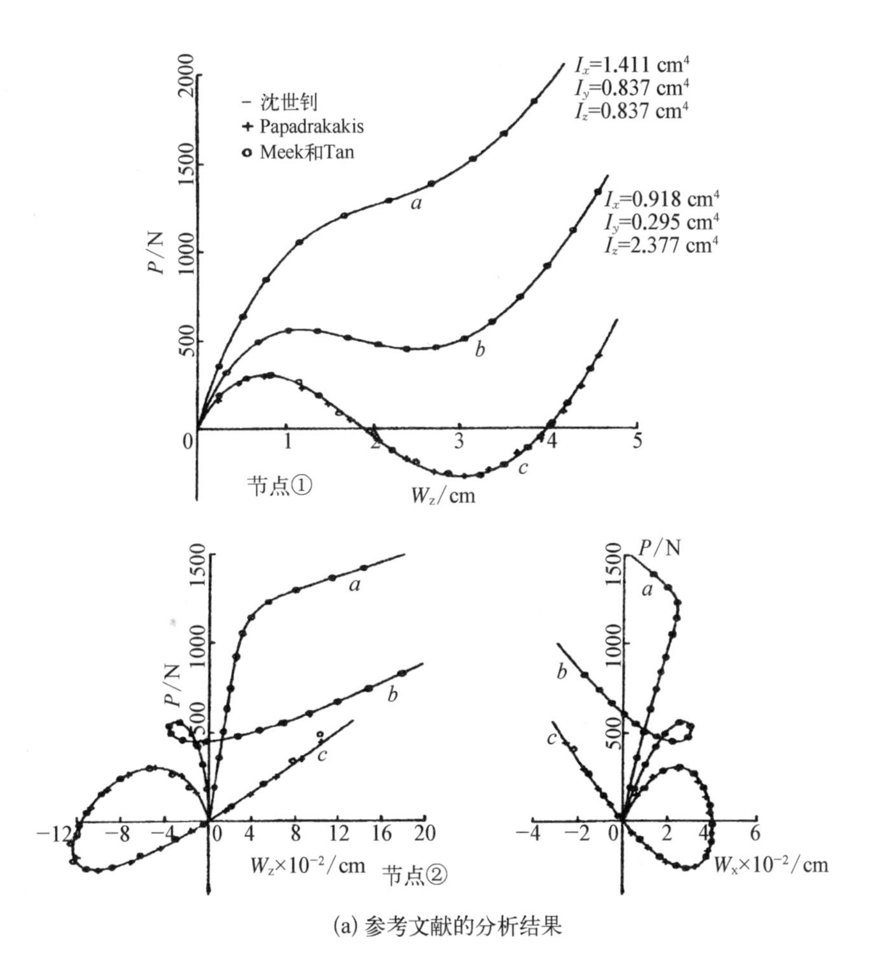

(a) 参考文献的分析结果

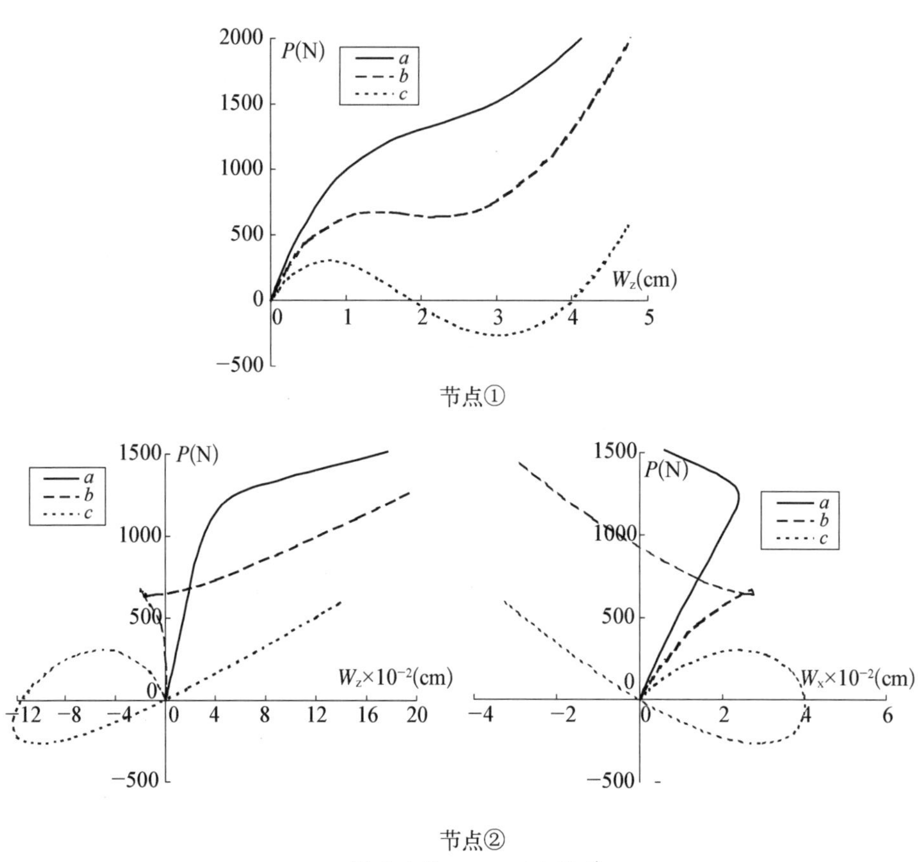

(b) 作者的ANSYS分析结果

图 4-23　六角星型穹顶荷载-位移曲线

5. 算例 5：半刚性门式刚架(Semi-rigid simple portal frame)的弹性屈曲[133]

为验证程序考虑半刚性连接效应的适用性，本书对一简单门式刚架的弹性屈曲荷载进行了计算，并与理论值进行对比。门式刚架如图 4-24(a)所示。梁柱构件通过两个弯曲刚度为常数 R_k 的节点连接。如果所有构件的 E，I 和 L 均为常数，控制刚架侧移屈曲行为的特征方程为

$$RS-(R+S)(kL)^2=0$$

式中，$R=(6+12EI/LR_k)/[1+8EI/LR_k+12(EI/LR_k)^2]$；$S=s_1-s_2^2/s_1$（$s_1$、$s_2$ 为稳定函数）；$k^2=P/EI$。

当 $EI/LR_k=0.1$，$kL=1.25$ 时，$P_{cr}=1.56EI/L^2$。该理论值在图 4-24(b)中以水平虚线示出。

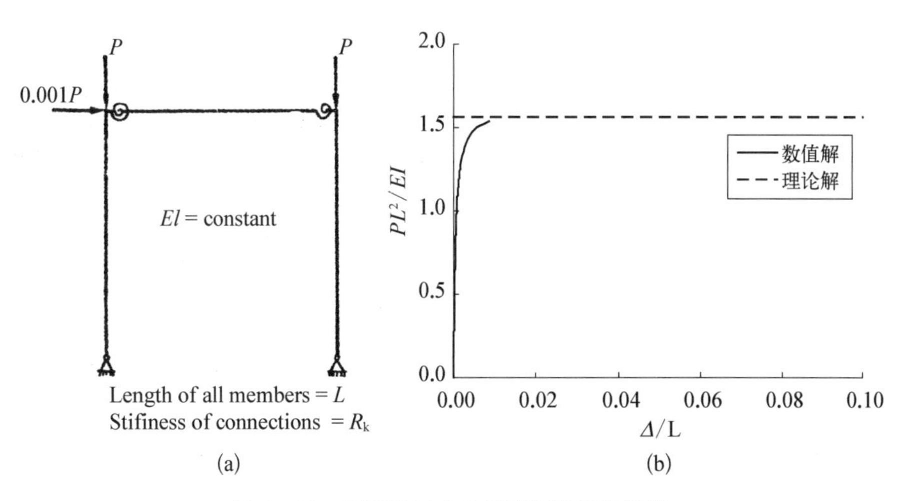

图 4－24　半刚性门式刚架的弹性屈曲荷载

P_{cr}的数值解对应于计算荷载-位移曲线的峰值点。为引起侧移，柱顶施加了一很小的水平力 0.001P，P 为柱顶竖向荷载，水平荷载与竖向荷载按比例增加。从图 4－24(b)中的比较可以看出，数值计算曲线无穷趋向于 P_{cr}的理论值。

4.4.5　节点性能对单层肋环形球面网壳稳定性能的影响分析

1. 模型设计

为研究节点非刚性性能对网壳稳定性的影响，选择跨度为 40 m，矢跨比为 1/3 的单层肋环形网壳作为分析对象。网壳的网格划分形式如图 4－25 所示。其径向杆(肋)划分为等长的 8 段，沿圆周方向(环向)为 24 等分。网壳杆件均采用圆钢管，网壳计算模型的编号与杆件截面如表 4－7 所示。每套截面中，肋杆采用较大规格截面，环杆采用较小规格截面。表中还列出了径向杆节间跨度与截面直径的比值。《网壳结构技术规程》[134]规定当对球面网壳进行全过程分析时可按满跨均布荷载进行，因此本书

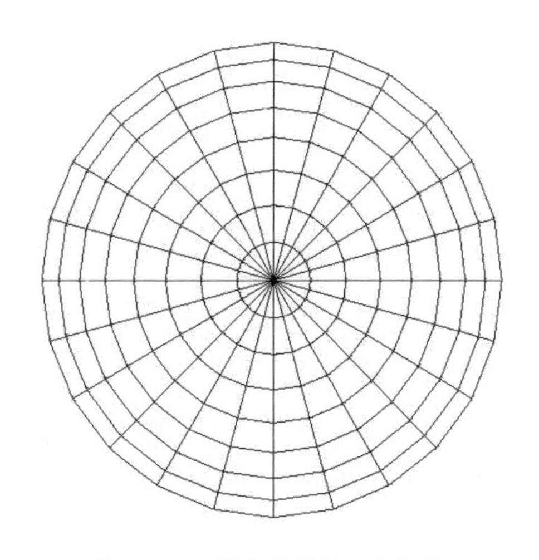

图 4－25　网壳模型的几何拓扑

按此方式考虑荷载作用,方向为竖直向下。采用一致缺陷模态法考虑网壳的初始几何缺陷,也即取结构的最低阶屈曲模态作为初始缺陷分布模态。根据《网壳结构技术规程》,其最大值按网壳跨度的 1/300 取用。

表 4-7 网壳杆件特性

模型编号	截面	径向杆跨高比 λ_j	κ
1-a	ϕ351×16、ϕ299×12	22	7.2
1-b	ϕ351×16、ϕ245×12		8.5
1-c	ϕ351×16、ϕ180×12		11.1
1-d	ϕ351×16、ϕ140×12		14.1
1-e	ϕ351×16、ϕ102×12		19.5
2-a	ϕ130×6、ϕ110×4.5	60	19.7
2-b	ϕ130×6、ϕ91×4.5		23.1
2-c	ϕ130×6、ϕ66×4.5		30.7
2-d	ϕ130×6、ϕ52×4.5		38.5

单层网壳周围的支承节点一般固接在下部支承结构上。因而当下部支承结构具有一定刚度时,球面网壳的支承节点均应按固接考虑。本书分析均假定支座为固接。

2. 数值分析结果

影响网壳稳定性能的因素比较复杂,本节讨论网壳在满跨均布荷载作用这一基本情形下的特征值屈曲分析和全过程非线性分析结果。对每例结构进行全过程分析之后,为每个节点都可画出一条竖向荷载-竖向位移曲线。为节省篇幅,并避免不必要的繁琐,本书只为每例结构取迭代结束时位移最大的那个节点的荷载-位移曲线来作为典型代表。网壳的整个全过程曲线是异常复杂和变化多端的。对结构设计来说,人们最关心的是结构的实际极限承载能力,结构在若干次屈曲后的荷载-位移曲线及位移形态相对来说并不十分重要。因此从实用角度出发,一般只需对开始一段曲线(越过第一个临界点后再保留一段必要的屈曲后路径)进行考察。本节给出的即是曲线的这一基本部分。对完整网壳来说,第一个临界点可能是极值点或分支点,视不同的几何参数和荷载参数而定;对有缺陷的网壳,分支问题一般均转化为极限问题。取第一个临界点(极值点或分支点)处的荷载值作为

结构的极限荷载。

(1) 单元尺寸的影响

在用有限元法进行网壳结构几何非线性分析时，必须注意结构模型中单元尺寸的选择。这是因为在形成有限元增量刚度矩阵时，已经假定单元轴向变形为线性位移场，单元横向变形为三次方位移场，即

$$u = a_0 + a_1 x$$

$$v = b_0 + b_1 x + b_2 x^2 + b_3 x^3$$

由于这些位移场不能代表真实的单元特征，分析中可能带来误差。网壳结构杆件的轴向力通常较大，这时每个杆件若仅采用一个单元来模拟(one elememt for one member)，可能影响收敛性或得到不准确的结果。为获得准确的分析结果，本书首先通过试算来获得合理的单元尺寸。表 4-8—表 4-10 列出了对网壳模型 1-a 的每个杆件分别划分为 1 个、4 个和 8 个单元时的线性特征值屈曲计算结果，计算时采用了本章建立的非刚性节点模型。图 4-26 作出了对网壳模型 1-a的每个杆件分别划分为 1 个和 8 个单元时的网壳非线性荷载-位移曲线，计算时考虑了非刚性节点模型和轴线交点刚接模型两种情形。通过比较不难看出，单元细分后网壳计算承载力降低，每杆划分为 8 个单元时可以获得较为准确的结果。

表 4-8　每杆 1 个单元的线性特征值屈曲计算结果

阶　　次	1	2	3	4	5
特征值/(kN·m^{-2})	182.6	182.6	267.2	267.2	282.8
阶　　次	6	7	8	9	10
特征值/(kN·m^{-2})	282.8	319.9	319.9	335.7	383.8

表 4-9　每杆 4 个单元的线性特征值屈曲计算结果

阶　　次	1	2	3	4	5
特征值/(kN·m^{-2})	151.9	152.5	211.3	212.0	219.5
阶　　次	6	7	8	9	10
特征值/(kN·m^{-2})	219.9	248.4	249.4	264.7	297.3

表 4-10　每杆 8 个单元的线性特征值屈曲计算结果

阶　　次	1	2	3	4	5
特征值/(kN・m^{-2})	150.3	150.5	208.5	208.7	216.1
阶　　次	6	7	8	9	10
特征值/(kN・m^{-2})	216.3	244.9	245.2	259.8	292.9

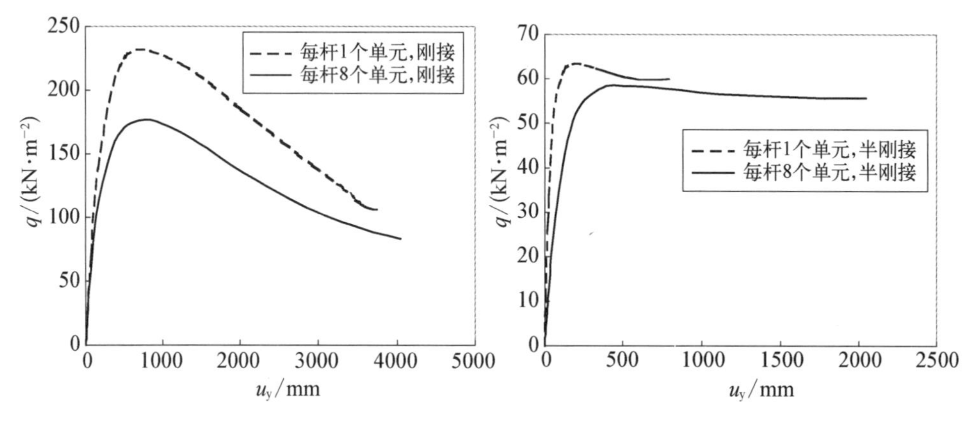

图 4-26　网壳非线性荷载-位移曲线

(2) 节点域模型的影响

为研究节点域分析模型对网壳稳定性的影响，分别采用 5 种模型对网壳 1-a进行分析。表 4-11 和表 4-12 为按本章建立的非刚性节点模型同时考虑轴向和弯曲刚度的特征值屈曲计算结果，但轴向刚度单元的惯性矩 I_r分别设为 1×10^{10} 和 1×10^{15}。可以看出，I_r的取值对结果影响很小，可以忽略。表 4-13 和表 4-14 分别为轴线交点刚接节点模型和带刚域刚接节点模型的特征值屈曲计算结果。带刚域刚接节点模型是通过在本章非刚性节点模型(图 4-18)基础上将弯曲刚度和轴向刚度同时设为无穷大而实现的。由于轴线交点刚接模型在一定程度上反映了弦、腹杆相贯面处的非刚性效应，所以计算承载力较带刚域刚接节点模型稍低，但总体上差别不大。表 4-15 和表 4-16 分别为仅考虑轴向刚度节点模型和仅考虑弯曲刚度节点模型的特征值屈曲计算结果。这两个模型也是通过在本章非刚性节点模型(图 4-18)基础上分别将弯曲刚度和轴向刚度设为无穷大而实现。仅考虑轴向刚度节点模型的屈曲承载力要显著高于后者，且仅考虑弯曲刚度节点模型与同时考虑轴向和弯曲刚度节点模型的分析结果十分接近。这说明对于单层肋环型网壳来说，节点弯曲刚度对承载力的影响很大，必须予以考虑。而节点轴向刚度对承载力的影响很小，可以忽略。

表 4 - 11　考虑轴向和弯曲刚度节点模型($I_r=1\times10^{10}$)的线性特征值屈曲计算结果

阶　　次	1	2	3	4	5
特征值/(kN·m^{-2})	150.3	150.5	208.5	208.7	216.1
阶　　次	6	7	8	9	10
特征值/(kN·m^{-2})	216.3	244.9	245.2	259.8	292.9

表 4 - 12　考虑轴向和弯曲刚度节点模型($I_r=1\times10^{15}$)的线性特征值屈曲计算结果

阶　　次	1	2	3	4	5
特征值/(kN·m^{-2})	150.5	150.7	208.6	208.9	216.2
阶　　次	6	7	8	9	10
特征值/(kN·m^{-2})	216.4	245.0	245.3	260.1	293.1

表 4 - 13　轴线交点刚接节点模型的线性特征值屈曲计算结果

阶　　次	1	2	3	4	5
特征值/(kN·m^{-2})	250.8	250.9	252.9	253.7	267.2
阶　　次	6	7	8	9	10
特征值/(kN·m^{-2})	267.4	297.4	297.9	311.2	311.3

表 4 - 14　带刚域刚接节点模型的线性特征值屈曲计算结果

阶　　次	1	2	3	4	5
特征值/(kN·m^{-2})	260.6	260.6	271.2	272.2	277.7
阶　　次	6	7	8	9	10
特征值/(kN·m^{-2})	277.9	316.6	317.0	323.5	323.6

表 4-15　仅考虑轴向刚度节点模型的线性特征值屈曲计算结果

阶　　次	1	2	3	4	5
特征值/(kN·m^{-2})	254.8	255.0	256.0	257.1	275.6
阶　　次	6	7	8	9	10
特征值/(kN·m^{-2})	275.8	281.9	282.1	319.8	320.0

表 4-16　仅考虑弯曲刚度节点模型的线性特征值屈曲计算结果

阶　　次	1	2	3	4	5
特征值/(kN·m^{-2})	153.8	154.0	214.1	214.3	215.9
阶　　次	6	7	8	9	10
特征值/(kN·m^{-2})	216.2	241.9	242.2	263.2	292.4

图 4-27 还给出了按以上各节点域模型分析得到的网壳非线性荷载-位移曲线。从图中可以看出非线性分析结果与特征值分析结果具有相同的趋势。

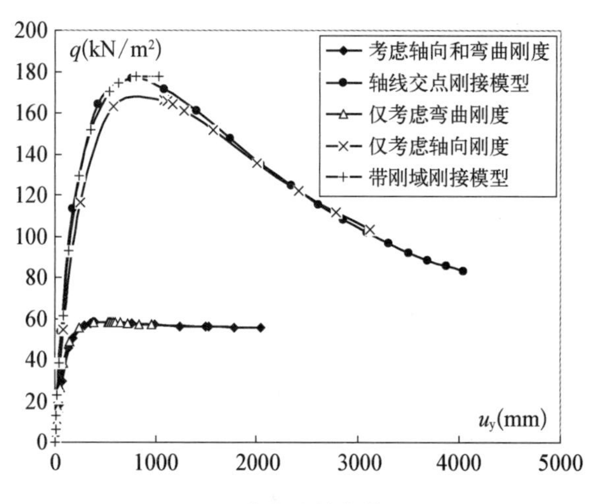

图 4-27　网壳非线性荷载-位移曲线

(3) 节点弯曲刚度的影响

节点弯曲刚度通过与网壳环向杆的线刚度相比而无量纲化，记为节点弯曲刚度比 κ，具体定义如下：

$$\kappa = \frac{K_{\mathrm{M}} L_h}{E I_h} \tag{4-33}$$

式中，E 为弹性模量；I_{h}为环向杆的截面惯性矩；L_{h}取为最长节间的环向杆长度 5.24 m。

图 4-28(a)—(e)给出了当网壳径向杆跨高比 λ_j 等于 22 时对应不同节点弯曲刚度比 κ 的网壳非线性荷载-位移曲线。图 4-29(a)—(d)给出了当网壳径向杆跨高比 λ_j 等于的 60 时对应不同节点弯曲刚度比 κ 的网壳非线性荷载-位移曲线。

现定义网壳承载力降低系数(Reduction factor)如下：

$$\rho = \frac{P_{\mathrm{cr}}^{\mathrm{semi}}}{P_{\mathrm{cr}}^{\mathrm{rigid}}} \tag{4-34}$$

式中，$P_{\mathrm{cr}}^{\mathrm{semi}}$为考虑节点非刚性后的网壳承载力；$P_{\mathrm{cr}}^{\mathrm{rigid}}$为杆件轴线交点刚接网壳的承载力。

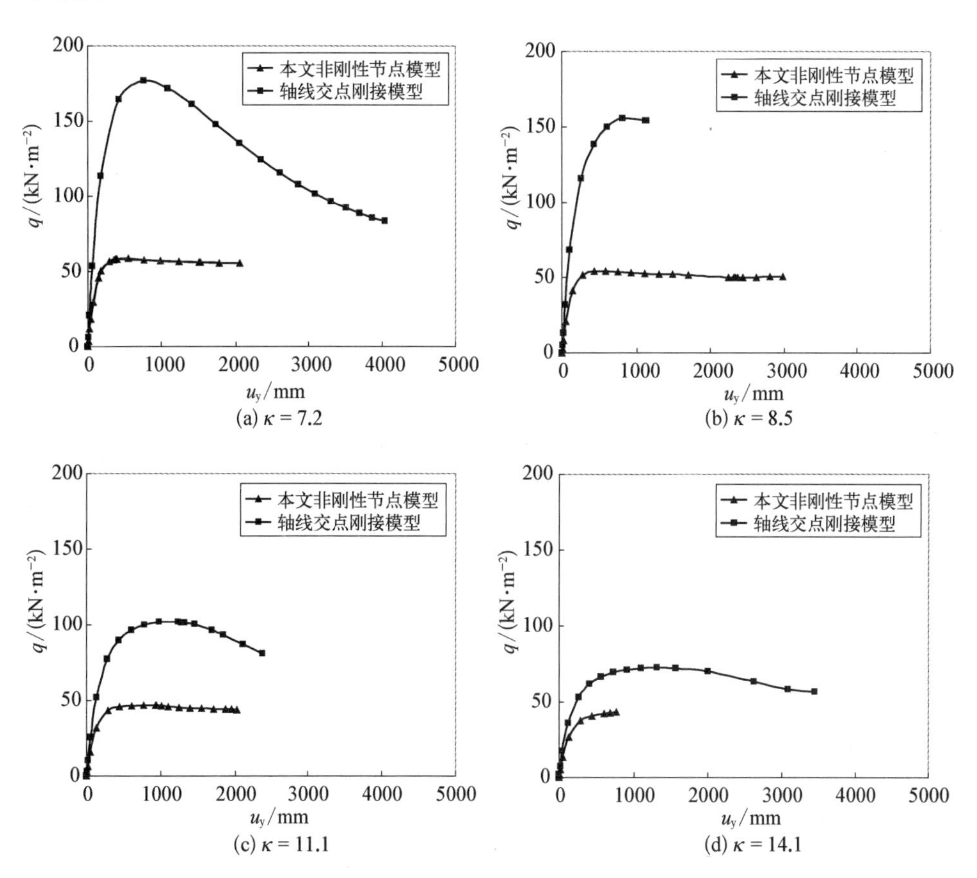

(a) $\kappa = 7.2$

(b) $\kappa = 8.5$

(c) $\kappa = 11.1$

(d) $\kappa = 14.1$

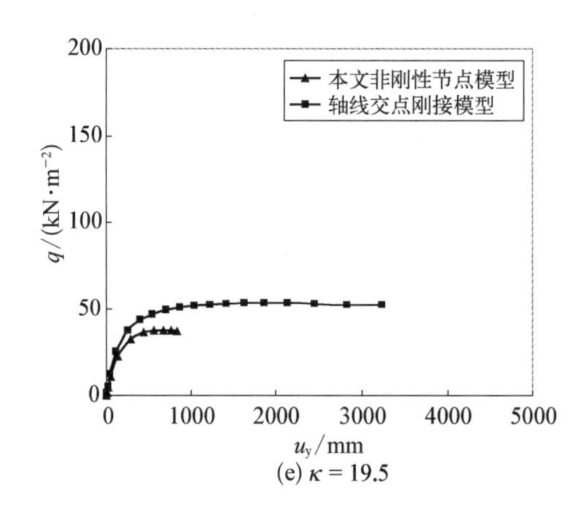

(e) $\kappa=19.5$

图 4-28　网壳非线性荷载-位移曲线($\lambda_j=22$)

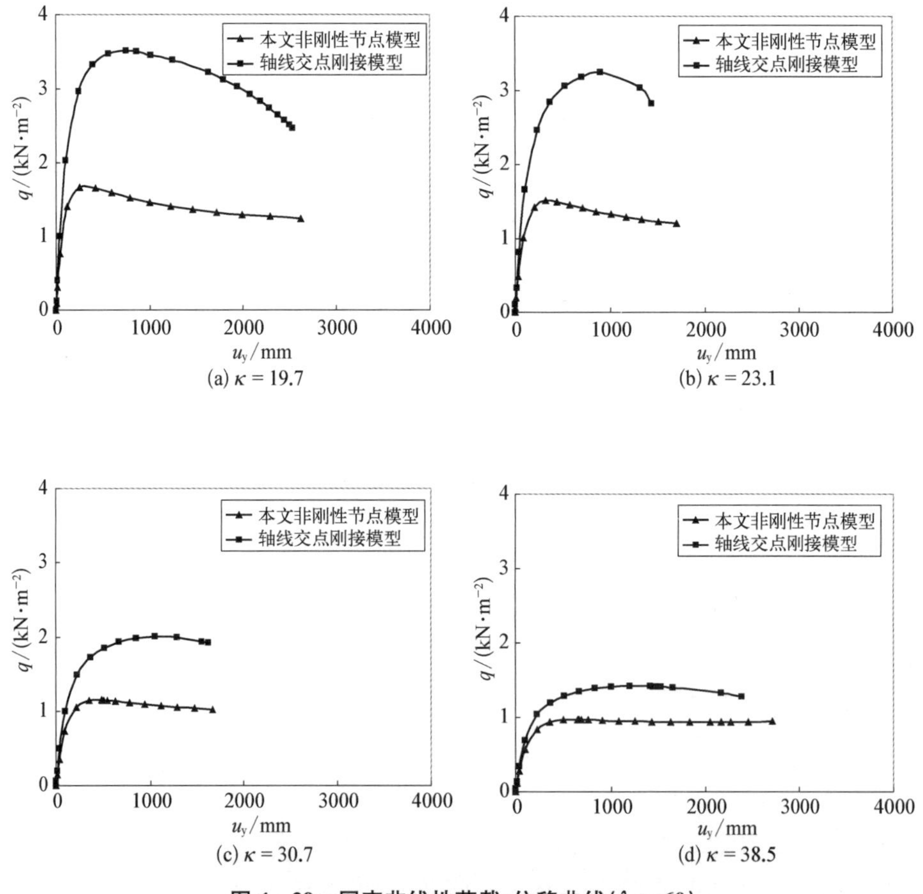

(a) $\kappa=19.7$　(b) $\kappa=23.1$

(c) $\kappa=30.7$　(d) $\kappa=38.5$

图 4-29　网壳非线性荷载-位移曲线($\lambda_j=60$)

图 4-30 给出了承载力降低系数 ρ 与节点弯曲刚度比 κ 的关系。从图中可以看出，相贯节点的非刚性性能对单层肋环形球面网壳稳定承载力的影响与节点弯曲刚度比和径向杆件跨高比这两个因素有很大关系。当网壳径向杆跨高比一定时，承载力降低系数随节点弯曲刚度比的增加而增大，即考虑节点非刚性后的网壳承载力逐渐接近杆件轴线交点刚接网壳的承载力；当节点弯曲刚度比一定时，网壳径向杆跨高比越大，则承载力降低系数越小，即考虑节点非刚性后的网壳承载力愈加低于杆件轴线交点刚接网壳的承载力。网壳非线性承载力的降低程度要大于特征值屈曲承载力的降低程度。此外，就本章的算例而言，考虑节点非刚性后的网壳承载力在特定参数条件下仅为轴线交点刚接网壳承载力的 33%，这表明相贯节点非刚性性能对整体结构的影响效应应当引起工程设计人员的足够重视。

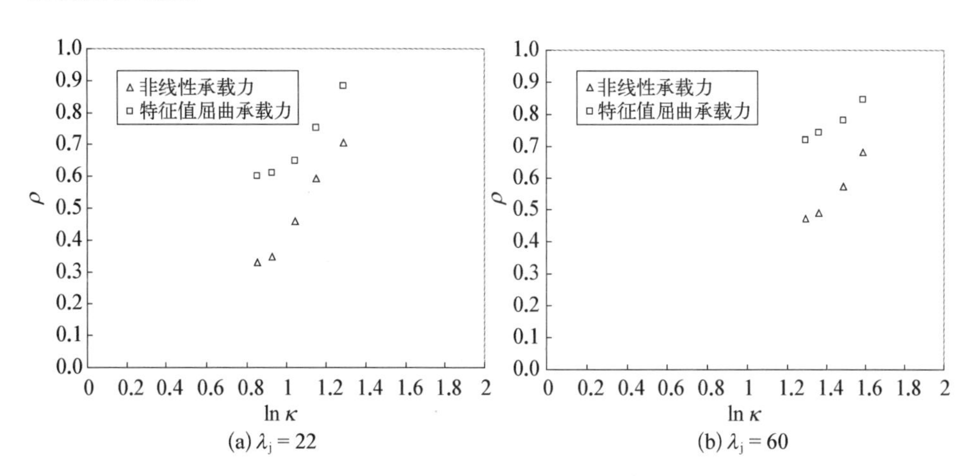

图 4-30　承载力降低系数 ρ 与节点弯曲刚度比 κ 的关系

图 4-31 为网壳模型 1-a 采用非刚性节点模型计算得到的前六阶特征值屈曲模态。图 4-32 为其采用轴线交点刚接模型计算得到的前六阶特征值屈曲模态。从模态的比较可以发现，相贯节点的非刚性能改变了屈曲模态发生的次序。

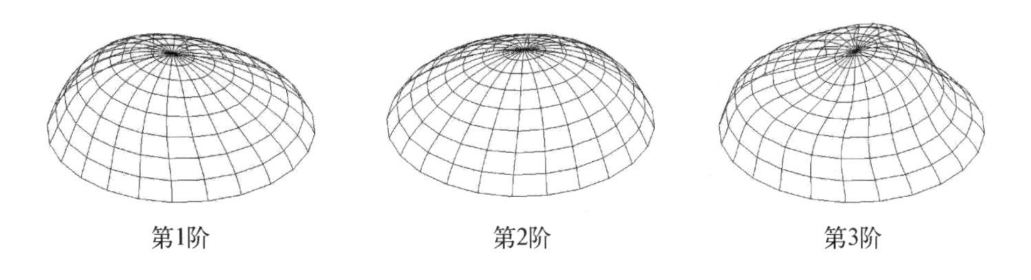

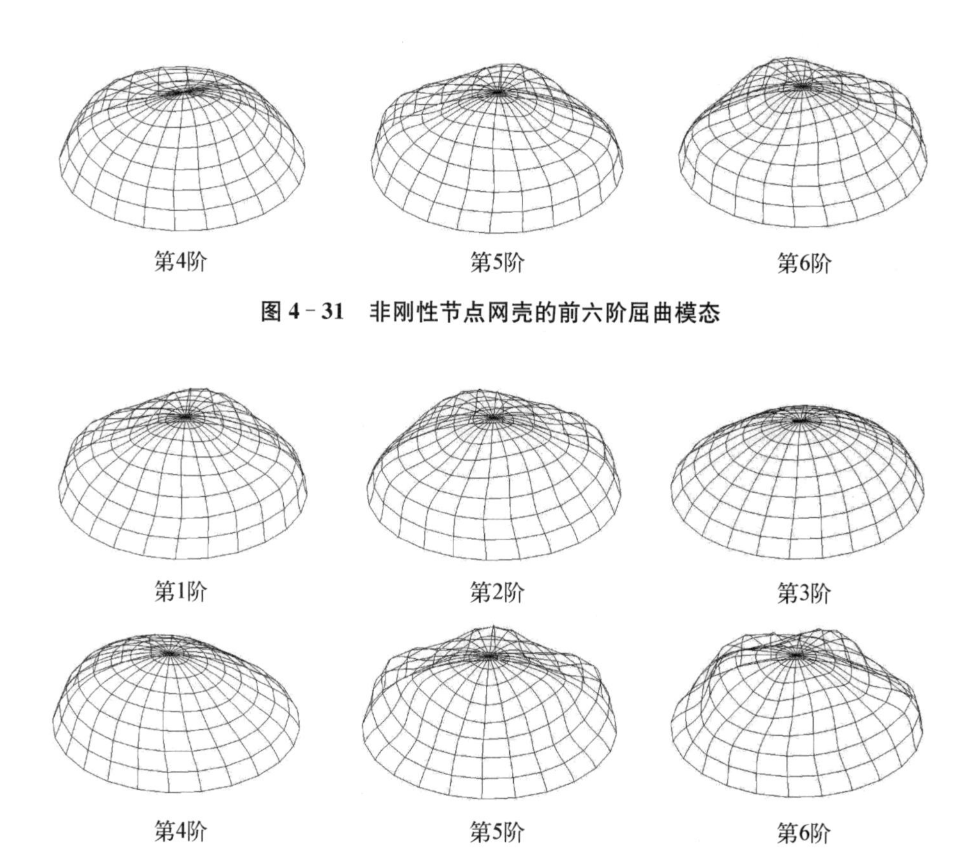

图 4-31　非刚性节点网壳的前六阶屈曲模态

图 4-32　刚性节点网壳的前六阶屈曲模态

4.5　本 章 结 论

本章选取对节点刚度具有较大敏感性的三类钢管结构为对象，系统研究了相贯节点非刚性性能对结构整体行为的影响效应，得到以下主要结论：

（1）以结构变形为标准，通过对简化子结构模型的理论推导，提出了空腹格构梁结构中相贯节点的刚度判定准则。该准则建立在刚接与半刚接的分界基础上，同样适用于采用其他截面形式的空腹格构梁结构。

（2）针对 Warren 型钢管格构梁结构的特点将表征其相贯节点非刚性性能的单元植入结构整体静力分析数值程序中，通过与板壳有限元分析结果的校验表明该方法能有效反映节点性能对结构整体行为的影响。

(3) 采用上述程序对 Warren 型钢管格构梁的算例分析，表明采用铰接节点假定确定杆件轴力具有足够的精确度；相贯节点的刚度尤其是轴向刚度对杆件的弯矩大小及分布影响较大；采用铰接节点假定计算得到的该类结构整体挠度可能小于实际结构的挠度；次应力的影响与杆件轴力的分布有关。

(4) 针对单层肋环形球面网壳的特点建立了表征相贯节点非刚性性能的单元，并引入结构非线性分析软件，通过计算，表明节点弯曲刚度对结构整体稳定性的影响很大，而节点轴向刚度对结构整体稳定性几乎无影响；节点弯曲刚度比和径向杆件跨高比是影响结构稳定承载力的关键因素。

(5) 相贯节点非刚性性能对整体结构的影响效应应当引起工程设计人员的足够重视。

第5章 节点半刚性钢管桁架受压腹杆计算长度分析

5.1 引　　言

在钢桁架结构的设计中，结构的整体稳定性至关重要，严格来说应采用考虑几何与材料双重非线性的整体方法进行分析。但从设计的实用便捷角度出发，目前通行的做法是单根构件设计法[135]，即把桁架的弦杆和腹杆作为单独构件进行稳定验算，相邻杆件的约束效应则由构件计算长度来体现。

腹杆的计算长度问题传统上是结合理想化的边界条件进行处理[136-138]。如《现行钢结构规范(GB50017－2003)》和《铁路桥涵设计规范(TBJ2－85)》中对桁架腹杆计算长度做了规定[100,139-140]，见表5－1。它们均是基于腹杆与弦杆完全刚接的假定。但是节点呈现显著柔性的半刚性钢桁架在实际工程中得到了日益广泛的应用，如角钢桁架中通过螺栓连接的节点板节点和无加劲钢管桁架中的直接焊接节点经试验研究与理论分析[141-142]表明其局部转动刚度与节点几何参数关系密切，在一定条件下会表现出相当显著的半刚性行为。因此确定该类桁架腹杆计算长度就显得尤为重要。

表5－1　文献对桁架腹杆计算长度的规定

文　　献	端部斜腹杆	中间斜腹杆
《钢结构设计规范》[100]	$0.90l$	$0.80l$
《铁路桥涵设计规范》[139]	$0.90l$	$0.80l$

基于以上目的，本书在经典的刚架弹性稳定理论基础上推导了考虑节点有限刚度的构件群稳定方程，并将其应用于半刚性桁架结构，编制了计算程序求取

腹杆计算长度的数值解。

5.2　节点半刚性钢桁架腹杆计算长度系数推导

5.2.1　考虑节点刚度后四弯矩方程的建立

平面桁架杆件稳定分析的基础是四弯矩方程的建立。长度为 l 的杆件 AB 在挠曲状态下受力如图 5-1。

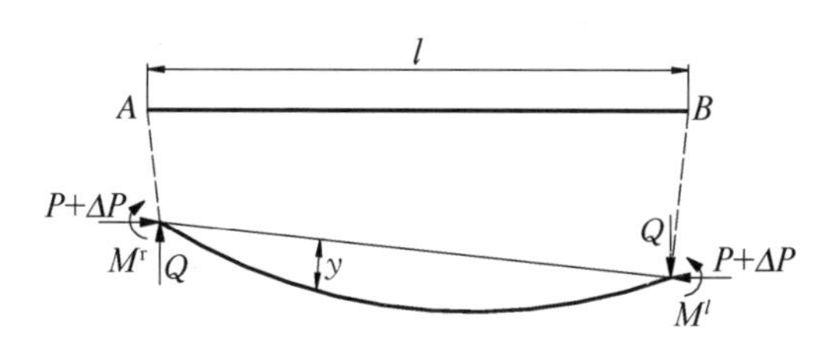

图 5-1　受压杆件及其端部附加弯矩

根据文献[10]，当 P 为压力时，有

$$y=\frac{M^{r}}{P}\left[\frac{\sin\phi\left(1-\frac{x}{l}\right)}{\sin\phi}-1+\frac{x}{l}\right]+\frac{M^{l}}{P}\left[\frac{\sin\phi\,\frac{x}{l}}{\sin\phi}-\frac{x}{l}\right]\quad(5-1)$$

式中，y 为离杆件的左端距离 x 处的挠度；M^{r} 和 M^{l} 为由于轴力 P 作用在变位后的挠曲杆件上而分别在两端产生的弯矩。参变数 ϕ 称为稳定因数，它由式(5-2)确定。

$$\phi=l\sqrt{\frac{P}{EI\tau}}\quad(5-2)$$

其中，I 是杆件平面内弯曲时的惯矩(沿长度不变)；$\tau=E_{t}/E$，E_{t} 是切线模量，若平均应力 P/A 在弹性范围内，则 $\tau=1$，但若平均应力超过比例极限，则 τ 是 P/A 的函数。

图 5-2 表示刚架中承受压力 P_{k} 和 P_{k+1} 作用的两相邻杆件 l_{k} 和 l_{k+1} 的原来位置和在屈曲状态下发生变形后的位置。这两根杆件在节点 k 弹性相交，所考虑的两根杆件的附加端弯矩如图 5-2 示。

节点处的连续条件可表示为

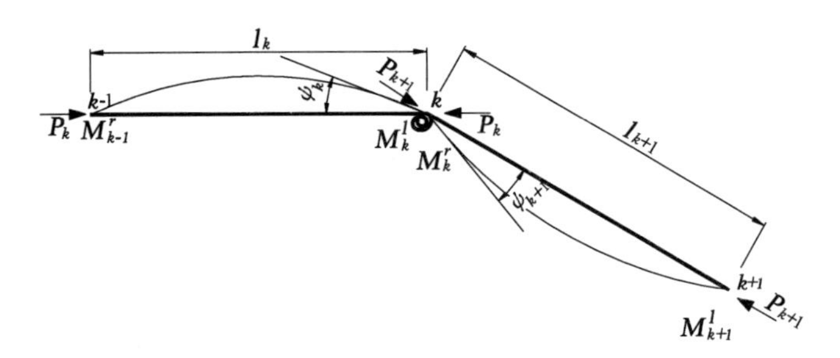

图 5-2　两弹性连接受压杆件及其端部弯矩

$$\psi_k - \psi_{k+1} = \theta_{rA} \tag{5-3}$$

式中，ψ_k 和 ψ_{k+1} 是弹性曲线在 k 点的倾角，由于

$$\psi_k = \left[\frac{\mathrm{d}y_k}{\mathrm{d}x}\right]_{x=l_k} \text{和} \ \psi_{k+1} = \left[\frac{\mathrm{d}y_{k+1}}{\mathrm{d}x}\right]_{x=0} \tag{5-4}$$

由式(5-1)推导出下列关系：

$$\psi_k = \frac{M^r_{k-1}}{P_k l_k}\left(-\frac{\phi_k}{\sin\phi_k}+1\right)+\frac{M^l_k}{P_k l_k}(\phi_k \operatorname{ctg}\phi_k - 1) \tag{5-5}$$

$$\psi_{k+1} = \frac{M^r_k}{P_{k+1} l_{k+1}}(-\phi_{k+1}\operatorname{ctg}\phi_{k+1}+1)+\frac{M^l_{k+1}}{P_{k+1} l_{k+1}}\left(\frac{\phi_{k+1}}{\sin\phi_{k+1}}-1\right) \tag{5-6}$$

由式(5-2)得

$$P_k l_k = \frac{EI_k \tau_k}{l_k}\phi_k^2 \ \text{和} \ P_{k+1} l_{k+1} = \frac{EI_{k+1}\tau_{k+1}}{l_{k+1}}\phi_{k+1}^2 \tag{5-7}$$

为方便起见，引入下列“换算长度”：

$$l'_k = \frac{I}{I_k \tau_k} l_k \ \text{和} \ l'_{k+1} = \frac{I}{I_{k+1}\tau_{k+1}} l_{k+1} \tag{5-8}$$

式中，I 是一任意惯矩。这样式(5-7)可写为

$$P_k l_k = \frac{EI}{l'_k}\phi_k^2 \ \text{和} \ P_{k+1} l_{k+1} = \frac{EI}{l'_{k+1}}\phi_{k+1}^2 \tag{5-9}$$

将式(5-9)代入式(5-5)和式(5-6)，并引入下列超越函数：

$$s = \frac{1}{\phi^2}\left(\frac{\phi}{\sin\phi}-1\right) \text{和} \ c = \frac{1}{\phi^2}(1-\phi \operatorname{ctg}\phi) \tag{5-10}$$

可得

$$\psi_k = -\frac{1}{EI}(M_{k-1}^r l'_k s_k + M_k^l l'_k c_k) \tag{5-11}$$

$$\psi_{k+1} = \frac{1}{EI}(M_k^r l'_{k+1} c_{k+1} + M_{k+1}^l l'_{k+1} s_{k+1}) \tag{5-12}$$

将上两式代入连续条件式(5 - 3)中得

$$M_{k-1}^r l'_k s_k + M_k^l l'_k c_k + M_k^r \left(l'_{k+1} c_{k+1} + \frac{EI}{R_{kA}}\right) + M_{k+1}^l l'_{k+1} s_{k+1} = 0 \tag{5-13}$$

式中，R_{kA} 为节点弹性抗弯刚度。这样就建立了考虑节点刚度后的四弯矩方程。当两杆之间无相对转角时上式即转化为经典的四弯矩方程。

若 $k-1$ 节点铰接，$k+1$ 节点铰接，则以上方程成为

$$M_k^l l'_k c_k + M_k^r \left(l'_{k+1} c_{k+1} + \frac{EI}{R_{kA}}\right) = 0 \tag{5-14}$$

式(5 - 13)和式(5 - 14)是在两根杆件均受压的假定下推得的，若某一根杆受拉，则该杆对应的函数 s 和 c 应用式(5 - 15)取代。

$$s = \frac{1}{\phi^2}\left(1 - \frac{\phi}{\sinh\phi}\right) \text{和} \ c = \frac{1}{\phi^2}(\phi\coth\phi - 1) \tag{5-15}$$

若某一根杆轴力为零，则该杆对应的函数 s 和 c 为：

$$s = 1/6 \text{ 和 } c = 1/3 \tag{5-16}$$

桁架分析中，如果是三根杆件相交于一个节点，则相邻两杆间各建立一个四弯矩方程。

5.2.2　受压腹杆的构件群稳定方程和计算长度系数

桁架结构的稳定问题比较复杂，为了简化，分析中须根据弦杆和腹杆的不同特点给出合理假定的计算简图。在分析图 5 - 3 中腹杆 AB 的稳定性时作如下假定：

(1) 受压上弦杆件与腹杆 AB 同时失稳，故前者对腹杆无转动约束，即 B 点为铰；

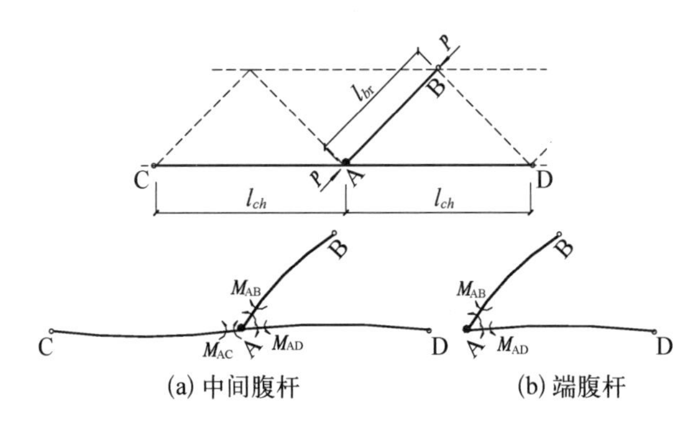

图 5-3　杆件在桁架平面内的失稳

(2) 因为腹杆刚度一般较小，故略去交于节点 A、B 处的其他腹杆的约束作用；

(3) 仅计及节点两侧节间受拉弦杆的约束作用，而略去远处弦杆的作用，研究[143]表明这一简化所引起的误差小于 10%。

首先讨论中间腹杆(图 5-3(a))的计算长度问题，简化后该问题即成为简单刚架 ABCD 的稳定问题。现在 AC、AB 杆间及 AD、AB 杆间各建立一个四弯矩方程为：

$$M_{AC}l'_{AC}c_{AC}+M_{AB}\left(l'_{AB}c_{AB}+\frac{EI}{R_{kA}}\right)=0 \tag{5-17}$$

$$M_{AD}l'_{AD}c_{AD}+M_{AB}\left(l'_{AB}c_{AB}+\frac{EI}{R_{kA}}\right)=0 \tag{5-18}$$

根据 A 节点的转动平衡有：

$$M_{AB}=M_{AC}+M_{AD} \tag{5-19}$$

上述三个方程中消去未知数 M_{AB}，得

$$M_{AC}(l'_{AC}c_{AC}+L)+M_{AD}L=0$$

$$M_{AC}L+M_{AD}(l'_{AD}c_{AD}+L)=0$$

式中，$L=l'_{AB}c_{AB}+\dfrac{EI}{R_{kA}}$。

稳定条件为弯矩方程组的系数行列式等于零。展开行列式方程得

$$l'_{AC}c_{AC}l'_{AD}c_{AD}+(l'_{AC}c_{AC}+l'_{AD}c_{AD})L=0 \tag{5-20}$$

因为 CA = AD，

$$(l'_{ch}c_{ch})^2 + 2l'_{ch}c_{ch}\left(l'_{br}c_{br} + \frac{EI}{R_{kA}}\right) = 0$$

$$l'_{ch}c_{ch} + 2\left(l'_{br}c_{br} + \frac{EI}{R_{kA}}\right) = 0 \tag{5-21}$$

为简单计，可偏于安全的略去弦杆 AC、AD 中的拉力所引起的约束作用，而仅计及弦杆线刚度的约束作用，此时 $c_{ch} = 1/3$。式(5-21)变为：

$$-\frac{1}{6}l'_{ch} = l'_{br}c_{br} + \frac{EI}{R_{kA}} \tag{5-22}$$

将式(5-8)和式(5-10)代入上式，取 $\tau_{br} = \tau_{ch} = 1$，并令 $i_{br} = \dfrac{EI_{br}}{l_{br}}$ 和 $i_{ch} = \dfrac{EI_{ch}}{l_{ch}}$ 后得：

$$\frac{1}{\phi_{br}^2}(1 - \phi_{br}\mathrm{ctg}\,\phi_{br}) = -\frac{1}{6}\frac{i_{br}}{i_{ch}}\left(1 + \frac{6i_{ch}}{R_{kA}}\right) \tag{5-23}$$

由式(5-2)知腹杆计算长度系数

$$\mu_{br} = \frac{\pi}{\phi_{br}} \tag{5-24}$$

代入式(5-23)得

$$\frac{\mu_{br}^2}{\pi^2}\left(1 - \frac{\pi}{\mu_{br}}\mathrm{ctg}\frac{\pi}{\mu_{br}}\right) = -\frac{1}{6}\frac{i_{br}}{i_{ch}} - \frac{i_{br}}{R_{kA}} \tag{5-25}$$

下面讨论端腹杆(图 5-3(b))的计算长度问题。现在 AD、AB 杆间建立四弯矩方程为

$$M_{AD}l'_{AD}c_{AD} + M_{AB}\left(l'_{AB}c_{AB} + \frac{EI}{R_{kA}}\right) = 0 \tag{5-26}$$

根据 A 节点的转动平衡有

$$M_{AB} = M_{AD} \tag{5-27}$$

将式(5-27)代入式(5-26)后经过类似于中间腹杆的推导后得

$$\frac{\mu_{br}^2}{\pi^2}\left(1-\frac{\pi}{\mu_{br}}\text{ctg}\,\frac{\pi}{\mu_{br}}\right)=-\frac{1}{3}\,\frac{i_{br}}{i_{ch}}-\frac{i_{br}}{R_{kA}} \tag{5-28}$$

从式(5-25)和式(5-28)容易看出，腹杆计算长度系数与两个因素密切相关，即腹杆与弦杆线刚度的比值和腹杆线刚度与节点局部刚度的比值。

5.2.3 计算长度系数表及简化计算公式

式(5-25)和式(5-28)为超越方程，求解析解非常困难，于是编制程序求得其数值解，并制成计算用表。当两因素分别变化时，腹杆计算长度系数见表5-2。从表中看出，端腹杆的计算长度系数大于中间腹杆的计算长度系数，这是因为前者的端部约束效应较后者为弱所致。为方便工程应用，根据表中数据拟合得到以下简化计算公式：

$$\mu_{br}=0.001\eta^3-0.02\eta^2+0.1\eta+0.82 \tag{5-29}$$

对于中间腹杆，取 $\eta=\frac{1}{6}\,\frac{i_{br}}{i_{ch}}+\frac{i_{br}}{R_{kA}}$，

对于端腹杆，取 $\eta=\frac{1}{3}\,\frac{i_{br}}{i_{ch}}+\frac{i_{br}}{R_{kA}}$。

该简化公式与精确数据比较，均值为0.999 2，方差为0.024 8，离散度为0.024 8。

5.3 钢管桁架腹杆计算长度系数及分析

文献[141]和文献[144]中曾提出过钢管相贯节点弹性抗弯刚度的计算公式，现以采用相贯节点的等节间 Warren 桁架(图 5-4)为例说明在腹杆计算长度中考虑节点刚度的必要性。

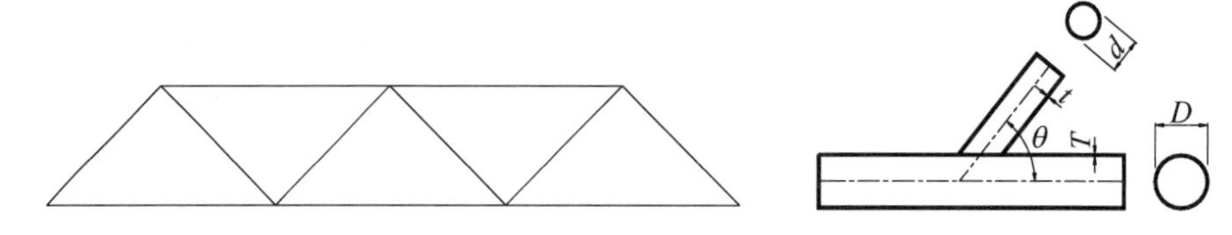

图 5-4 等节间 Warren 桁架及相贯节点

假定桁架所有腹杆的截面、长度以及与弦杆的夹角均相同，所有弦杆的截面亦相同。

$$\frac{i_{\mathrm{br}}}{i_{\mathrm{ch}}}=\frac{I_{\mathrm{br}}}{I_{\mathrm{ch}}}\cdot\frac{l_{\mathrm{ch}}}{l_{\mathrm{br}}}=\frac{d^4}{D^4}\cdot\frac{[1-(d-2t)^4/d^4]}{[1-(D-2T)^4/D^4]}\cdot 2\cos\theta \tag{5-30}$$

$$\frac{i_{\mathrm{br}}}{R_{\mathrm{kA}}}=\frac{EI_{\mathrm{br}}}{l_{\mathrm{br}}}\cdot\frac{1}{0.362\cdot ED^3\cdot(\sin\theta)^{-1.47}\cdot\gamma^{-1.79}\cdot\tau^{-0.08}\cdot\beta^{2.29}} \tag{5-31}$$

引入以下无量纲参数：弦腹杆直径比 $\beta=d/D$，弦杆径厚比 $\gamma=D/(2T)$，腹、弦杆厚度比 $\tau=t/T$ 后，式(5－30)和式(5－31)可化为：

$$\frac{i_{\mathrm{br}}}{i_{\mathrm{ch}}}=\beta^4\cdot\frac{[1-(1-\tau/(\beta\gamma))^4]}{[1-(1-1/\gamma)^4]}\cdot 2\cos\theta \tag{5-32}$$

$$\frac{i_{\mathrm{br}}}{R_{\mathrm{kA}}}=\frac{\pi}{64}\cdot\frac{\beta^3[1-(1-\tau/(\beta\gamma))^4]}{l_{br}/d}\cdot\frac{1}{0.362\cdot(\sin\theta)^{-1.47}\cdot\gamma^{-1.79}\cdot\tau^{-0.08}\cdot\beta^{2.29}} \tag{5-33}$$

引入记号 $\lambda_{\mathrm{br}}=l_{\mathrm{br}}/(0.35d)$，代入式(5－33)式后得

$$\frac{i_{\mathrm{br}}}{R_{\mathrm{kA}}}=\frac{\pi}{64}\cdot\frac{[1-(1-\tau/(\beta\gamma))^4]}{0.35\lambda_{\mathrm{br}}}\cdot\frac{1}{0.362\cdot(\sin\theta)^{-1.47}\cdot\gamma^{-1.79}\cdot\tau^{-0.08}\cdot\beta^{-0.71}} \tag{5-34}$$

根据常见的工程参数范围：$30^\circ\leqslant\theta\leqslant 75^\circ$，$0.2\leqslant\beta\leqslant 1.0$，$10\leqslant\gamma\leqslant 25$，$0.2\leqslant\tau\leqslant 1.0$，$30\leqslant\lambda_{br}\leqslant 150$ 可以界定两刚度比的范围为

$$8.3\times 10^{-4}\leqslant\frac{i_{\mathrm{br}}}{i_{\mathrm{ch}}}\leqslant 1.73 \tag{5-35}$$

$$2.2\times 10^{-3}\leqslant\frac{i_{\mathrm{br}}}{R_{\mathrm{kA}}}\leqslant 0.74 \tag{5-36}$$

查表 5－2 可以看出，在一定的工程应用刚度比范围内中间腹杆计算长度值已超过 $0.8l$，端腹杆计算长度值已超过 $0.9l$，如果采用本书建议的腹杆计算长度值将得到比现行规范更为精细的结果。

表 5-2 桁架腹杆平面内计算长度系数

		i_{br}/R_{kA}									
		0	0.1	0.2	0.3	0.4	0.5	0.6	0.7	0.8	0.9
i_{br}/i_{ch}	0	0.699/0.699	0.760/0.760	0.804/0.804	0.835/0.835	0.858/0.858	0.875/0.875	0.889/0.889	0.900/0.900	0.909/0.909	0.916/0.916
	0.1	0.711/0.722	0.769/0.777	0.810/0.815	0.839/0.843	0.861/0.864	0.877/0.880	0.891/0.892	0.901/0.903	0.910/0.911	0.917/0.918
	0.2	0.722/0.742	0.777/0.791	0.815/0.826	0.843/0.851	0.864/0.870	0.880/0.884	0.892/0.896	0.903/0.906	0.911/0.914	0.918/0.921
	0.3	0.732/0.760	0.784/0.804	0.821/0.835	0.847/0.858	0.867/0.875	0.882/0.889	0.894/0.900	0.904/0.909	0.913/0.916	0.919/0.923
	0.4	0.742/0.777	0.791/0.815	0.826/0.843	0.851/0.864	0.870/0.880	0.884/0.892	0.896/0.903	0.906/0.911	0.914/0.918	0.921/0.924
	0.5	0.751/0.791	0.798/0.826	0.830/0.851	0.854/0.870	0.872/0.884	0.887/0.896	0.898/0.906	0.907/0.914	0.915/0.921	0.922/0.926
	0.6	0.760/0.804	0.804/0.835	0.835/0.858	0.858/0.875	0.875/0.889	0.889/0.900	0.900/0.909	0.909/0.916	0.916/0.923	0.923/0.928
	0.7	0.769/0.815	0.810/0.843	0.839/0.864	0.861/0.880	0.877/0.892	0.891/0.903	0.901/0.911	0.910/0.918	0.917/0.924	0.924/0.930
	0.8	0.777/0.826	0.815/0.851	0.843/0.870	0.864/0.884	0.880/0.896	0.892/0.906	0.903/0.914	0.911/0.921	0.918/0.926	0.924/0.931
	0.9	0.784/0.835	0.821/0.858	0.847/0.875	0.867/0.889	0.882/0.900	0.894/0.909	0.904/0.916	0.913/0.923	0.919/0.928	0.925/0.933
	1	0.791/0.843	0.826/0.864	0.851/0.880	0.870/0.892	0.884/0.903	0.896/0.911	0.906/0.918	0.914/0.924	0.921/0.930	0.926/0.934
	1.2	0.804/0.858	0.835/0.875	0.858/0.889	0.875/0.900	0.889/0.909	0.900/0.916	0.909/0.923	0.916/0.928	0.923/0.933	0.928/0.937
	1.4	0.815/0.870	0.843/0.884	0.864/0.896	0.880/0.906	0.892/0.914	0.903/0.921	0.911/0.926	0.918/0.931	0.924/0.936	0.930/0.939
	1.6	0.826/0.880	0.851/0.892	0.870/0.903	0.884/0.911	0.896/0.918	0.906/0.924	0.914/0.930	0.921/0.934	0.926/0.938	0.931/0.942
	1.8	0.835/0.889	0.858/0.900	0.875/0.909	0.889/0.916	0.900/0.923	0.909/0.928	0.916/0.933	0.923/0.937	0.928/0.941	0.933/0.944
	2	0.843/0.896	0.864/0.906	0.880/0.914	0.892/0.921	0.903/0.926	0.911/0.931	0.918/0.936	0.924/0.939	0.930/0.943	0.934/0.946

续　表

i_{br}/i_{ch}	i_{br}/R_{kA}									
	1.0	2.0	3.0	4.0	5.0	6.0	7.0	8.0	9.0	10.0
0	0.923/0.923	0.956/0.956	0.969/0.969	0.977/0.977	0.981/0.981	0.984/0.984	0.986/0.986	0.988/0.988	0.989/0.989	0.990/0.990
0.1	0.924/0.924	0.956/0.957	0.970/0.970	0.977/0.977	0.981/0.981	0.984/0.984	0.986/0.986	0.988/0.988	0.989/0.989	0.990/0.990
0.2	0.924/0.926	0.957/0.957	0.970/0.970	0.977/0.977	0.981/0.981	0.984/0.984	0.986/0.986	0.988/0.988	0.989/0.989	0.990/0.990
0.3	0.925/0.928	0.957/0.958	0.970/0.970	0.977/0.977	0.981/0.981	0.984/0.984	0.986/0.986	0.988/0.988	0.989/0.989	0.990/0.990
0.4	0.926/0.930	0.957/0.959	0.970/0.971	0.977/0.977	0.981/0.981	0.984/0.984	0.986/0.986	0.988/0.988	0.989/0.989	0.990/0.990
0.5	0.927/0.931	0.958/0.959	0.970/0.971	0.977/0.977	0.981/0.982	0.984/0.984	0.986/0.986	0.988/0.988	0.989/0.989	0.990/0.990
0.6	0.928/0.933	0.958/0.960	0.970/0.971	0.977/0.978	0.981/0.982	0.984/0.984	0.986/0.987	0.988/0.988	0.989/0.989	0.990/0.990
0.7	0.929/0.934	0.958/0.960	0.970/0.971	0.977/0.978	0.981/0.982	0.984/0.985	0.986/0.987	0.988/0.988	0.989/0.989	0.990/0.990
0.8	0.930/0.936	0.959/0.961	0.971/0.972	0.977/0.978	0.981/0.982	0.984/0.985	0.986/0.987	0.988/0.988	0.989/0.989	0.990/0.990
0.9	0.930/0.937	0.959/0.961	0.971/0.972	0.977/0.978	0.981/0.982	0.984/0.985	0.986/0.987	0.988/0.988	0.989/0.989	0.990/0.990
1	0.931/0.938	0.959/0.962	0.971/0.972	0.977/0.978	0.982/0.982	0.984/0.985	0.986/0.987	0.988/0.988	0.989/0.990	0.990/0.991
1.2	0.933/0.941	0.960/0.963	0.971/0.973	0.978/0.979	0.982/0.982	0.984/0.985	0.987/0.987	0.988/0.988	0.989/0.990	0.990/0.991
1.4	0.934/0.943	0.960/0.964	0.971/0.973	0.978/0.979	0.982/0.982	0.985/0.985	0.987/0.987	0.988/0.989	0.989/0.990	0.990/0.991
1.6	0.936/0.945	0.961/0.964	0.972/0.974	0.978/0.979	0.982/0.983	0.985/0.985	0.987/0.987	0.988/0.989	0.989/0.990	0.990/0.991
1.8	0.937/0.947	0.961/0.965	0.972/0.974	0.978/0.979	0.982/0.983	0.985/0.985	0.987/0.987	0.988/0.989	0.990/0.990	0.991/0.991
2	0.938/0.949	0.962/0.966	0.972/0.975	0.978/0.980	0.982/0.983	0.985/0.986	0.987/0.987	0.988/0.989	0.990/0.990	0.991/0.991

注：斜杠左侧为中间腹杆计算长度系数，右侧为端腹杆计算长度系数

5.4 本章结论

(1) 在钢桁架腹杆计算长度中引入节点刚度的影响是十分必要的,特别是对于在一定范围内表现出较大柔性节点效应的桁架;

(2) 影响钢桁架腹杆计算长度的主要因素是腹杆与弦杆线刚度比和腹杆线刚度与节点局部刚度比;

(3) 本章给出了可供工程使用的钢桁架腹杆计算长度用表及简化计算公式。

第6章 反复荷载下圆钢管相贯节点滞回性能的试验研究

6.1 引 言

由于各种原因,工程中采用相贯节点的钢管结构一般并不按照与杆件等强或超强的原则来进行节点设计,节点承载能力往往低于杆件承载力,也即节点承载效率小于1.0。这种与框架梁柱节点不同的特性使处在抗震设防区域的结构在强震作用下的整体安全性能更依赖于节点而非杆件,因为节点往往先于杆件进入非弹性变形阶段。圆钢管结构相贯节点的静力强度问题已经得到较多的研究,有关高周疲劳的机理及其设计方法的探讨也在不断深入,但是对低周反复荷载作用下相贯节点弹塑性抗震性能的研究尚未展开。国内建成的钢管结构已有近千座,其中相当一部分处于7度以上的地震设防区,节点抗震性能对于结构的抗震安全性至关重要。而目前仅对跨度达126 m的广州会展中心张弦桁架结构中的空间KK形相贯节点进行了以考察轴向滞回性能为主的足尺节点试验,研究工作明显滞后于工程设计。大型钢管结构工程的要求和相贯节点性能的研究现状均表明对钢管相贯节点抗震性能的有效把握与合理评价已成为目前需要尽快解决的课题。

6.2 试验目的

基于以上的研究背景,本项试验研究的主要目的设定为

(1) 考察T形圆钢管相贯节点在腹杆承受轴向荷载和弯曲荷载作用下的滞回性能,对节点耗能能力作出定量分析和判断;

(2) 探寻节点在反复荷载作用下的破坏机理;

(3) 为结构动力分析中节点滞回模型的建立奠定基础;

(4) 为国际钢管节点试验数据库提供滞回性能试验数据,并补充弹性刚度的试验数据。

6.3 试验方案

6.3.1 试验设计思路

由于振动台试验受到设备规模的限制,不易进行稍大尺寸工程节点的足尺实验;较大比例的缩尺试件无法反映节点细部特点,且地震对结构的影响具有应变大、破坏前循环次数少的低周疲劳特点,因此对节点抗震性能主要的研究手段是低周往复荷载下(拟动力)或循环往复静力荷载下(拟静力)的节点滞回性能试验。本项研究采用拟静力试验研究节点的抗震性能。

从简单的节点形式入手进行研究,可以获取该类节点性能的一般规律,为今后研究复杂节点的抗震性能奠定基础。因此本书选取了几何外形最简洁的T形相贯节点作为研究对象。

T形节点是空腹桁架(Vierendeel truss)和单层肋环形球面网壳这两类钢管结构采用的主要节点形式。根据其受力特点,选择贯通的弦杆和非贯通的腹杆焊接形成的节点域单元作为试验研究的模型。为消除端部加载条件对节点域的影响,弦杆在节点域两侧各外伸3倍的管径长度,腹杆外伸4倍的管径长度。为真实反映节点的性能,节点试件选用目前常用的Q345钢材,并委托钢结构加工厂按照实际工程的工艺进行加工制作。

影响钢管相贯节点滞回性能的因素很多,如与焊接有关的因素、与节点局部构造相关的因素、节点几何特征参数、节点荷载类型、加载制度等。本书主要研究几何参数、荷载类型和受力特性对节点滞回性能的影响。

6.3.2 试件设计

本次试验共设计了8个节点试件,分为A、B两组,每组4件。A组研究节点在轴向荷载下的滞回性能,B组研究节点在弯曲荷载下的滞回性能。其中,A组试件考察的参数为几何参数与加载制度,B组试件考察的参数为几何参数与腹杆轴压比。试件简图如图6-1和图6-2所示。弦杆与腹杆通过全周角焊缝连接。弦杆两端板已预留孔洞,试验时通过高强螺栓与支座连接。腹杆端部亦焊有端板和加劲肋,便于竖向或水平千斤顶施加荷载。试件的细节与具体尺寸详见附录。

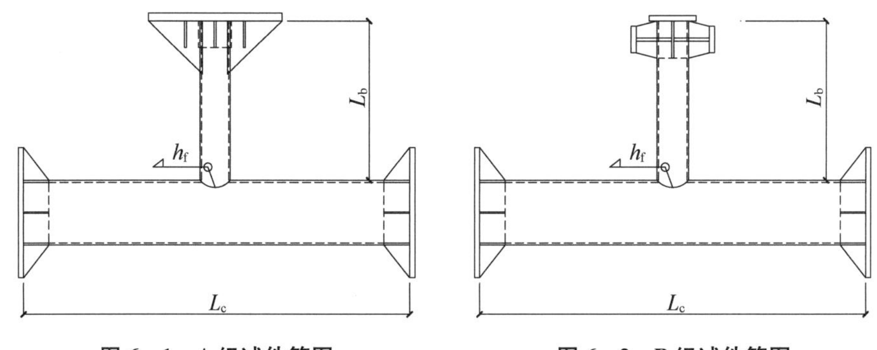

图 6-1 A组试件简图　　　　图 6-2 B组试件简图

节点试件编号及对应的几何特征参数见表 6-1。其中 h_f 为角焊缝焊脚尺寸。试件编号中字母 A 表示轴向荷载作用,B 表示弯曲荷载作用。弦、腹杆的截面特性和长度见表 6-2,其中 A、I、W、i 分别表示面积、惯性矩、抗弯模量和回转半径,下标 c 表示弦杆,b 表示腹杆,L_c 表示弦杆长度,L_b 表示腹杆长度,由腹杆端部盖板底面算至弦腹杆相贯面的冠点处,如图 6-1 和图 6-2 所示。

表 6-1 试件几何特征与受力特性

编号	$D\times T$ /mm×mm	$d\times t$ /mm×mm	h_f /mm	β	γ	τ	受力特性
A1	245×8	121×6	12	0.49	15.3	0.75	节点受轴向反复荷载,轴拉力>轴压力
A2	245×8	121×6	12	0.49	15.3	0.75	节点受轴向反复荷载,轴拉力<轴压力
A3	245×12	121×8	12	0.49	10.2	0.75	节点受轴向反复荷载,轴拉力<轴压力
A4	245×8	194×6	8	0.79	15.3	0.75	节点受轴向反复荷载,轴拉力<轴压力
B1	245×8	121×6	12	0.49	15.3	0.75	节点受弯曲反复荷载,腹杆轴压比=0
B2	245×8	121×6	12	0.49	15.3	0.75	节点受弯曲反复荷载,腹杆轴压比=0.2*

续 表

编号	$D\times T$ /mm×mm	$d\times t$ /mm×mm	h_f /mm	β	γ	τ	受力特性
B3	245×12	121×8	12	0.49	10.2	0.75	节点受弯曲反复荷载，腹杆轴压比=0
B4	245×8	194×6	8	0.79	15.3	0.75	节点受弯曲反复荷载，腹杆轴压比=0

* 此时腹杆轴压力相当于按规范公式计算节点轴向承载力的 1/2

表 6-2　弦、腹杆截面特性和长度

编号	A_c /mm²	I_c /mm⁴	W_c /mm³	i_c /mm	A_b /mm²	I_b /mm⁴	W_b /mm³	i_b /mm	L_c /mm	L_b /mm
A1	5 956	4.19×10^7	3.42×10^5	83.8	2 168	3.59×10^6	5.94×10^4	40.7	1 500	600
A2	5 956	4.19×10^7	3.42×10^5	83.8	2 168	3.59×10^6	5.94×10^4	40.7	1 500	600
A3	8 784	5.98×10^7	4.88×10^5	82.5	2 840	4.56×10^6	7.53×10^4	40.1	1 500	600
A4	5 956	4.19×10^7	3.42×10^5	83.8	3 544	1.57×10^7	1.62×10^5	66.5	1 500	1 000
B1	5 956	4.19×10^7	3.42×10^5	83.8	2 168	3.59×10^6	5.94×10^4	40.7	1 500	600
B2	5 956	4.19×10^7	3.42×10^5	83.8	2 168	3.59×10^6	5.94×10^4	40.7	1 500	600
B3	8 784	5.98×10^7	4.88×10^5	82.5	2 840	4.56×10^6	7.53×10^4	40.1	1 500	600
B4	5 956	4.19×10^7	3.42×10^5	83.8	3 544	1.57×10^7	1.62×10^5	66.5	1 500	1 000

6.3.3 加载装置设计

对节点试件施加不同形式的荷载时需采用不同的加载装置。

试验时整个 T 形节点试件平面平行于实验室地槽方向放置，弦杆水平，并保持试件和三角形反力架在同一竖直平面。弦杆两端边界条件近似为刚接，即通过扩展端板高强螺栓与刚性支座连接，刚性支座则通过地脚锚栓与地槽牢固联系。

对于 A 组试件，腹杆仅承受轴向荷载，此时通过 100 t 拉压千斤顶的两端分别与竖向反力梁和试件腹杆顶端相连，对节点腹杆施加反复轴力，如图 6-3 和图 6-4 所示。

对于 B1、B3、B4 试件，水平荷载通过固定在水平反力架上的两个千斤顶作用在试件竖直腹杆顶端的侧部，对节点施加平面内反复弯矩，如图 6-5 和图 6-6 所示。

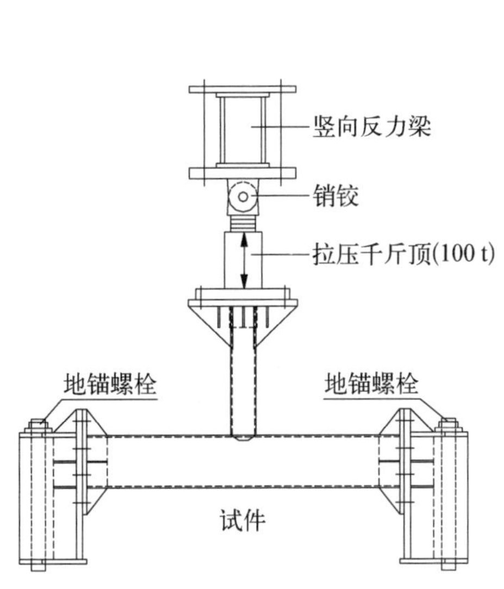

图 6-3　试件 A1—A4 加载装置示意图

图 6-4　试件 A1—A4 加载装置照片

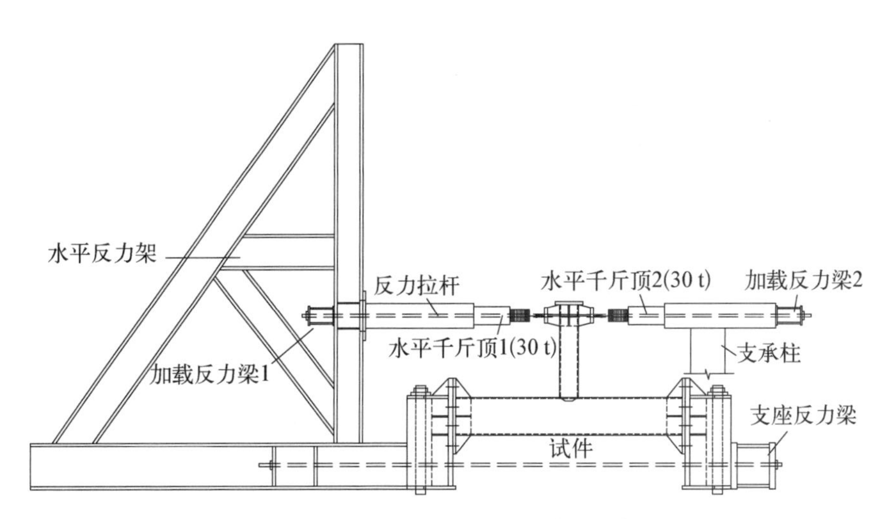

图 6-5　试件 B1、B3、B4 加载装置示意图

对于 B2 试件，轴压力由一与竖向反力架相连的 50 t 竖向放置千斤顶施加，实验过程中由专门的油泵装置控制，以保持轴力恒定。水平往复荷载仍由固定在水平反力架上的两个千斤顶施加，如图 6-7 和图 6-8 所示。

图 6-6　试件 B1、B3、B4 加载装置照片

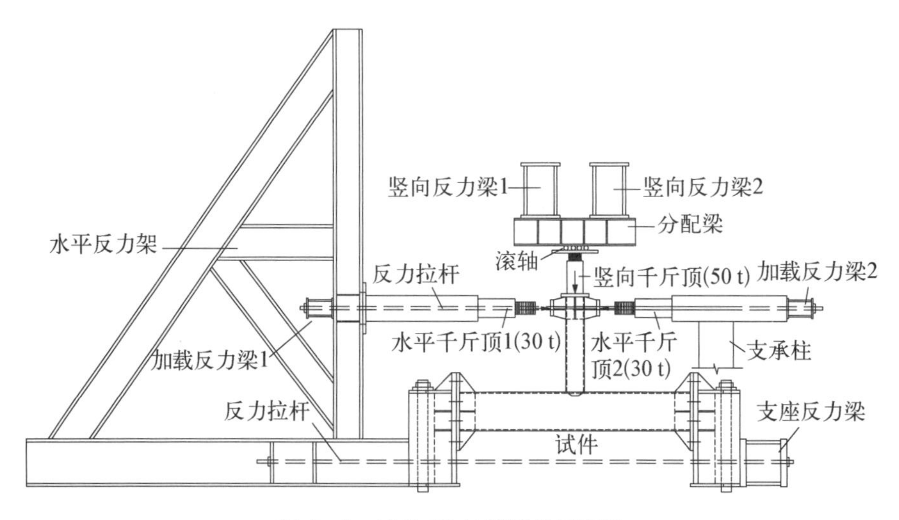

图 6-7　试件 B2 加载装置示意图

6.3.4　加载制度

试验荷载由竖向或水平千斤顶连续施加，加载采用腹杆端部位移指标进行控制。弹性极限前，位移控制分 2 级，每级位移幅值下循环 1 次；进入塑性后位移控制分 3 级，每级位移幅值下循环 3 次，直至节点试件破坏丧失承载能力。由

图 6-8　试件 B2 加载装置照片

于本项研究不进行单调加载试验，因此试验前对各节点试件进行了单调荷载下的有限元预分析，根据预分析结果大致确定了各级循环控制位移的幅值。轴向滞回性能试验的加载制度如图 6-9，弯曲滞回性能试验的加载制度如图 6-10，其中，Δ_v为腹杆加载端的竖向位移，方向以向上（腹杆受拉）为正，向下（腹杆受压）为负；Δ_h为腹杆加载端的水平位移，方向以远离水平反力架为正，靠近水平反力架为负。

6.3.5　测试方案

试验中量测项目包括施加荷载、加载点位移、节点局部变形、腹杆截面应力分布、节点域应变分布等。

轴向滞回性能试验量测方案如图 6-11(a)—(d)所示。位移计 D1、D2 测试腹杆加载端的竖向位移（图 6-12(a)）；D3、D4 测试弦杆轴线中点处管壁的竖向位移，D5—D10 分别测试节点相贯面鞍点和冠点的竖向位移，D15、D16 测试弦杆轴线处管壁的水平向凹凸变形（图 6-12(c)）；D11—D14 分别测试弦杆两端支座的位移与转角（图 6-12(b)）；单向应变片 S1—S4 主要测试腹杆的轴力，用以监控千斤顶的荷载读数；三向应变花 T1—T8 分别贴于弦杆管壁和腹杆根部靠近节点相贯线的周围区域，以测试节点域的应变大小及分布规律（图 6-12(d)）。

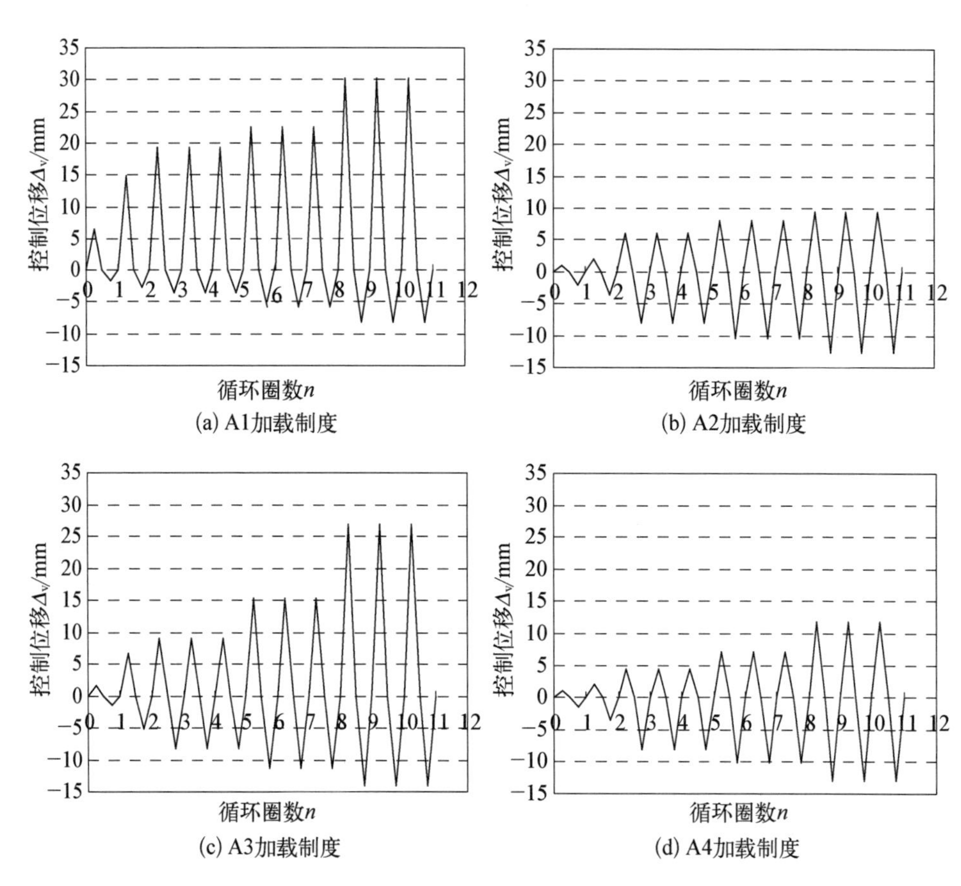

图 6-9　轴向滞回性能试验加载制度

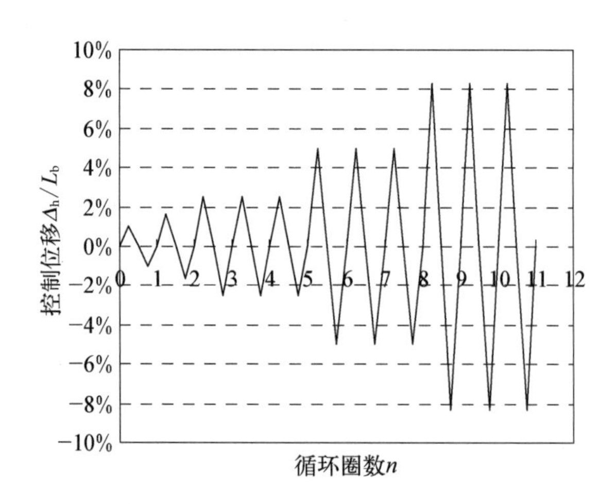

图 6-10　弯曲滞回性能试验加载制度

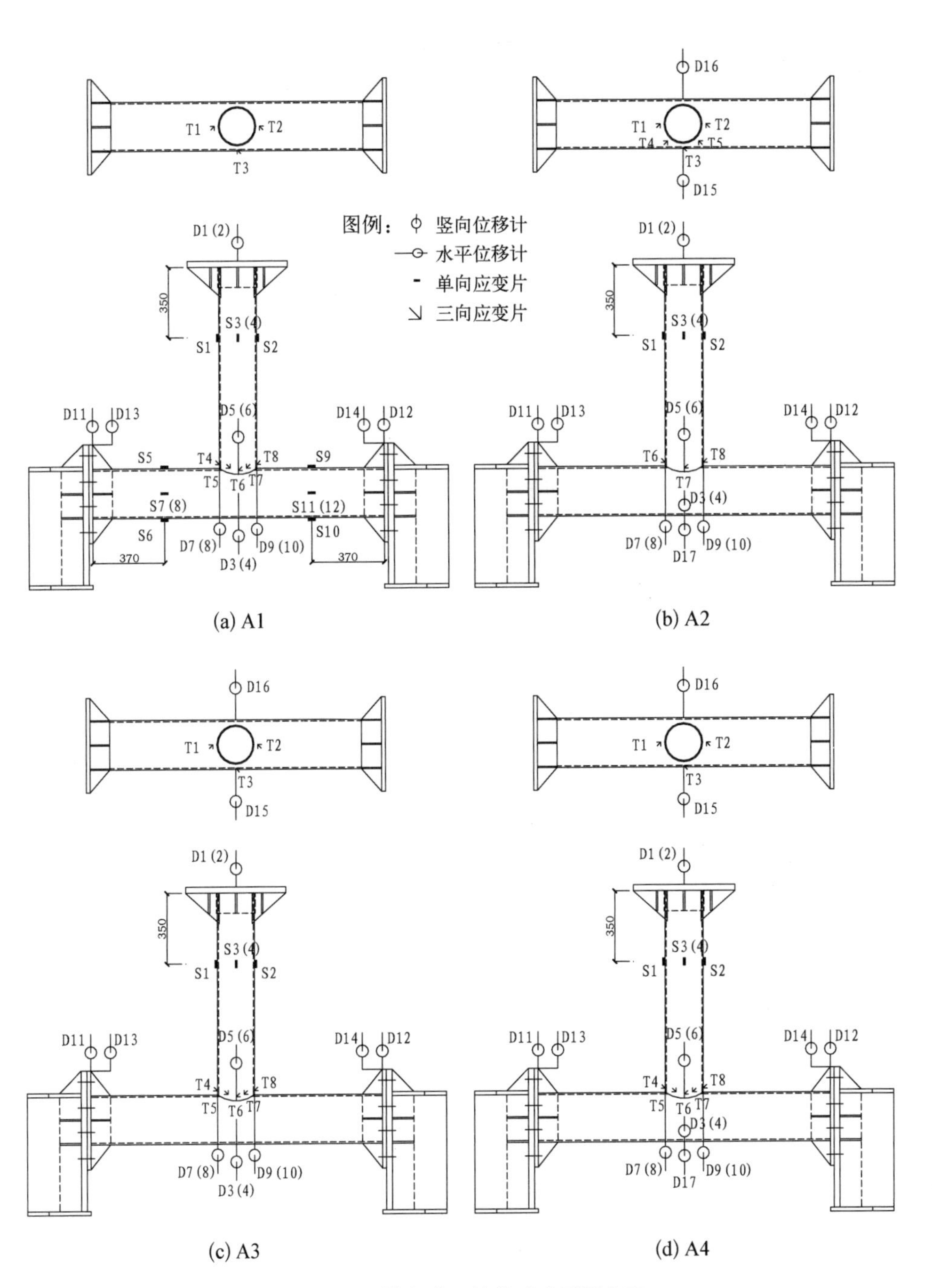

图 6-11　轴向滞回性能试验量测方案

(a) 腹杆加载端竖向位移测试

(b) 弦杆支座位移与转角测试

(c) 节点局部变形测试

(d) 节点域应变分布测试

图 6-12　轴向滞回性能试验量测细节照片

弯曲滞回性能试验量测方案如图 6-13(a)—(d)所示。位移计 D1、D2 测试腹杆加载端的水平位移(图 6-14(a));D3—D6 分别测试冠点对应弦杆轴线处管壁的竖向位移;D7—D10 分别测试节点相贯面两冠点的竖向位移;D15—D18 测试冠点对应弦杆轴线处管壁的水平向凹凸变形(图 6-14(c));D11、D12 测试弦杆两端支座的竖向位移,D13、D14、D19、D20 则分别测试支座的转角(图 6-14(b));单向应变片 S1—S8 主要测试腹杆的轴力、剪力及弯矩,用以监控千斤顶的荷载读数;三向应变花 T1—T8 分别贴于弦杆管壁和腹杆根部靠近节点相贯线的周围区域,以测试节点域的应变大小及分布规律(图 6-14(d))。

试验数据的采集采用同济大学建筑工程系结构试验室的数据同步采集系统。该系统具有同步多通道数据采集功能,能同时跟踪各测点应变随加载值的变化历程。由于本试验为反复加载,数据采集系统每隔 1 s 采集数据一次。在加载过程中实时进行一部分数据的简单分析,与理论数据进行对比,以确定整个试验装置及数据采集装置工作正常与否。所有数据采集完成后即进行分析。加载前对千斤顶进行了标定。

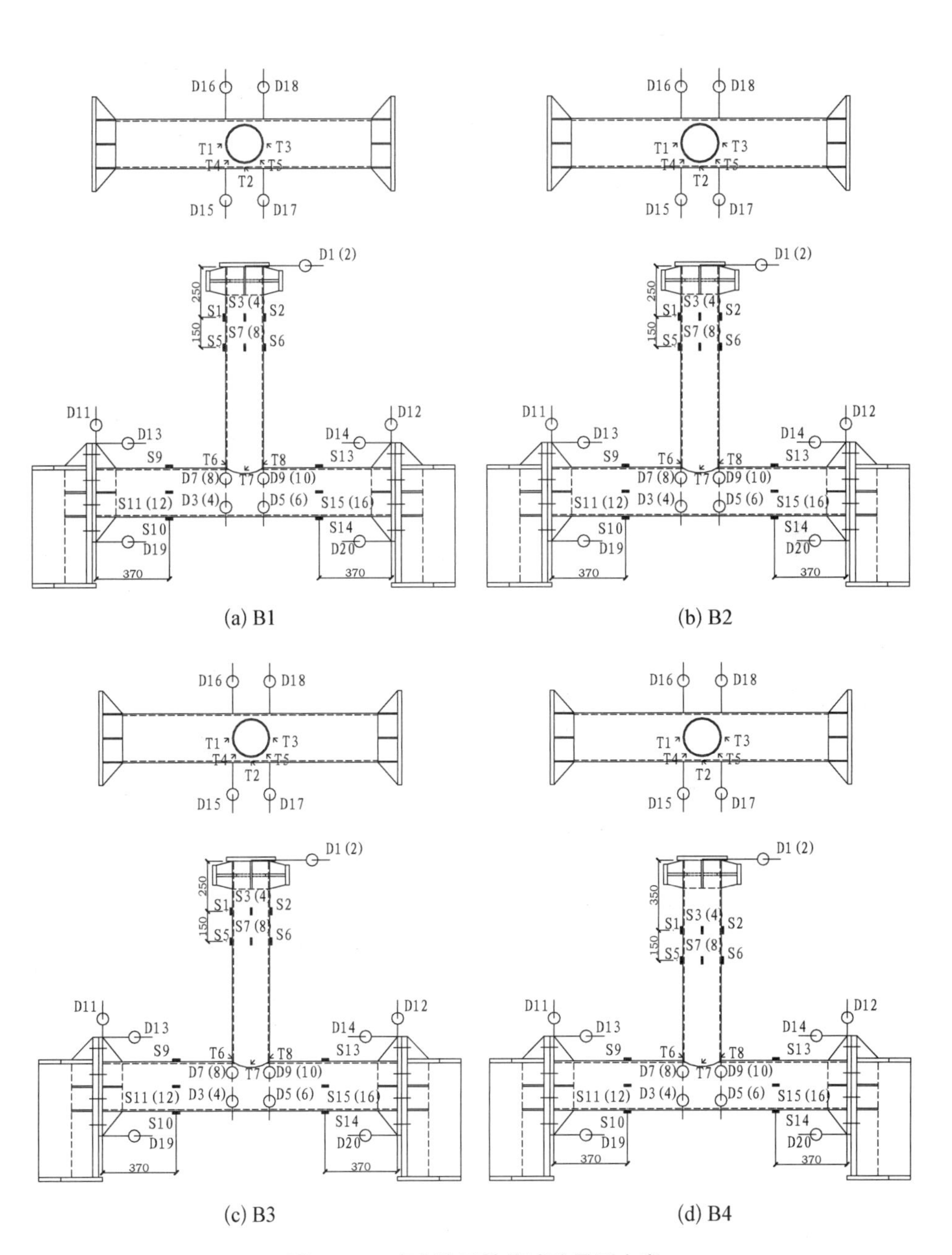

(a) B1　(b) B2

(c) B3　(d) B4

图 6 - 13　弯曲滞回性能试验量测方案

(a) 腹杆加载端水平位移测试

(b) 弦杆支座位移与转角测试

(c) 节点局部变形测试

(d) 节点域应变分布测试

图 6-14　弯曲滞回性能试验量测细节照片

节点局部变形量测方案中需要特别注意的是对弦杆轴线处管壁竖向位移及水平凹凸变形的测试。若采用如图 6-15(a)的测试方法，即在管壁上焊一短杆，将位移计与短杆端部相连测试其变形，将会因为杆长对杆端管壁转角的放大而导致较大的测量误差。若直接在管壁上焊一小螺帽，将位移计与螺帽相连测试

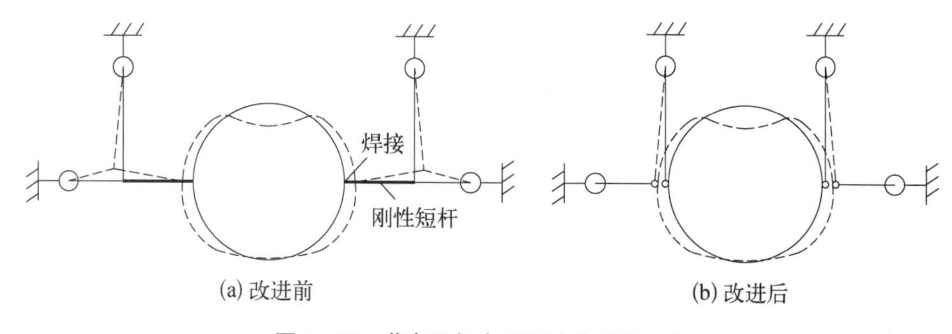

(a) 改进前　　(b) 改进后

图 6-15　节点局部变形测试的改进方案

其变形(图 6-15(b)),则可得到较为精确的结果。这一改进方案的效果在试验中得到了验证。

6.4　轴向滞回性能试验结果与分析

节点滞回性能试验结果通常用荷载-变形的滞回曲线及有关参数来加以分析。从国内外的研究情况来看,节点的抗震性能应从破坏形态、强度、延性和耗能能力几方面进行综合评定和对比,以判断节点是否具有良好的恢复力特性,即是否具有足够的承载能力、一定的变形能力,及较好的耗能能力。

6.4.1　材性试验结果

钢材材性由标准拉伸试验确定,将每类钢管做成每组三个的标准试件,并进行拉伸试验,测试方法依据国家标准《金属材料室温拉伸试验方法》(GB/T228-2002)的有关规定进行,测得屈服强度 f_y、抗拉强度 f_u 和延伸率 δ,见表 6-3。

表 6-3　钢材材性测试结果

钢管规格	f_y /(N·mm^{-2})	f_u /(N·mm^{-2})	f_y/f_u	δ
Φ121×6	345	485	0.71	26%
Φ194×6	344	482	0.71	27%
Φ121×8	392	601	0.65	25%
Φ245×8	398	564	0.71	28%
Φ245×12	356	583	0.61	26%

6.4.2　试验现象和破坏模式

在 A1 试件的加载过程中,当加载至第 2 级受拉控制位移时,弦杆近鞍点处热影响区开裂,此时荷载为 400 kN。当首次加载至第 5 级受拉控制位移时,弦杆近鞍点处热影响区开裂明显,此时荷载为 477 kN。卸载至零后,裂缝未完全闭合。当反向加载至第 5 级受压控制位移时,裂缝闭合,相贯面管壁有微小的凹入变形但不明显,反向卸载至零后,裂缝仍处闭合状态。在第 2 次加载至第 5 级受拉控制位移的过程中，当荷载达到 305 kN 左右时出现“砰”的巨响，相贯面管壁完全断裂，荷载随即迅速跌落，试验结束。试件 A1 的最终破坏状态见图 6-16。

图 6-16　试件 A1 最终破坏状态

在 A2 试件的加载过程中，当首次加载至第 5 级受拉控制位移时，弦杆相贯面冠点处的连接焊缝出现微小裂纹，此时荷载为 326.5 kN。卸载至零后，裂纹基本闭合。当反向加载至第 5 级受压控制位移时，裂缝完全闭合，相贯面管壁有比较明显的凹入变形，反向卸载至零后，裂缝仍处闭合状态。在该级之后 2 个循环中的现象与首次循环相似，但裂缝逐渐扩展至全周。在前 5 级循环加载的基础上又临时增加了第 6 级循环，当达到受拉控制位移时，裂缝进一步开展，当达到受压控制位移时，凹入变形亦更为显著。在第 3 次加载至受拉控制位移时，出现脆性响声，观察到显著裂缝，卸载后反向加载直至相贯面塑性凹入变形巨大，荷载降低，试验结束。试件 A2 的最终破坏状态见图 6-17。

在 A3 试件的加载过程中，当首次加载至第 4 级受拉控制位移时，弦杆相贯

图 6-17　试件 A2 最终破坏状态

面鞍点处出现微小裂缝，此时荷载大约为 480 kN。当首次加载至第 5 级受拉控制位移时，弦杆相贯面鞍点处开裂明显，此时荷载为 586 kN。卸载至零后，可见管壁残余凸起变形；当反向加载至第 5 级受压控制位移时，裂缝完全闭合，相贯面管壁有明显的凹入变形，反向卸载至零后，裂缝仍处闭合状态；此后两个循环中变形模式与首次循环相同，但裂缝逐渐扩展至全周。在第 3 次加载至第 5 级受压控制位移后，连续施加压荷载，直至相贯面出现极为显著的凹入变形且出现荷载降低现象后，试验中止。试件 A3 的最终破坏状态见图 6-18。

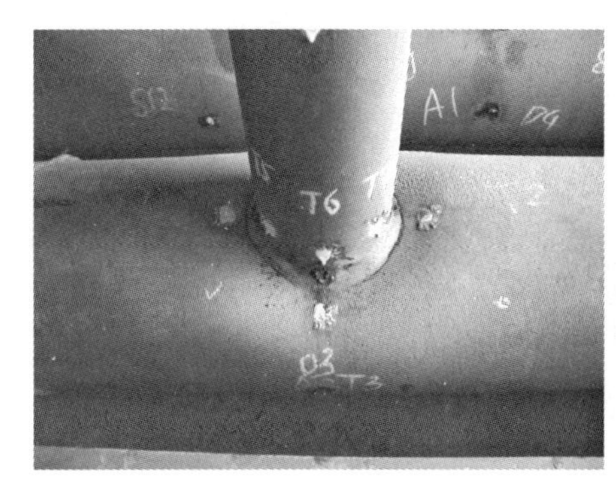

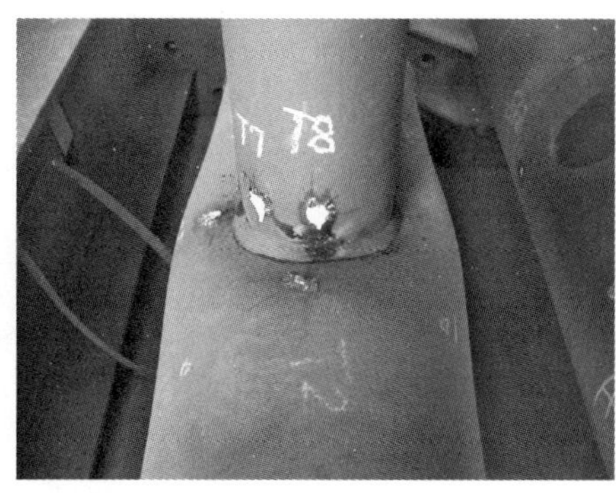

图 6-18　试件 A3 最终破坏状态

在 A4 试件的加载过程中，当第 5 级加载结束时，节点及焊缝均未出现开裂现象，只是存在相贯面的残余凹入变形。在前 5 级循环加载的基础上又临时增加了第 6 级循环，当首次达到受拉控制位移时，相贯面冠点处焊缝开裂，并伴有脆性响声，此时荷载为 438 kN。当达到受压控制位移时，凹入变形显著。在第 2 次加载至受拉控制位移时，裂缝进一步开展，卸载后反向加载直至相贯面塑性凹入变形巨大，荷载降低，试验结束。试件 A4 的最终破坏状态见图 6-19。

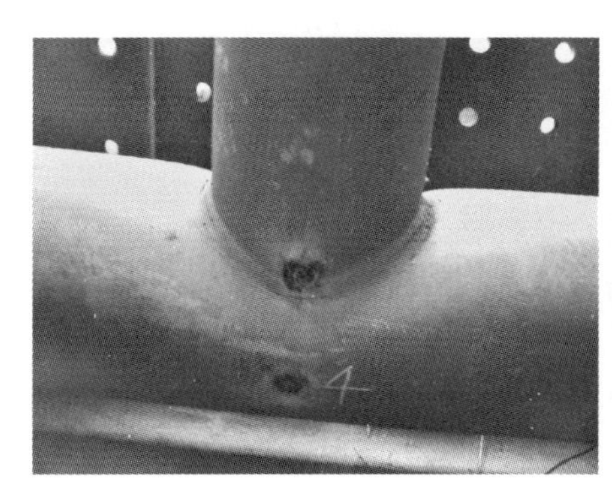

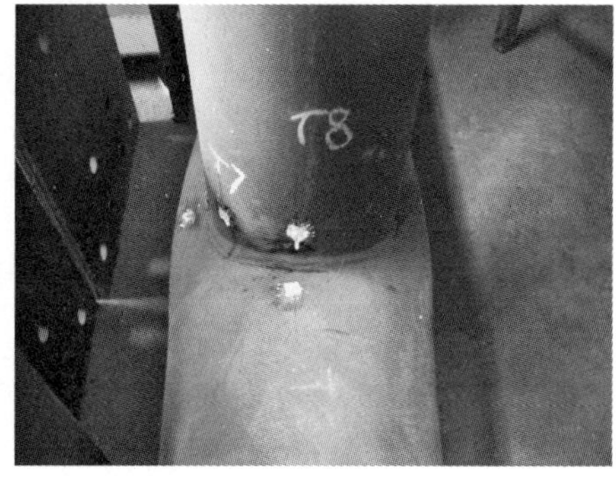

图 6-19　试件 A4 最终破坏状态

各节点试件在轴向荷载作用下的破坏模式汇总于表 6-4。试验中出现的破坏模式表现为两种类型：一种为腹杆拉力荷载作用下的弦杆焊趾处或热影响区的开裂；另一种为腹杆压力荷载作用下的弦杆塑性软化。值得注意的是，焊趾或焊接热影响区开裂时的荷载均低于按规范公式计算的节点焊缝轴向承载力。

表 6-4　节点试件轴力破坏情况汇总

试件编号	失效模式
A1	弦杆塑性软化伴节点焊接热影响区断裂
A2	弦杆塑性软化伴焊趾开裂
A3	弦杆塑性软化伴焊趾开裂
A4	弦杆塑性软化伴焊趾开裂

6.4.3　节点荷载-位移滞回曲线

1. 轴力-竖向相对凹凸变形曲线

循环往复荷载作用下节点试件的试验表明，试件的破坏过程和模式决定了节点的延性和耗能能力。而节点轴力-竖向相对凹凸变形曲线综合反映了整个节点的抗震性能，滞回曲线的形状越饱满，表明其延性和耗能能力越好。

各试件的节点轴力-竖向相对凹凸变形曲线如图 6-20 所示。图中横坐标 δ 为相贯面的竖向相对凹凸变形，通过各位移计测值按式(6-1)计算得到，方向为凸正凹负。

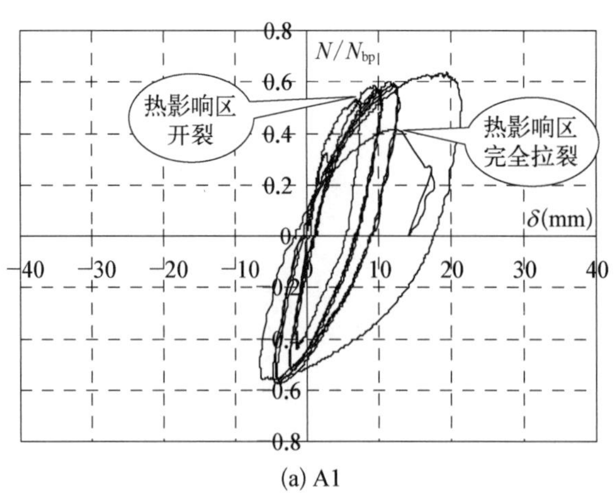

(a) A1

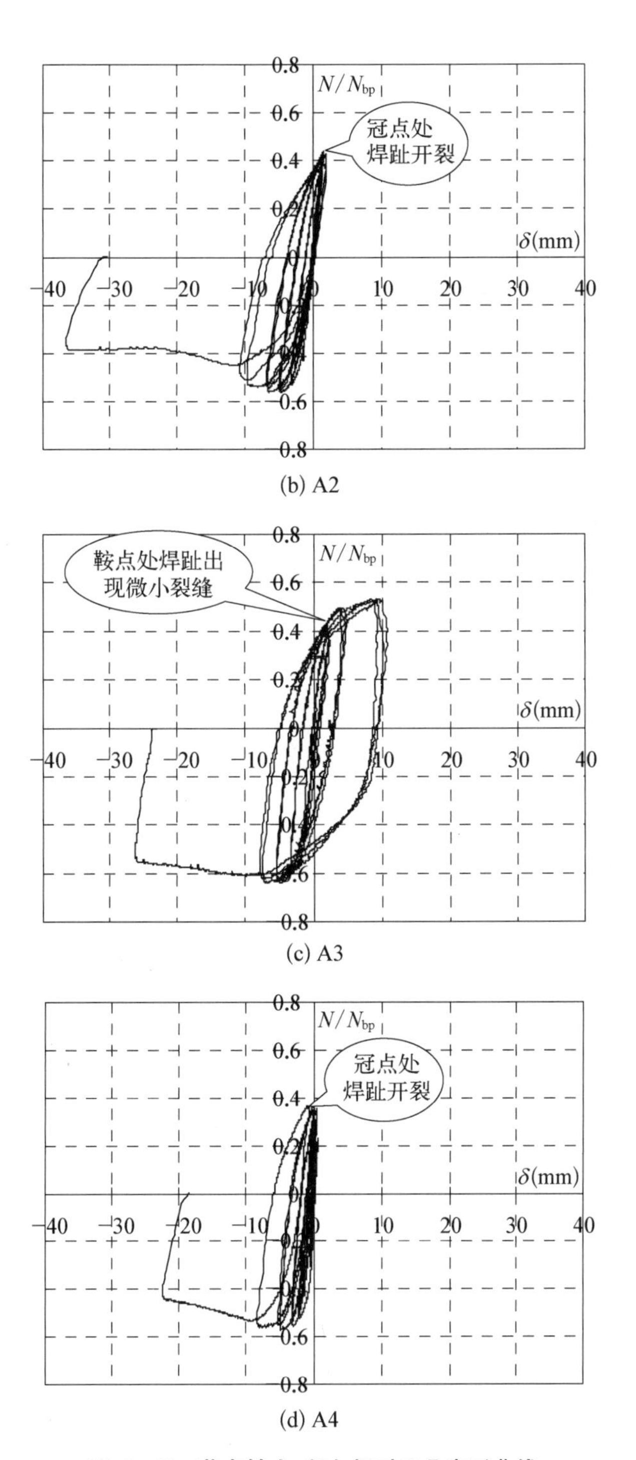

(b) A2

(c) A3

(d) A4

图 6-20　节点轴力-竖向相对凹凸变形曲线

$$\delta = \left(D5 + D6 + \frac{D7 + D8}{2} + \frac{D9 + D10}{2}\right)/4 - (D3 + D4)/2 \quad (6-1)$$

纵坐标为千斤顶施加在腹杆端部的荷载 N 与腹杆屈服轴力绝对值 N_{bp}（按式(6-11)计算）之比即腹杆轴压比，方向为拉正压负。此外，图中还标明了焊缝开裂点在滞回曲线上的位置。

可以看出，滞回曲线表现出良好的稳定性，随荷载（位移）的增大，其滞回环呈现越来越饱满的梭形，没有捏拢现象。

从试件 A1 和 A3 的滞回曲线中可以发现，当焊接热影响区或焊趾出现微小裂缝后，节点仍能继续承载且承载力还能继续提高，但刚度已出现一定的降低。随此后荷载级数和循环圈数的增加，节点刚度继续退化直至焊缝完全断裂。从试件 A2 和 A4 的滞回曲线中可以看出，由于轴拉力较小，受拉部分曲线基本呈线性；节点受压产生的弦杆管壁局部凹陷变形很大，已出现较显著的强度退化和刚度退化，曲线的下降段明显。

2. 轴力-弦杆轴线中点处管壁水平凹凸变形曲线

由于弦杆管壁在腹杆轴力作用下会出现椭圆化现象，弦杆轴线中点处管壁将发生水平凹凸变形。图 6-21 绘出了各试件的轴力-弦杆轴线中点处管壁水平凹凸变形曲线。图中横坐标 ω 为水平凹凸变形，通过位移计测值按式(6-2)计算得到，方向为凹正凸负。

$$\omega = D15 + D16 \quad (6-2)$$

纵坐标定义及方向与图 6-20 相同。

从与轴力-竖向相对凹凸变形曲线的对比中可以看出，A2、A4 试件的管壁水平凹凸变形大于竖向凹凸变形，A3 试件的管壁水平凹凸变形小于竖向凹凸变形。

3. 轴力-竖向相对凹凸变形的骨架曲线

根据图 6-20 的滞回曲线绘制了节点轴力-竖向相对凹凸变形的骨架曲线，如图 6-22 所示。横坐标定义及方向与图 6-20 相同，纵坐标 N 为腹杆端部荷载，方向为拉正压负。为确定节点的屈服位置，在图中作出斜率为 $0.779K_N$（节点初始刚度）的直线，如虚线所示。根据 Kurobane 准则[7]，虚线与骨架曲线的交点所对应的荷载和变形即为相贯节点的屈服承载力 N_y 和屈服变形 δ_y，分别列于表 6-5 和表 6-8。

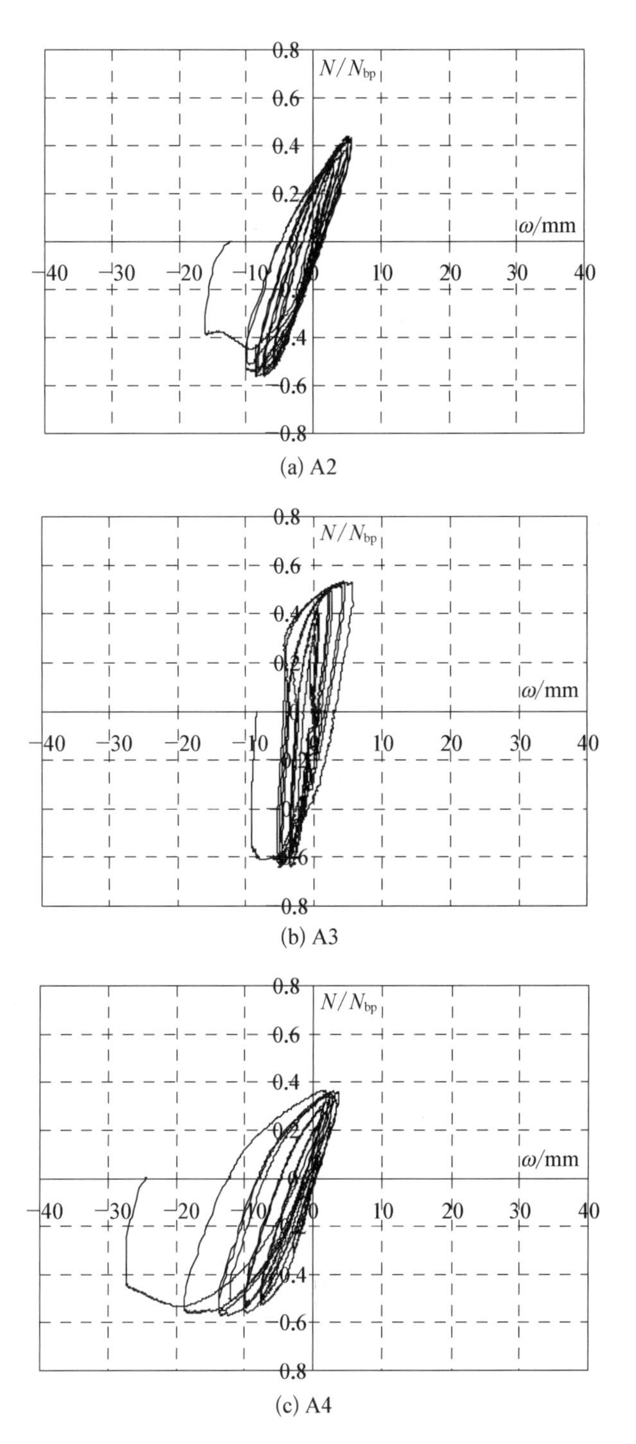

(a) A2

(b) A3

(c) A4

图 6-21　节点轴力-弦杆轴线中点处管壁水平凹凸变形曲线

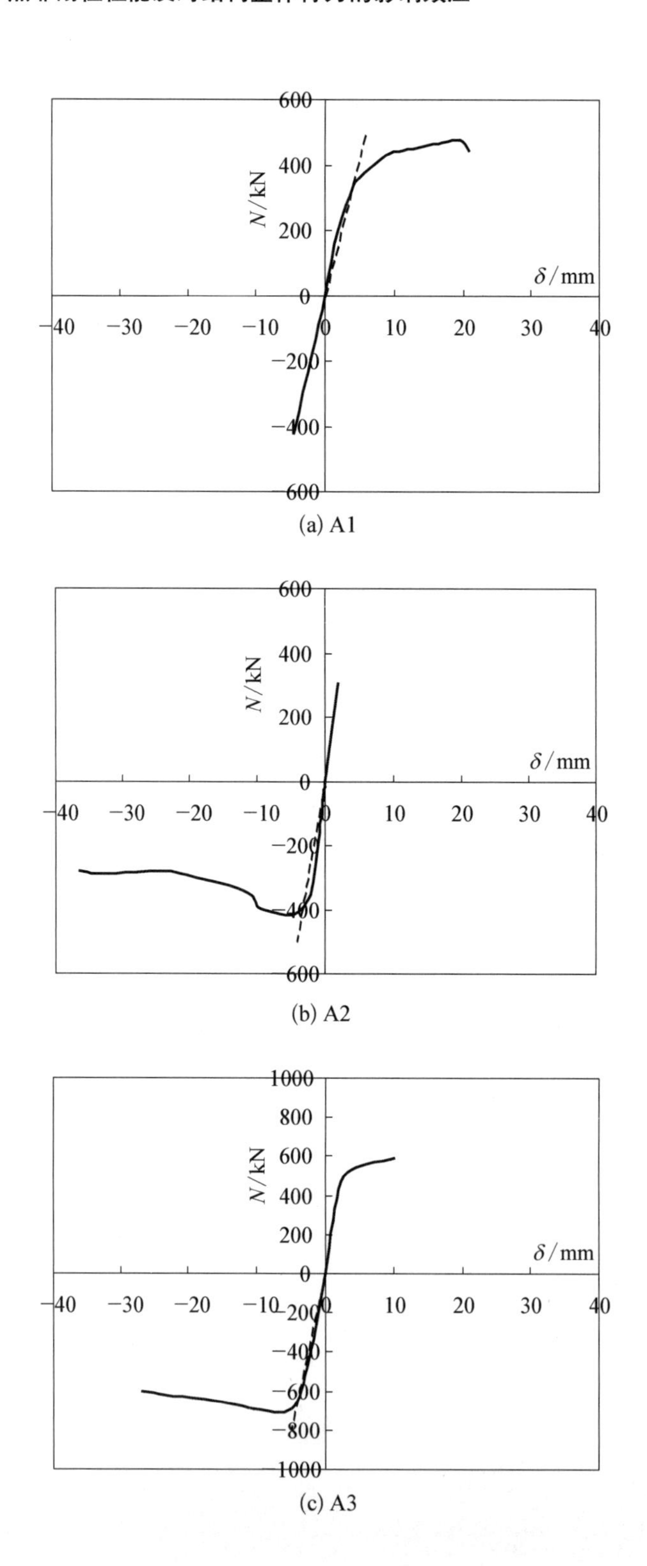
600
400
200
0
−200
−400
600
N/kN
δ/mm
−40
−30
−20
−10
0
10
20
30
40
(a) A1

600
400
200
0
−200
−400
600
N/kN
δ/mm
−40
−30
−20
−10
0
10
20
30
40
(b) A2

1000
800
600
400
200
0
−200
−400
−600
−800
1000
N/kN
δ/mm
−40
−30
−20
−10
0
10
20
30
40
(c) A3

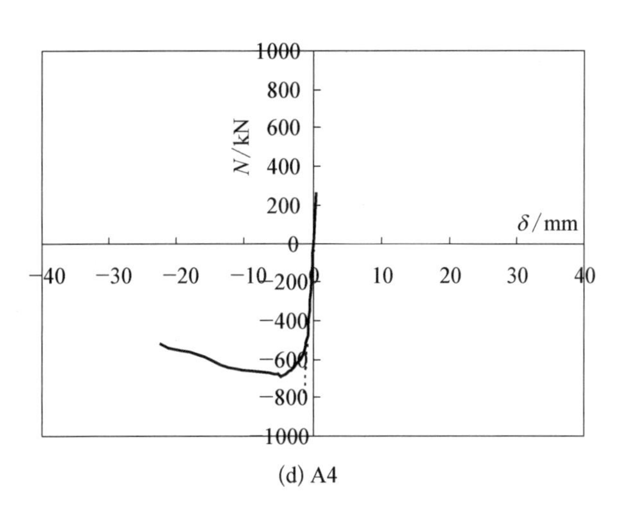

(d) A4

图 6－22　骨架曲线

6.4.4　节点应变分布规律

通过应变测点的数据分析，可以了解腹杆根部截面以及相贯面周围弦杆管壁的应变强度变化与分布规律，从而研究相贯节点在反复轴向荷载作用下的破坏机理。

应变强度的表达式[145]为

$$\varepsilon_i = \frac{\sqrt{2}}{3}\sqrt{(\varepsilon_1 - \varepsilon_2)^2 + (\varepsilon_2 - \varepsilon_3)^2 + (\varepsilon_3 - \varepsilon_1)^2} \qquad (6-3)$$

式中，ε_1、ε_2、ε_3为三向主应变。若体积不变（即泊松比 $\nu = 1/2$），则在单向拉伸时 $\varepsilon_1 \neq 0$，$\varepsilon_2 = \varepsilon_3 = -1/2\varepsilon_1$，代入式（6－3），得 $\varepsilon_i = \varepsilon_1$。

图 6－24—图 6－27 给出了各节点试件相贯线周边测点的应变强度分布及随荷载级数的变化。横坐标 α 为测点在腹杆截面上的投影与水平线之间的夹角（图 6－23），纵坐标 ε_i 为应变强度。

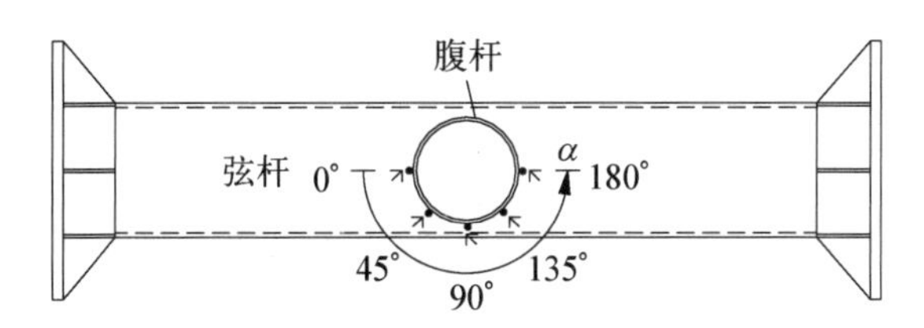

图 6－23　弦杆和腹杆三向片分布位置示意图

A1 试件弦杆的屈服应变为 1 932 με，腹杆的屈服应变为 1 675 με。如图 6－24(a)所示，弦杆管壁冠点处测点在第 1 级正向加载中即进入塑性，测点 T2 首次进入塑性时对应的轴力值为 211 kN；除第 1 级加载中鞍点应变强度小于冠点外，其余各级鞍点均大于冠点；第 5 级荷载对应的鞍点应变强度小于第 4 级荷载；测点在受拉(正向加载)时应变强度高于相应的受压(负向加载)时应变强度。

如图 6－24(b)所示，腹杆根部测点在加载全程均未进入塑性；鞍点的应变强度大于冠点。

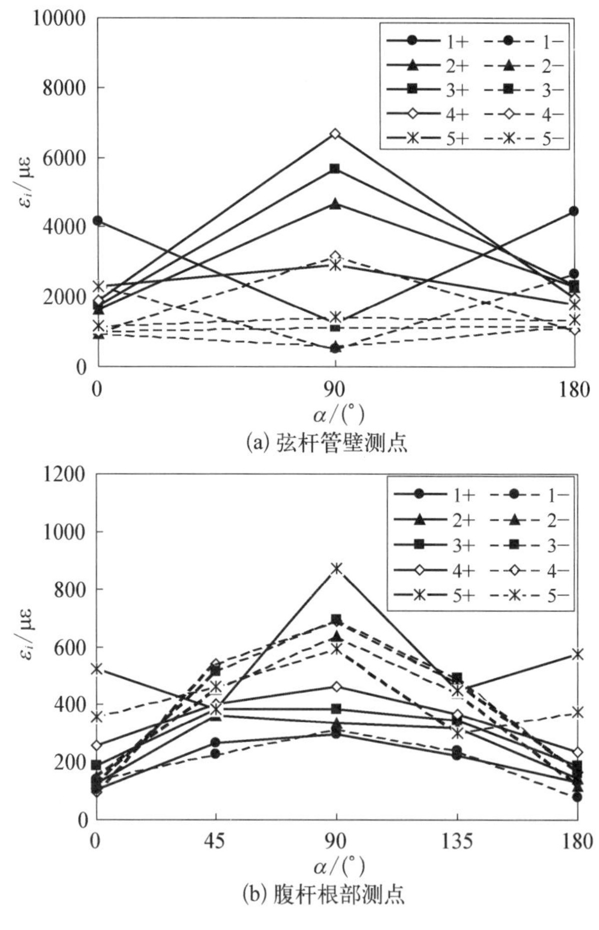

(a) 弦杆管壁测点

(b) 腹杆根部测点

图 6－24　A1 试件测点的应变分布

A2 试件弦杆的屈服应变为 1 932 με，腹杆的屈服应变为 1 675 με。如图 6－25(a)所示，弦杆管壁冠点处测点在第 3 级正向加载中开始进入塑性，测点 T1 首次进入塑性时对应的轴力值为 213.5 kN；在受拉(正向加载)的各级中，鞍

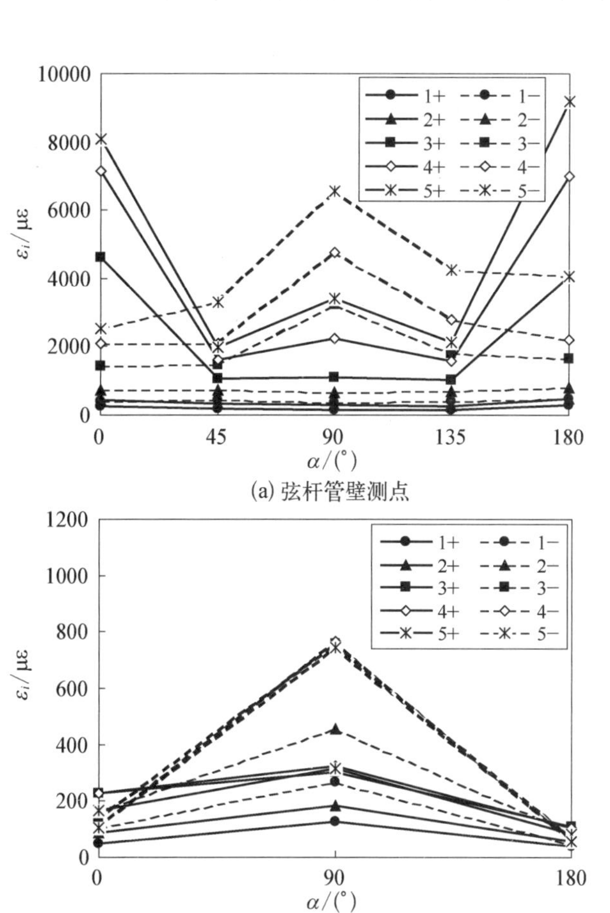

(a) 弦杆管壁测点

(b) 腹杆根部测点

图 6-25 A2 试件测点的应变分布

点应变强度小于冠点，而在受压(负向加载)的各级中，鞍点大于冠点；第 5 级荷载对应的鞍点应变强度小于第 4 级荷载。

如图 6-25(b)所示，腹杆根部测点在加载全程均未进入塑性；鞍点的应变强度大于冠点。

A3 试件弦杆的屈服应变为 1 728 $\mu\varepsilon$，腹杆的屈服应变为 1 903 $\mu\varepsilon$。如图 6-26(a)所示，弦杆管壁冠点处测点在第 3 级正向加载中开始进入塑性，测点 T2 首次进入塑性时对应的轴力值为 287.4 kN；鞍点应变强度总体上大于冠点。

如图 6-26(b)所示，腹杆根部测点在正向加载各级均未进入塑性，但在第 3 级负向加载时 T6 测点进入塑性，对应的轴力值为−642.4 kN；鞍点的应变强度大于冠点。

A4 试件弦杆的屈服应变为 1 932 $\mu\varepsilon$，腹杆的屈服应变为 1 670 $\mu\varepsilon$。如图 6-27(a)所示，弦杆管壁冠点处测点在第 3 级负向加载中开始进入塑性，测点

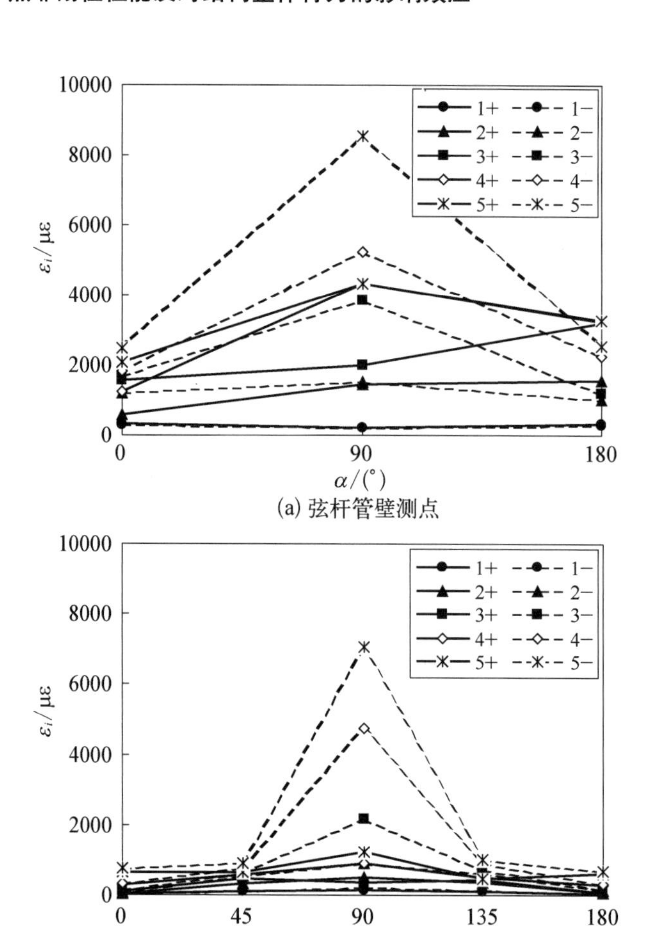

(a) 弦杆管壁测点

(b) 腹杆根部测点

图 6-26　A3 试件测点的应变分布

T1 首次进入塑性时对应的轴力值为−624.6 kN;除第 5 级负向加载时鞍点应变强度大于冠点外,其余各级鞍点强度均小于冠点。

如图 6-27(b)所示,腹杆根部测点在加载全程均未进入塑性;鞍点的应变强度大于冠点。

从各试件的应变分布可概括出以下规律:① 除 A3 试件外,腹杆测点均未进入塑性,且鞍点应变强度大于冠点;② 不同试件的节点域应变分布不同,且同一试件在不同加载阶段的应变分布规律也不同。

6.4.5　节点承载力分析

钢管相贯节点的失效模式主要有:① 与腹杆相连的弦杆管壁因塑性变形过

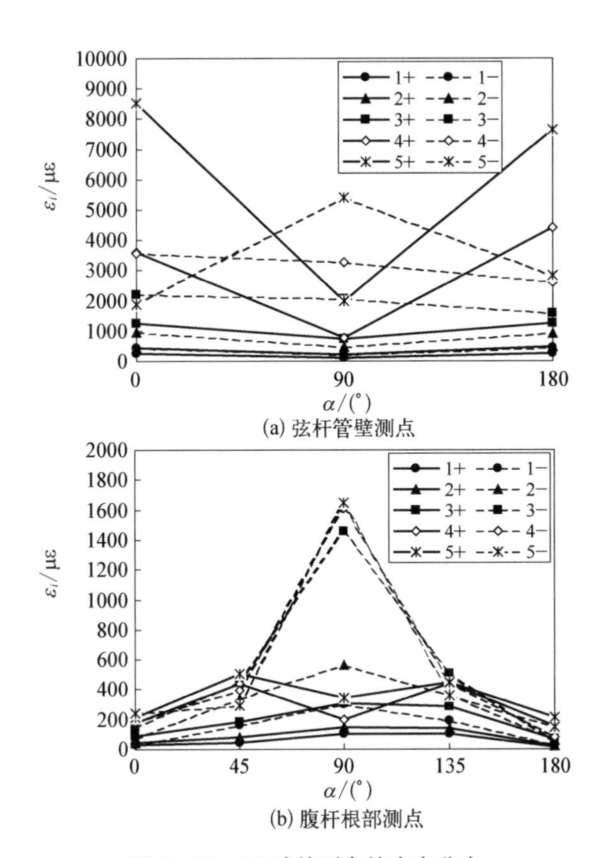

(a) 弦杆管壁测点

(b) 腹杆根部测点

图 6－27　A4 试件测点的应变分布

大而软化失效；② 与腹杆相连的弦杆管壁因冲剪而失效；③ 弦杆与腹杆的连接焊缝破坏；④ 弦杆管壁局部屈曲失效；⑤ 受压腹杆在节点处的局部屈曲失效；⑥ 有间隙的 K 形或 N 形节点中弦杆在间隙处的剪切破坏。其中以模式①、②和③的破坏最为普遍。

因此，为对相贯节点进行承载力评价本书计算了以下四部分内容：① 失效模式(对应的节点承载力)；② 失效模式(对应的节点承载力)；③ 节点连接焊缝的承载力；④ 腹杆杆件的承载力。下面列出各部分内容的详细计算方法。

(1) 弦杆塑性软化模式对应的节点轴向极限承载力

根据《钢结构设计规范(GB50017－2003)》[100]，T 形圆管相贯节点的轴压承载力按式(6－4)计算。

$$N_{uc}^{pj}=\frac{11.51}{\sin\theta}\left(\frac{D}{T}\right)^{0.2}\phi_n\phi_d T^2 f_y \tag{6-4}$$

轴拉承载力按式(6－5)和式(6－6)计算：

当 $\beta \leqslant 0.6$ 时

$$N_{ut}^{pj} = 1.4 N_{uc}^{pj} \tag{6-5}$$

当 $\beta > 0.6$ 时

$$N_{ut}^{pj} = (2-\beta) N_{uc}^{pj} \tag{6-6}$$

式中，ϕ_{n}——$\phi_{\mathrm{n}} = 1 - 0.3\dfrac{\sigma}{f_{\mathrm{y}}} - 0.3\left(\dfrac{\sigma}{f_{\mathrm{y}}}\right)^2$，当节点两侧或一侧弦杆受拉时，则取 $\phi_{\mathrm{n}} = 1$；

σ——节点两侧弦杆轴心压应力的较小绝对值；

ϕ_{d}——当 $\beta \leqslant 0.7$ 时，$\phi_{\mathrm{d}} = 0.069 + 0.93\beta$；当 $\beta > 0.7$ 时，$\phi_{\mathrm{d}} = 2\beta - 0.68$。

(2) 冲剪模式对应的节点轴向极限承载力

根据欧洲规范(Eurocode 3)[80]，T 形圆管相贯节点发生冲剪失效的极限承载力为

$$N_u^{sj} = \frac{\pi d}{\sqrt{3}} T f_y \tag{6-7}$$

(3) 节点连接焊缝轴向承载力

《钢结构设计规范(GB50017－2003)》规定，将腹杆与弦杆的连接焊缝视为全周角焊缝，角焊缝的计算厚度沿腹杆周长是变化的，当腹杆轴心受力时，平均计算厚度可取 $0.7h_{\mathrm{f}}$。焊缝的计算长度按下列公式计算：

当 $d/D \leqslant 0.65$ 时

$$l_w = (3.25d - 0.025D)\left(\frac{0.534}{\sin\theta} + 0.466\right) \tag{6-8}$$

当 $d/D > 0.65$ 时

$$l_w = (3.81d - 0.389D)\left(\frac{0.534}{\sin\theta} + 0.466\right) \tag{6-9}$$

节点连接焊缝的轴向承载力为

$$N_{uw}^{j} = 0.7 h_f l_w f_y^w \tag{6-10}$$

式中，焊缝材性取值与钢材材性相同，因此 f_y^w 取 345 MPa。

(4) 腹杆杆件轴向承载力

腹杆近节点根部截面的全截面屈服轴力为

$$N_{bp} = A_b \cdot f_y \tag{6-11}$$

根据上述公式计算得到的各试件承载力与试验实测承载力 N_u一并列于表6－5。规范中的强度设计值均已置换为钢材屈服值。表中 N_y为根据 Kurobane 准则[7]确定的节点轴向屈服承载力。

表6－5　节点轴向承载力计算　kN

试件编号	N_y	N_u	N_{uc}^{pj}	N_{ut}^{pj}	N_u^{sj}	N_{uw}^j	N_{bp}
A1	330	477	−305	427	699	1 120.8	745
A2	−396	−418	−305	427	−699	−1 120.8	−745
A3	−670	−707	−566	792	−938	−1 120.8	−1 105
A4	−520	−693	−523	633	−1 120	−1 243.2	−1 216

表6－6中分别对各试件进行了承载力比较。N_u/N_y可定义为节点承载力储备,代表节点开始屈服后承载能力继续增加的能力。A1 和 A4 试件的承载力储备较大,而 A2 和 A3 试件较小。试验实测的节点承载力均高于对应弦杆塑性软化破坏模式的承载力公式计算值,均小于对应冲剪破坏模式的承载力公式计算值。因此可以认为弦杆塑性软化破坏模式起控制作用。此外,所有试件的节点承载效率均小于1。

表6－6　节点轴向承载力比较

试件编号	N_u/N_y	N_u/N_u^{pj}	N_u/N_u^{sj}	N_u/N_{uw}^j	N_u/N_{bp}
A1	1.45	1.12	0.68	0.43	0.64
A2	1.06	1.37	0.60	0.37	0.56
A3	1.06	1.25	0.75	0.63	0.64
A4	1.33	1.33	0.62	0.56	0.57

6.4.6　节点刚度分析

作者曾在本书第3章和文献[144]中通过有限元计算与多元回归分析提出了圆钢管相贯节点轴向刚度的参数公式如下:

$$K_N^j = 0.105ED(\sin\theta)^{-2.36}\gamma^{-1.90}\tau^{-0.12}e^{2.44\beta} \tag{6-12}$$

表 6-7 对各试件实测轴向刚度与参数公式计算值进行了比较，K_N^+ 表示实测轴向抗拉刚度，K_N^- 表示实测轴向抗压刚度。从表中对比可以看出，节点抗拉刚度略高于抗压刚度，各试件刚度实测值与计算值吻合良好。

表 6-7　节点轴向刚度计算与比较

试件编号	K_N^+ /(kN·mm^{-1})	K_N^- /(kN·mm^{-1})	K_N^j /(kN·mm^{-1})	K_N^+/K_N^j	K_N^-/K_N^j
A1	109.25	95.29	101.75	1.07	0.94
A2	143.81	115.61	101.75	1.41	1.14
A3	226.29	208.86	219.85	1.03	0.95
A4	258.62	250.43	211.57	1.22	1.18

6.4.7　节点延性分析

表 6-8 列出了各试件的极限凹凸变形 δ_u 与屈服凹凸变形 δ_y，上标+表示受拉，−表示受压。其中，δ_u 是衡量节点延性优劣的指标之一，目前有多种定义方法，本书中将其定义为节点达极限承载力时对应的变形。δ_y 则根据 Kurobane 准则确定。

表 6-8　节点在轴向荷载作用下的延性系数

试件编号	δ_y^+	δ_u^+	δ_y^-	δ_u^-	δ_u^+/δ_y^+	δ_u^-/δ_y^-
A1	3.80	19.46	—	—	5.1	—
A2	—	—	−3.32	−4.40	—	1.4
A3	—	—	−4.20	−7.42	—	1.8
A4	—	—	−1.00	−4.66	—	4.7

评价节点延性的另一重要指标是节点延性系数。本书中节点延性系数 μ 定义为 δ_u 与 δ_y 的比值，该指标是节点抵抗地震作用能力的有效度量，延性系数越大，节点进入塑性后承受大变形的潜力越大，节点延性越好。

从表中延性系数比较可以看出，A1 和 A4 试件的延性好于 A2 和 A3，几何特征参数对延性有一定影响。

6.4.8　节点耗能分析

根据能量消耗原理，地震荷载作用下，地震能量由两部分承担：

$$E_I = E_D + E_H \tag{6-13}$$

其中，E_I为全部地震荷载对结构的输入能量；E_D为结构阻尼耗能，包括如弹性支座等耗能装置所吸收的地震能量等；E_H为结构非弹性变形所吸收的地震能量。节点滞回曲线包络图所包容的面积即为E_H的度量。

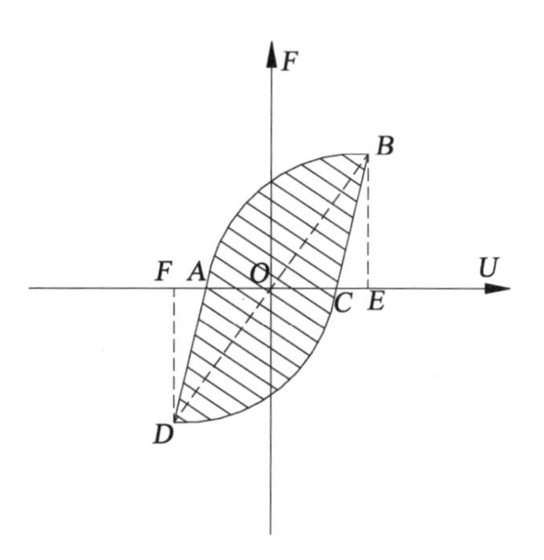

图 6 - 28　滞回曲线包络图与能量耗散系数计算

衡量节点试件耗能能力的指标除了滞回曲线包络图面积以外，能量耗散系数也是常用的指标之一，按照《建筑抗震试验方法规程(JGJ101 - 96)》[146]的规定，试件的能量耗散系数 E 应按式(6 - 14)计算。

$$E = \frac{S_{(ABC+CDA)}}{S_{(OBE+ODF)}} \tag{6-14}$$

其中，S 为曲线所包围的面积。

根据图 6 - 20 的滞回曲线绘制了节点轴力-竖向相对凹凸变形的包络图，如图 6 - 29 所示。坐标定义及方向均与图 6 - 22 相同。

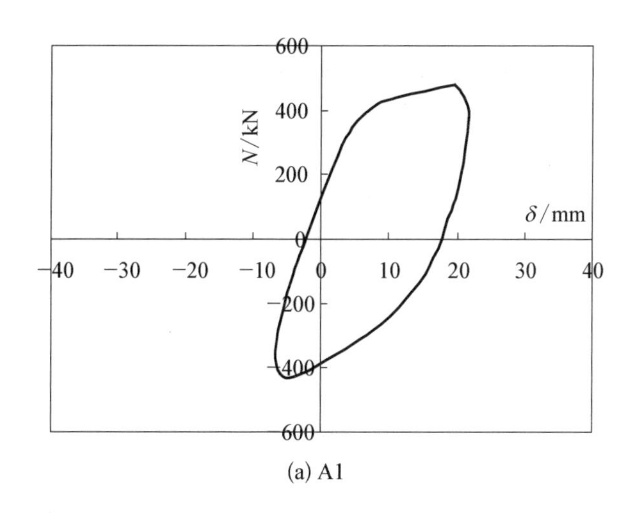

(a) A1

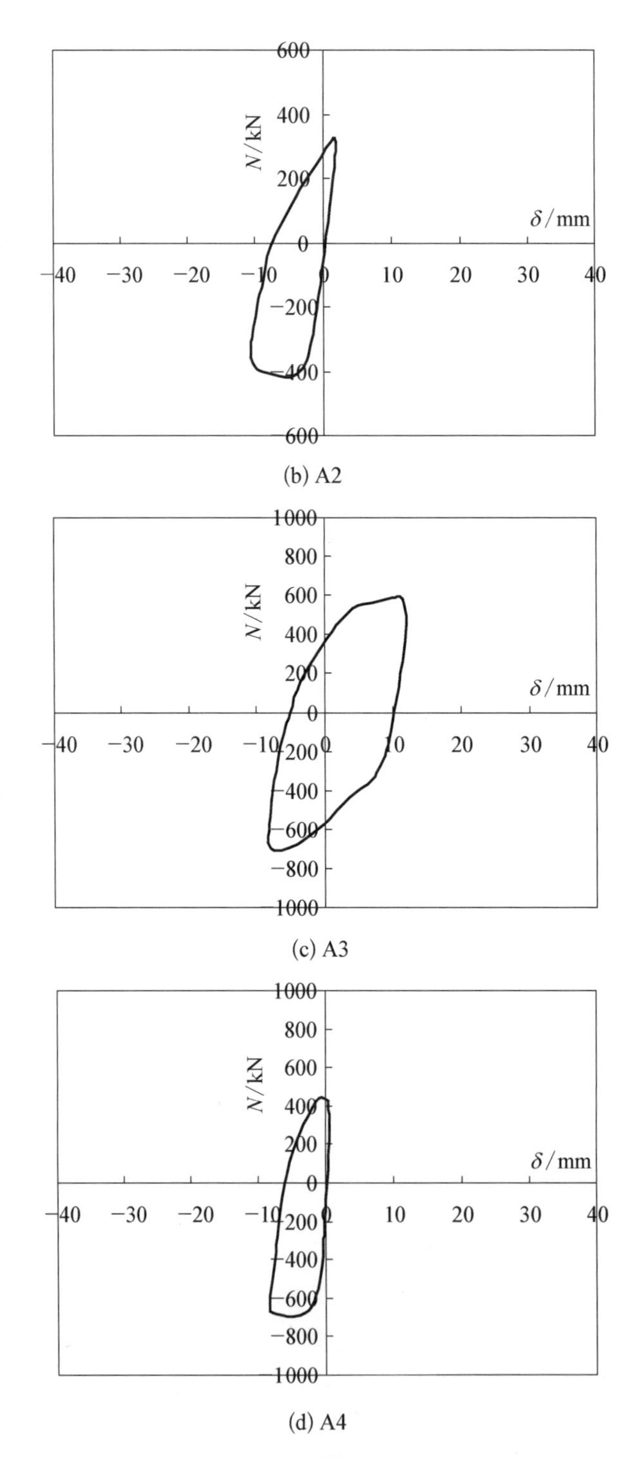

(b) A2

(c) A3

(d) A4

图 6-29　节点试件滞回曲线包络图

按照公式(6－14)的定义，将各试件的滞回曲线包络图面积和能量耗散系数计算后列于表 6－9。

表 6－9　节点轴向滞回曲线包络图面积和能量耗散系数

试件编号	$S_{(ABC+CDA)}$ (kN－mm)	$S_{(OBE+ODF)}$ (kN－mm)	E
A1	14 386.677	5 435.326	2.65
A2	4 834.899	1 219.508	3.96
A3	15 531.407	5 553.187	2.80
A4	6 473.284	1 497.779	4.32

衡量节点耗能能力的又一重要指标为累积能量耗散比，定义为

$$\eta_a = \sum_{i=1}^{n} \frac{S_i^+ + S_i^-}{S_y}$$

式中，n 为循环次数；i 为循环序数；S_i^+ 为第 i 循环正向荷载位移曲线的面积；S_i^- 为第 i 循环负向荷载位移曲线的面积；$S_y = (1/2)P_y\Delta_y$，P_y 为屈服荷载，Δ_y 为屈服位移。表 6－10 列出了各试件轴向滞回曲线的累积能量耗散比。总体看来各试件具有良好的耗能能力。

表 6－10　节点轴向滞回曲线累积能量耗散比

试件编号	$\sum(S_i^+ + S_i^-)$ (kN－mm)	S_y (kN－mm)	η_a
A1	49 317.37	627	78.7
A2	29 060.27	657	44.2
A3	74 611.91	1 407	53.0
A4	26 616.00	260	102.4

6.4.9　小结

本节从相贯节点轴向滞回性能试验现象出发，分别从节点承载力、刚度、延性和能量耗散等角度对轴力-相对变形滞回曲线进行了综合分析和对比，并通过分析节点域应变强度分布规律探求了节点在反复轴向荷载下的破坏机理。通过研究发现以下几点：

(1) 节点试件的破坏模式表现为三种类型：一种为腹杆拉力荷载作用下的弦杆塑性软化；一种为腹杆拉力荷载作用下的弦杆焊趾或热影响区开裂；另一种为腹杆压力荷载作用下的弦杆塑性软化。

(2) 节点滞回曲线表现出良好的稳定性，无捏拢现象，延性与耗能性能良好。

(3) 实测的节点承载力高于对应弦杆塑性软化破坏模式的承载力公式计算值，表明规范公式是安全的。

(4) 所有试件的节点承载效率均小于 1，即节点本身需通过塑性变形来耗能，结构的滞回特性将主要取决于节点部位的滞回特性。

6.5 弯曲滞回性能试验结果与分析

6.5.1 试验现象和破坏模式

在 B1 试件的加载过程中，当首次加载至第 3 级正向控制位移时，腹杆受拉侧根部近焊缝处出现油漆剥落；当首次加载至第 4 级正向控制位移时，腹杆已有明显的塑性弯曲变形；当第 3 次加载至第 4 级负向控制位移时，近受拉侧弦杆管壁的焊趾出现明显裂纹，且腹杆受压侧根部近焊缝处出现油漆剥落；当首次加载至第 5 级正向控制位移时，腹杆受拉侧根部与焊缝连接处显著开裂，并伴有巨大响声，随即承载力迅速降低；此后反向加载至第 5 级负向控制位移时，腹杆受拉侧根部与焊缝连接处亦完全开裂，并伴有巨响，试验结束。试件 B1 的最终破坏状态见图 6-30。

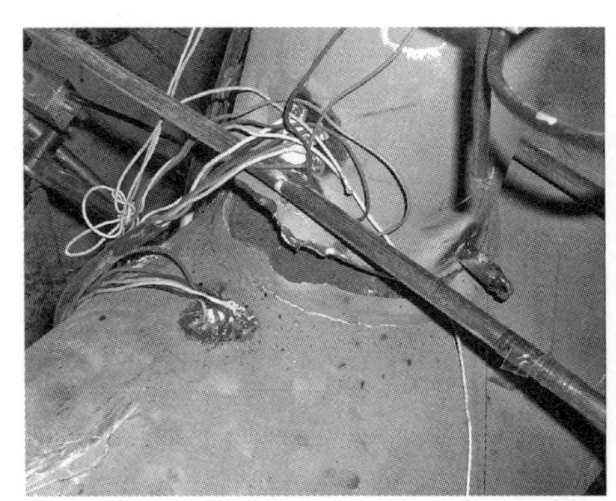
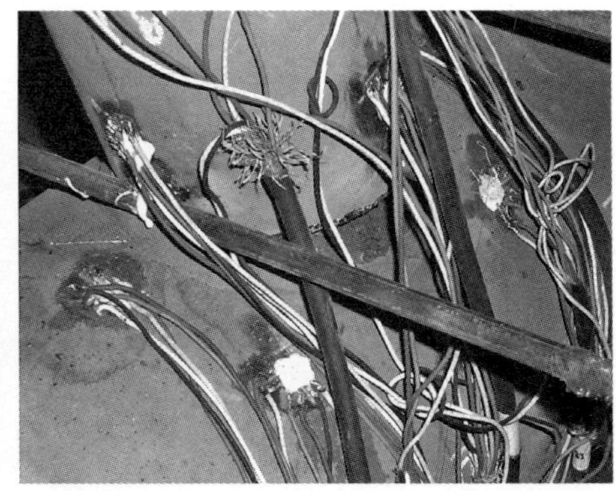

图 6-30 试件 B1 最终破坏状态

在B2试件的加载过程中，当第3次加载至第3级负向控制位移时，近受拉侧弦杆管壁的焊趾处出现微小裂纹；当首次加载至第4级正向控制位移时，可以观测到较为明显的弦杆管壁局部弯曲变形，且近受拉侧弦杆管壁的焊趾出现裂缝，当卸载后仍有残余弯曲变形存在；当第3次加载至第4级负向控制位移时，近受拉侧弦杆管壁的焊趾出现裂缝，弦杆管壁局部弯曲变形较为明显；当首次加载至第5级正向控制位移时，焊趾处的裂缝进一步开展，管壁局部弯曲变形亦更为显著；此后往复2个循环后当第3次加载至第5级正向控制位移，试验结束。试件B2的最终破坏状态见图6-31。

图6-31　试件B2最终破坏状态

在B3试件的加载过程中，当首次加载至第5级正向控制位移时，弦杆管壁受压端出现塑性变形；当第2次加载至第5级正向控制位移时，腹杆受拉侧根部与焊缝连接处显著开裂，并伴有脆响，此时承载力略有降低；此后当第2次加载至第5级负向控制位移时，腹杆受拉侧根部与焊缝连接处开裂，随即荷载跌落，试验结束。试件B3的最终破坏状态见图6-32。

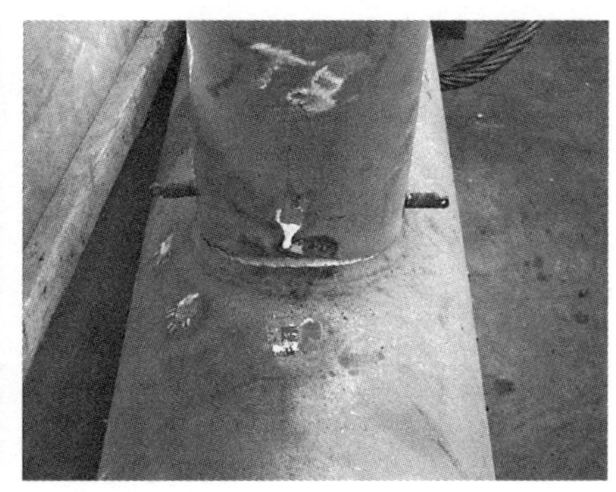

图6-32　试件B3最终破坏状态

在 B4 试件的加载过程中，当第 2 次加载至第 5 级正向控制位移时，近受拉侧弦杆管壁的焊趾处出现明显裂缝；当第 2 次加载至第 5 级负向控制位移时，近受拉侧弦杆管壁的焊趾处亦出现裂缝；当第 3 次加载至第 5 级正向控制位移时，裂缝继续增大；卸载后反向加载第 5 级负向控制位移时，节点域形成全周裂缝，试验结束。试件 B4 的最终破坏状态见图 6－33。

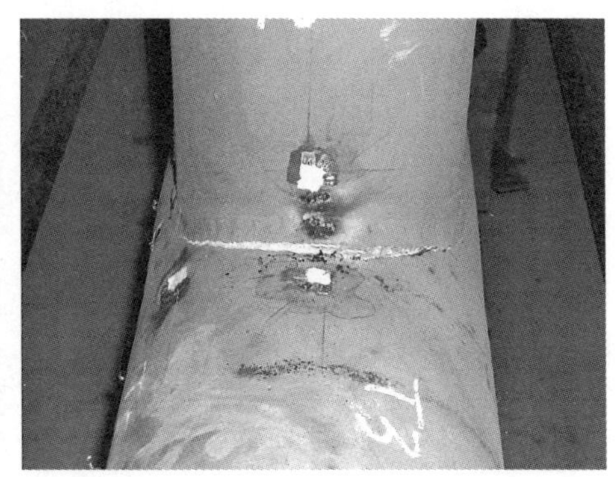

图 6－33　试件 B4 最终破坏状态

各节点试件在弯曲荷载作用下的破坏模式汇总于表 6－11。试验中出现的破坏模式表现为三种类型：一为焊缝开裂，二为冲剪破坏，三为腹杆根部弹塑性断裂破坏。

表 6－11　节点试件弯曲破坏情况汇总

试件编号	失效模式
B1	焊缝断裂破坏、腹杆根部全截面塑性
B2	弦杆相贯面冲剪破坏、弦杆管壁塑性变形
B3	腹杆根部弹塑性断裂伴焊缝断裂
B4	弦杆相贯面冲剪破坏、焊缝破坏

6.5.2　节点荷载-位移滞回曲线

1. 弯矩-局部转角曲线

各试件的节点弯矩-局部转角曲线如图 6－34 所示。图中横坐标 θ 为相贯面的局部转角，通过各位移计测值按式(6－15)计算得到。

$$\theta=\frac{[(D7+D8)/2-(D3+D4)/2]-[(D9+D10)/2-(D5+D6)/2]}{d} \tag{6-15}$$

纵坐标为千斤顶水平荷载在节点相贯面产生的弯矩 M 与腹杆全截面屈服弯矩 M_{bp}（按式(6-23)计算）之比，M 的计算公式为

$$M=H\times L_{\mathrm{H}} \tag{6-16}$$

式中，H 为千斤顶施加在腹杆端部的水平荷载；L_{H} 为力臂长度，由荷载作用点算至弦腹杆相贯面的冠点处。此外，图中还标明了焊缝开裂点在滞回曲线上的位置。

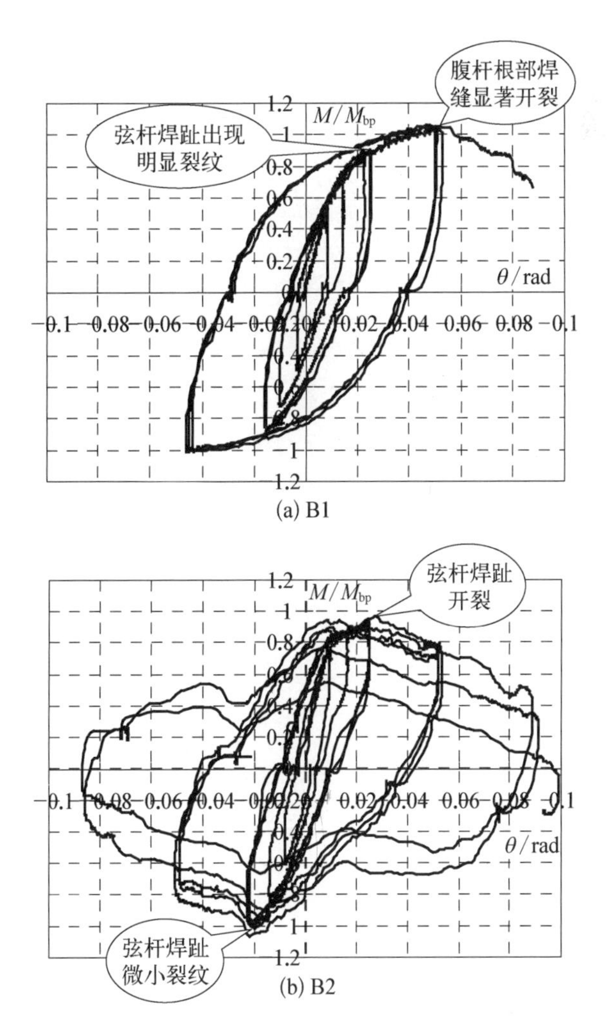

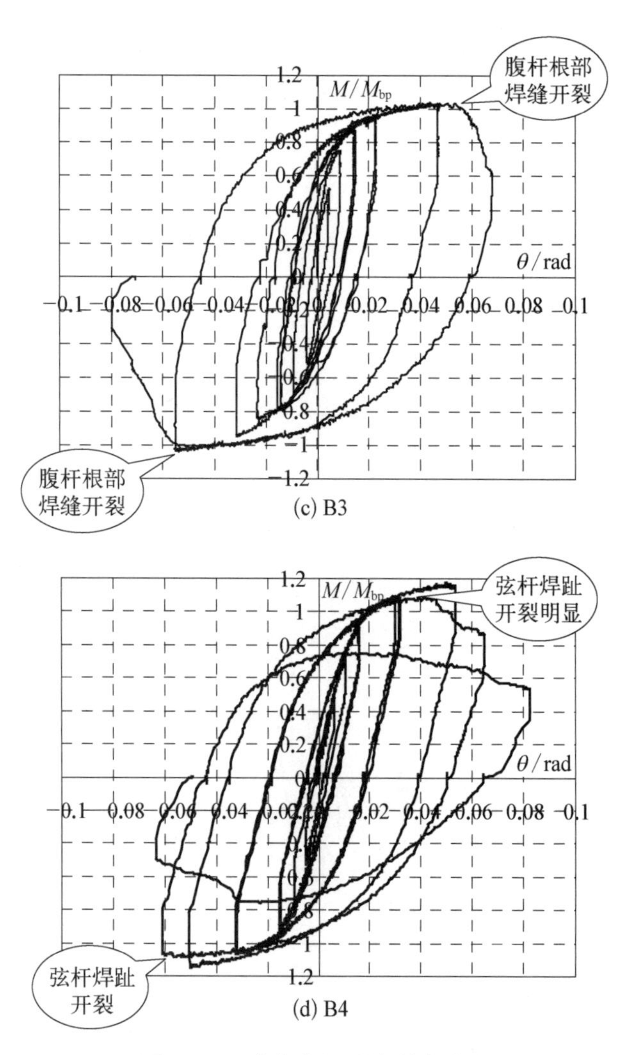

图 6－34　节点弯矩-局部转角曲线

可以看出，滞回曲线表现出良好的稳定性，随荷载(位移)的增大，其滞回环呈现越来越饱满的梭形，没有捏拢现象。

从试件 B1 的滞回曲线中可以发现，当弦杆焊趾出现裂纹后，节点仍能继续承载且承载力还能继续提高，但刚度已出现一定的降低。由于试件 B1 和 B2 几何尺寸和加载制度完全相同，两者差别只是 B2 预先施加了一定大小的腹杆轴力并保持不变，因此可将两者结果做一比较。通过对比发现：① B2 试件出现弦杆焊趾开裂时的弯矩高于 B1 试件；② B2 试件在弦杆焊趾开裂后即出现显著的强度退化现象，而 B1 试件在弦杆焊趾开裂后承载力仍有提高；③ 两试件在加载初期的弹性刚度差别不大；④ B2 试件对应于承载力下降时的局部转角大大低于 B1 试件对应于承载力下降时的局部转角。

从试件 B3 和 B4 的滞回曲线中可以发现，节点焊缝开裂后曲线均表现出一定的强度退化和刚度退化现象。

2. 弯矩-冠点对应弦杆轴线处管壁水平凹凸变形曲线

由于弦杆管壁在垂直管壁荷载作用下会出现椭圆化现象，弦杆轴线处管壁将发生水平凹凸变形。图 6－35 绘出了各试件的弯矩-冠点对应弦杆轴线处管壁水平凹凸变形曲线。图中横坐标 ω_1、ω_2 分别为左右两冠点对应的弦杆轴线处水平凹凸变形，通过位移计测值按式(6－17)计算得到，方向为凹正凸负。

$$\omega_1 = D15 + D16,\ \omega_2 = D17 + D18 \tag{6-17}$$

纵坐标定义及方向与图 6－34 相同。

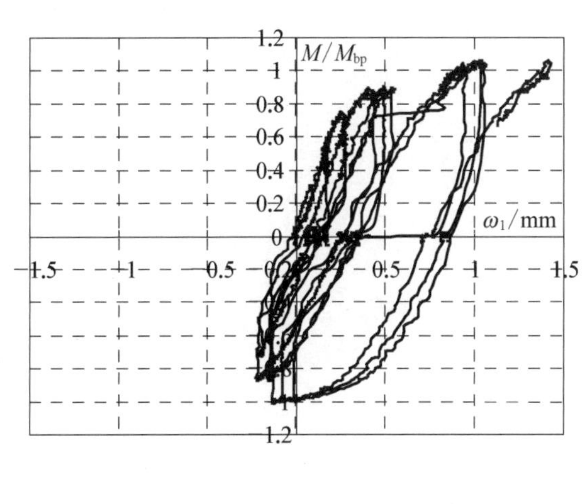

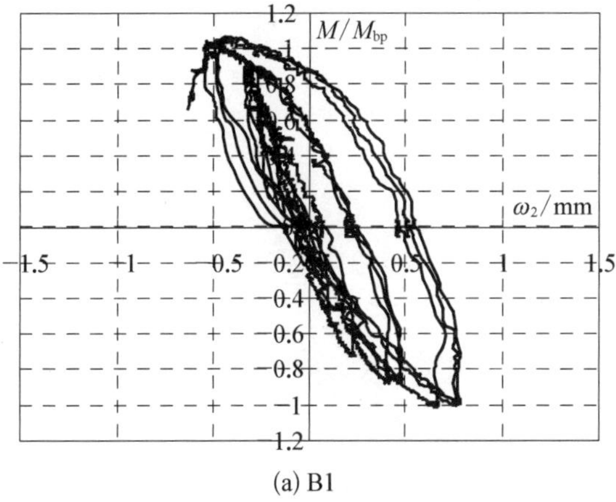

(a) B1

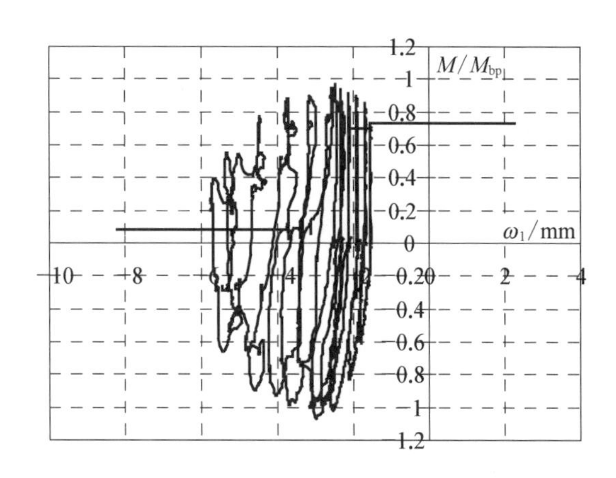

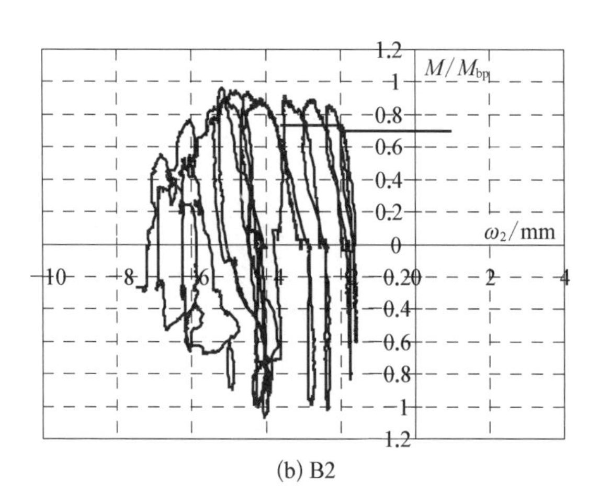

(b) B2

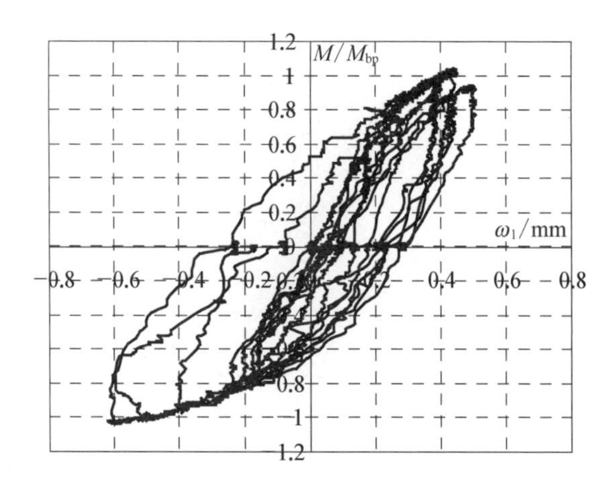

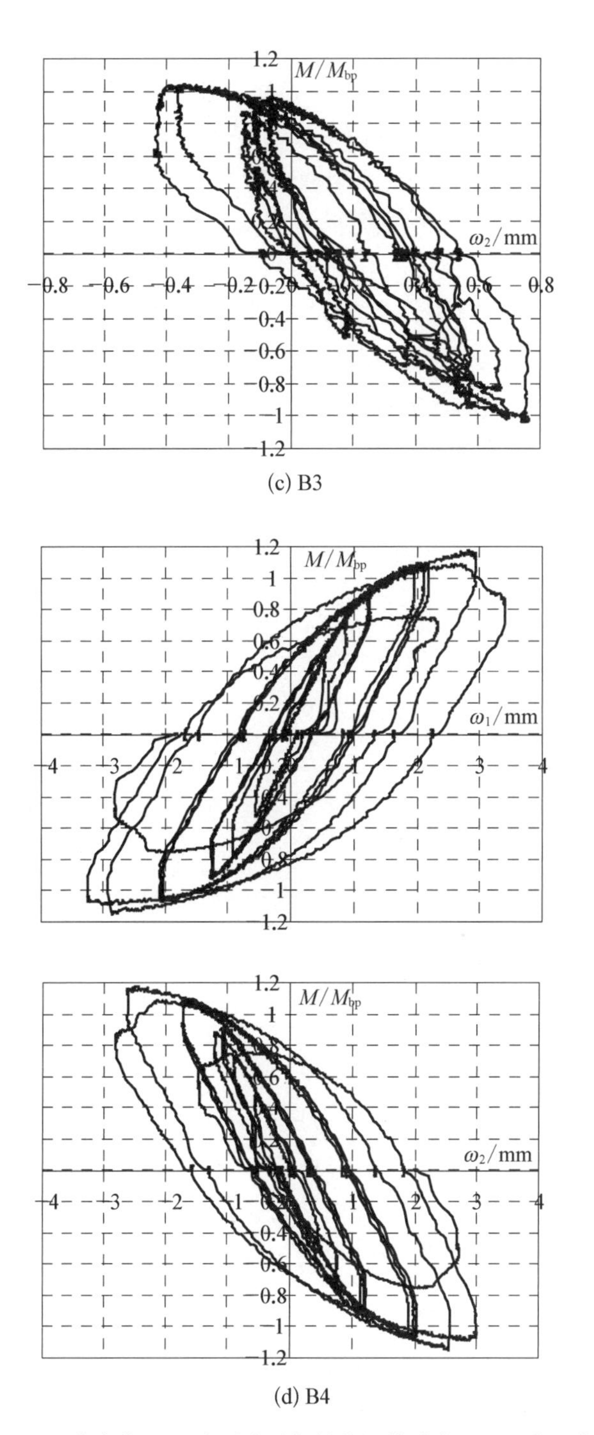

(d) B4

图 6 - 35　节点弯矩-冠点对应弦杆轴线处管壁水平凹凸变形曲线

在焊缝开裂后，弯矩-水平凹凸变形曲线表现出与弯矩-转角曲线一样的强度与刚度退化现象。B2 试件在受初始轴压力作用后管壁由于椭圆化产生凸向变形，此后的反复弯矩作用只是改变变形的大小，而无法改变其方向。

3. 弯矩-局部转角曲线的骨架曲线

根据图 6－34 的滞回曲线绘制了节点弯矩-局部转角的骨架曲线，如图 6－36 所示。横坐标定义及方向与图 6－34 相同，纵坐标 M 为千斤顶水平荷载在节点相贯面产生的弯矩。为确定节点的屈服位置，在图中作出斜率为 $0.779K_{M}$（节点初始刚度）的直线，如虚线所示。根据 Kurobane 准则[7]，虚线与骨架曲线的交点所对应的弯矩和转角即为相贯节点的屈服弯矩 M_{y} 和屈服转角 θ_{y}，分别列于表 6－11 和表 6－14。

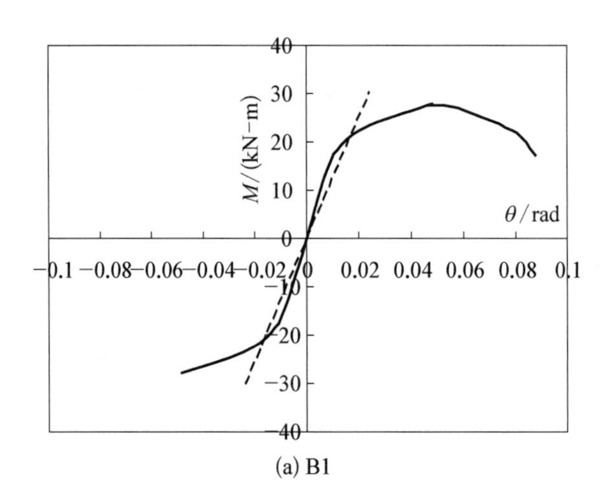

(a) B1

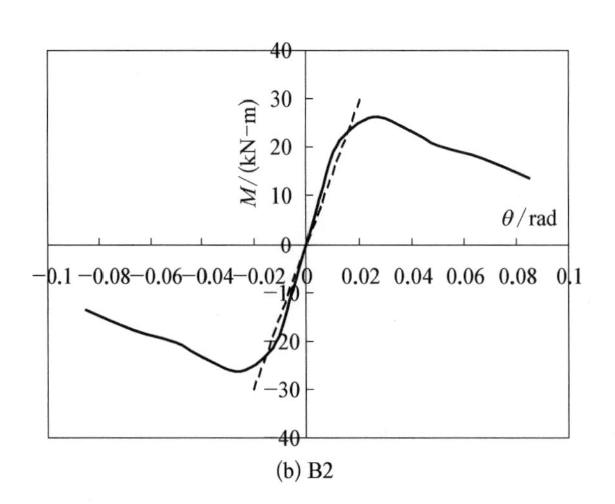

(b) B2

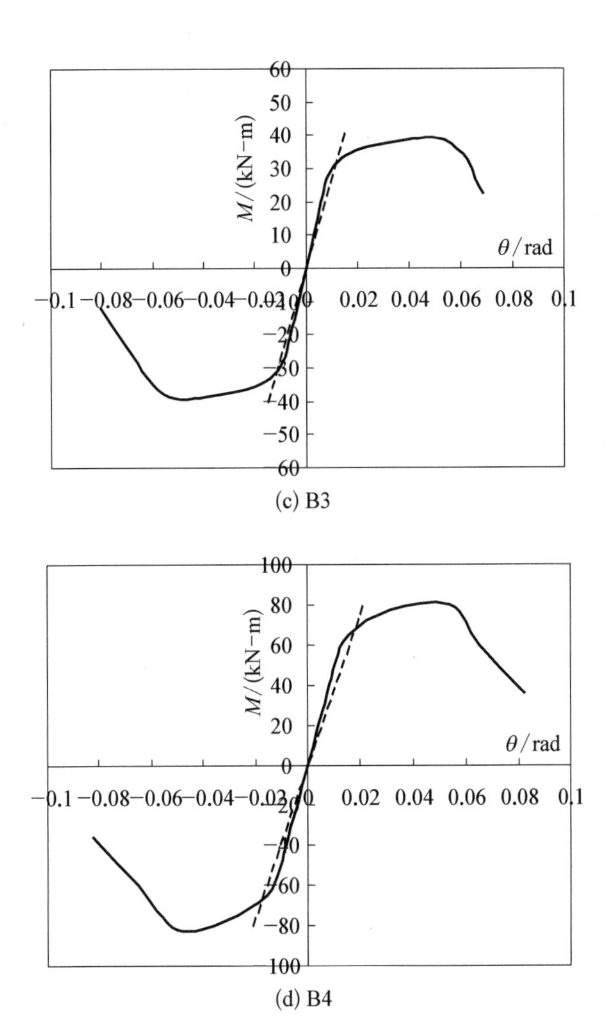

图 6－36　骨架曲线

6.5.3　节点应变分布规律

通过应变测点的数据分析，可以了解腹杆根部截面以及相贯面周围弦杆管壁的应变强度变化与分布规律，从而研究相贯节点在反复弯曲荷载作用下的破坏机理。

图 6－37—图 6－40 给出了各节点试件相贯线周边测点的应变强度分布及随荷载级数的变化。横坐标 α 为测点在腹杆截面上的投影与水平线之间的夹角(图 6－23)，纵坐标 ε_i 为应变强度。

B1 试件弦杆的屈服应变为 1 932 $\mu\varepsilon$，腹杆的屈服应变为 1 675 $\mu\varepsilon$。如图

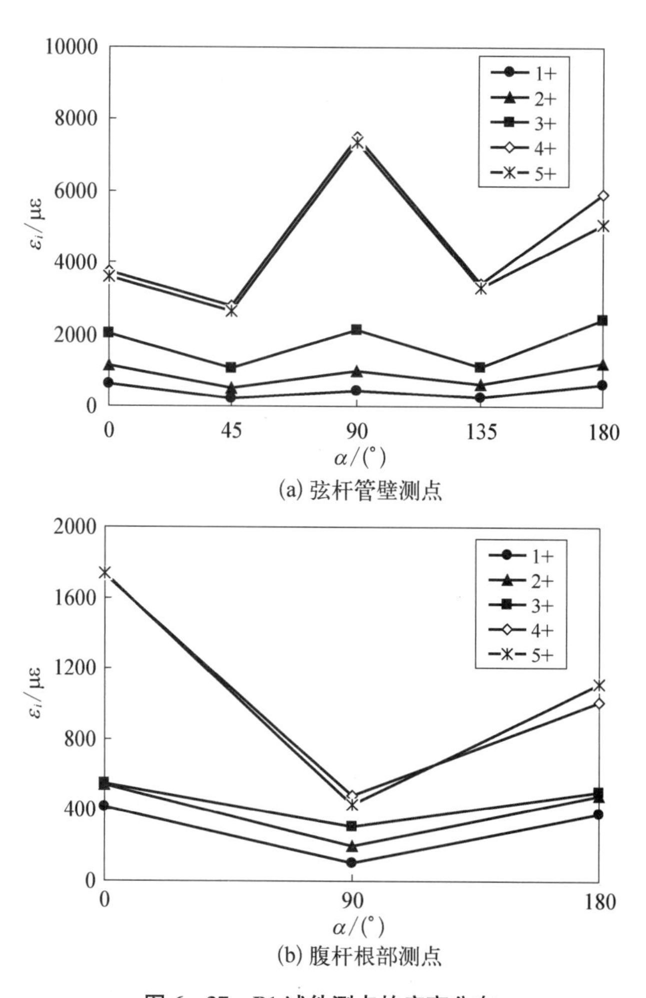

(a) 弦杆管壁测点

(b) 腹杆根部测点

图 6－37　B1 试件测点的应变分布

6－37(a)所示，弦杆管壁各测点在第 1、第 2 级加载中，均未进入塑性，此时鞍点的应变强度略小于冠点；在第 3 级加载中，鞍点和冠点处测点开始进入塑性，测点首次进入塑性时对应的弯矩值为 22.2 kN・m，此后鞍点的应变强度逐渐大于冠点；从冠点在受拉和受压侧的对比看，受拉侧的应变强度总是小于受压侧的应变强度。

如图 6－37(b)所示，腹杆根部测点直到加载至第 5 级才进入塑性，测点首次进入塑性时对应的弯矩值为 27.7 kN・m；加载全过程中鞍点的应变强度均小于冠点；从受拉和受压侧的对比看，与弦杆管壁应变分布规律恰好相反，腹杆根部受拉侧的应变强度总是大于受压侧的应变强度。

B2 试件弦杆的屈服应变为 1 932 με，腹杆的屈服应变为 1 675 με。如图 6－38(a)所示，弦杆管壁各测点在第 1 级加载中均未进入塑性，此时鞍点的应变强度略小于受压侧冠点，略大于受拉侧冠点；在第 2 级加载过程中，鞍点和冠点处测点开始进入塑性，测点首次进入塑性时对应的弯矩值为 22.0 kN·m，此后鞍点的应变强度逐渐大于冠点；从冠点在受拉和受压侧的对比看，受拉侧的应变强度总是小于受压侧的应变强度。

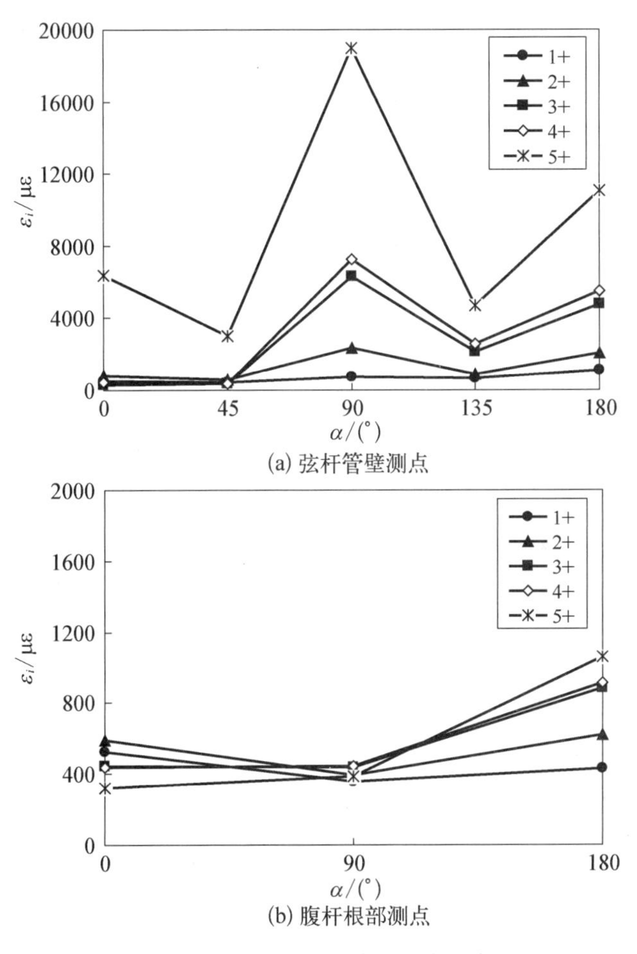

图 6－38　B2 试件测点的应变分布

如图 6－38(b)所示，腹杆根部测点加载全过程中均未进入塑性；在前 3 级加载中，鞍点的应变强度略小于冠点，在后 2 级加载中，鞍点的应变强度逐渐大于受拉侧冠点，而仍然小于受压侧冠点；从受拉和受压侧的对比看，由于腹杆初始轴压力的作用，腹杆根部受拉侧的应变强度总是小于受压侧的应变强度。

B3 试件弦杆的屈服应变为 1 728 με，腹杆的屈服应变为 1 903 με。如图 6-39(a)所示，弦杆管壁各测点在第 1、第 2 级加载中，均未进入塑性，此时鞍点的应变强度略小于冠点；在第 3 级加载中，鞍点和冠点处测点开始进入塑性，测点首次进入塑性时对应的弯矩值为 31.8 kN·m，此后鞍点的应变强度逐渐大于受压侧冠点，而仍然小于受拉侧冠点；从冠点在受拉和受压侧的对比看，受拉侧的应变强度总是大于受压侧的应变强度。

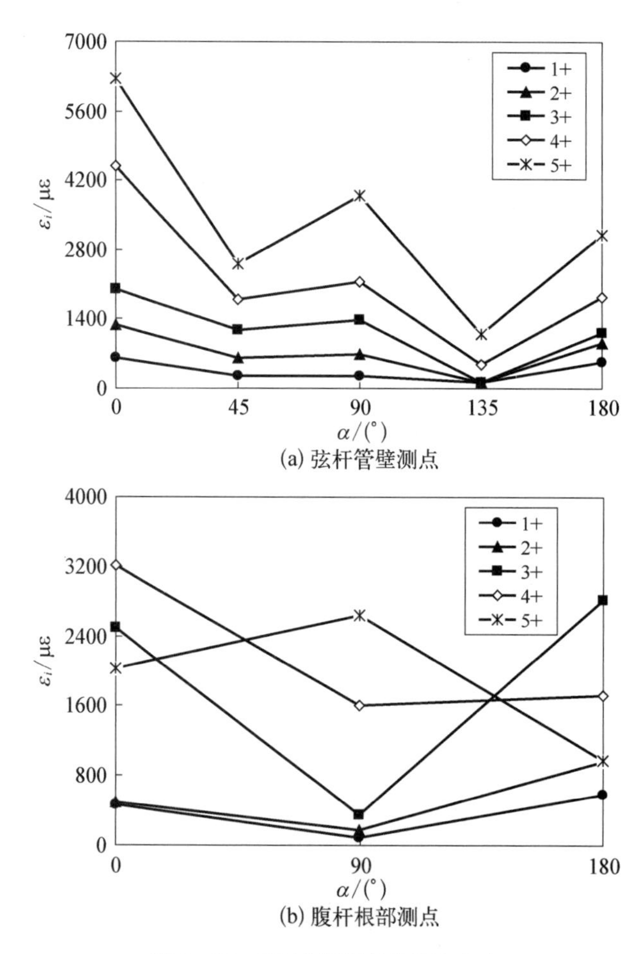

图 6-39 B3 试件测点的应变分布

如图 6-39(b)所示，腹杆根部测点在加载至第 3 级开始进入塑性，测点首次进入塑性时对应的弯矩值为 32.1 kN·m；在前 4 级加载中，鞍点的应变强度均小于冠点，在第 5 级加载中，鞍点的应变强度大于冠点；从受拉和受压侧的对比看，前 3 级荷载下腹杆根部受拉侧的应变强度小于受压侧的应变强度，而后 2 级则相反。

B4试件弦杆的屈服应变为1 932 με，腹杆的屈服应变为1 670 με。如图6-40(a)所示，弦杆管壁测点从第2级加载开始进入塑性，鞍点首次进入塑性时对应的弯矩值为51.6 kN·m；鞍点的应变强度总是大于冠点；从冠点在受拉和受压侧的对比看，受拉侧的应变强度总体上小于受压侧的应变强度。

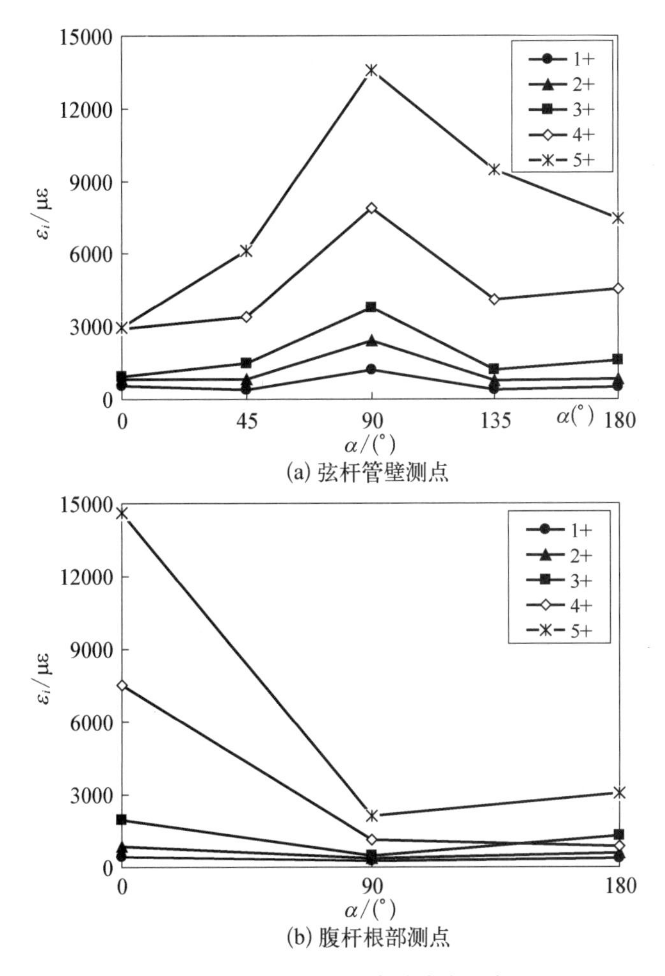

(a) 弦杆管壁测点

(b) 腹杆根部测点

图6-40　B4试件测点的应变分布

如图6-40(b)所示，腹杆根部测点从第3级加载开始进入塑性，测点首次进入塑性时对应的弯矩值为64.8 kN·m；加载全过程中鞍点的应变强度均小于冠点；从受拉和受压侧的对比看，与弦杆管壁应变分布规律恰好相反，腹杆根部受拉侧的应变强度总是大于受压侧的应变强度。

从各试件的应变分布可概括出以下规律：① 弦杆管壁测点首次屈服对应的

荷载值与根据 Kurobane 准则确定的节点屈服荷载非常接近；② 腹杆根部测点首次屈服对应的荷载均大于理论计算的腹杆边缘屈服荷载；③ 不同破坏模式对应不同的节点域应变分布，且同一节点在不同加载阶段的应变分布规律也可能不同；④ 当仅承受弯矩时，节点进入塑性后腹杆根部受拉侧的应变强度总是大于受压侧的应变强度。

6.5.4 节点承载力分析

1. 弦杆塑性软化模式对应的节点抗弯极限承载力

目前主要有欧洲规范（Eurocode 3）[80]和日本规范（AIJ）[82]的计算公式。Eurocode 3 公式

$$M_{\mathrm{u}}^{\mathrm{pjEuro}} = 4.85\beta\gamma^{0.5} \cdot \frac{f_{\mathrm{y}} T^2}{\sin\theta} \cdot d \tag{6-18}$$

AIJ 公式

$$M_{\mathrm{u}}^{\mathrm{pjAIJ}} = 5.02\beta\gamma^{0.42} \cdot \frac{f_{\mathrm{y}} T^2}{\sin\theta} \cdot d \tag{6-19}$$

2. 冲剪模式对应的节点抗弯极限承载力

根据文献[147]，T 形圆管相贯节点发生冲剪失效的抗弯极限承载力为

$$M_u^{\mathrm{sj}} = \frac{1}{\sqrt{3}} f_y \frac{T d^2}{\sin\theta} F_a(\beta) F_a(\theta) \tag{6-20}$$

其中，$F_a(\beta) = 0.25[5 - \sqrt{(1-\beta^2)}]$，$F_a(\theta) = 1 + 0.2\left(\frac{\pi}{2} - \theta\right)^2$。

3. 节点连接焊缝抗弯承载力

《钢结构设计规范（GB50017－2003）》目前对相贯节点连接焊缝的抗弯承载力计算尚无明确规定。本书根据图 6－41 所示的简化模型经积分推导后得到下列计算焊缝惯性矩与抗弯模量的公式：

$$I_{wy} = \frac{\pi}{64}(hb^3 - h_0 b_0^3), \quad W_{wy} = \frac{\pi}{32}\frac{(hb^3 - h_0 b_0^3)}{b}$$

其中，$b = (d/\sin\theta + 0.7h_{\mathrm{f}} \times 2)$，$h = (d + 0.7h_{\mathrm{f}} \times 2)/\cos\phi$

$b_0 = d/\sin\theta$，$h_0 = d/\cos\phi$。

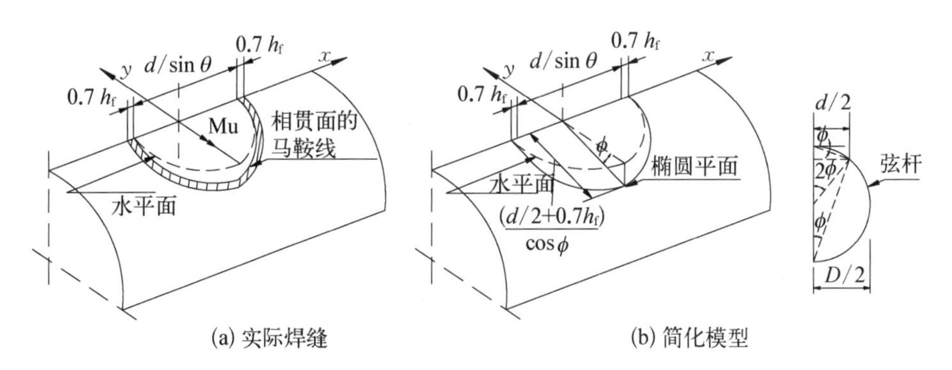

(a) 实际焊缝　　(b) 简化模型

图 6-41　相贯节点焊缝抗弯计算简图

相应的焊缝抗弯承载力为

$$M_{uw}^{j} = W_{wy} \cdot f_{y}^{w} \tag{6-21}$$

其中焊缝材性取与钢材材性相同，因此 f_y^w 取 345 MPa。

4. 腹杆杆件抗弯承载力

腹杆近节点根部截面的边缘屈服弯矩为

$$M_{by} = W_{b} \cdot f_{y} \tag{6-22}$$

若假定材料为理想弹塑性，则腹杆近节点根部截面的塑性屈服弯矩可按式(6-23)近似计算。

$$M_{\mathrm{bp}} = 1.27 \times W_{b} \cdot f_{y} \tag{6-23}$$

其中 1.27 为截面形状系数。

根据上述公式计算得到的各试件承载力与试验实测承载力 M_u 一并列于表 6-12。规范中的强度设计值均已置换为钢材屈服值。表中 M_y 为根据 Kurobane 准则[7]确定的节点抗弯屈服承载力。

表 6-12　节点抗弯承载力计算　　kN · m

试件编号	M_{y}	M_{u}	$M_{\mathrm{u}}^{\mathrm{pjAIJ}}$	$M_{\mathrm{u}}^{\mathrm{pjEuro}}$	$M_{\mathrm{u}}^{\mathrm{sj}}$	$M_{\mathrm{uw}}^{\mathrm{j}}$	M_{by}	M_{bp}
B1	21.0	27.7	23.84	28.65	27.78	37.1	20.50	26.04
B2	23.0	26.5	23.84	28.65	27.78	37.1	20.50	26.04
B3	31.8	39.0	40.47	47.08	37.27	37.1	29.50	37.47
B4	67.5	81.7	61.62	74.06	75.88	65.5	55.70	70.74

表 6-13 中分别对各试件进行了承载力比较。M_u/M_y可定义为节点承载力储备，代表节点开始屈服后承载能力继续增加的能力。B1、B3、B4 试件的承载力储备较大，而 B2 试件较小。从表中数据可以发现两个显著不同于节点在轴力作用下承载性能的特性：① 对应冲剪破坏模式的承载力公式计算值略大于或等于试验实测的节点承载力，且与对应弦杆塑性软化破坏模式的承载力公式计算值较为接近；② 所有试件的屈服弯矩均高于相连腹杆根部截面的边缘屈服弯矩，极限弯矩均高于腹杆根部的理论全截面屈服弯矩，即节点承载效率大于 1。

表 6-13　节点抗弯承载力比较

试件编号	M_u/M_y	M_u/M_u^{pjAIJ}	M_u/M_u^{sj}	M_u/M_{uw}^j	M_u/M_{bp}	M_y/M_{by}
B1	1.32	1.16	1.00	0.75	1.06	1.02
B2	1.15	1.11	0.95	0.71	1.02	1.12
B3	1.23	0.96	1.05	1.05	1.04	1.08
B4	1.21	1.33	1.08	1.25	1.15	1.21

6.5.5　节点刚度分析

作者曾在本书第 3 章和文献[144]中通过有限元计算与多元回归分析提出了圆钢管相贯节点抗弯刚度的参数公式如下：

$$K_M^j = 0.362ED^3(\sin\theta)^{-1.47}\gamma^{-1.79}\tau^{-0.08}\beta^{2.29} \tag{6-24}$$

表 6-14 对各试件实测抗弯刚度与参数公式计算值进行了比较，K_M表示实测抗弯刚度。从表中对比可以看出，各试件刚度实测值与计算值吻合程度很好。

表 6-14　节点抗弯刚度计算与比较

试件编号	$K_M/(\mathrm{kN\cdot m\cdot rad^{-1}})$	$K_M^j/(\mathrm{kN\cdot m\cdot rad^{-1}})$	K_M/K_M^j
B1	1 602.6	1 546.9	1.04
B2	1 870.2	1 546.9	1.21
B3	3 398.9	3 229.7	1.05
B4	4 835.1	4 618.2	1.05

6.5.6　节点延性分析

表 6－15 列出了各试件的极限转角 θ_u 与屈服转角 θ_y。其中，θ_u 是衡量节点延性优劣的指标之一，目前有多种定义方法，本书中将其定义为节点达极限承载力时对应的转角。θ_y 则根据 Kurobane 准则确定。

表 6－15　节点在弯曲荷载作用下的延性系数

试件编号	θ_y	θ_u	θ_u/θ_y
B1	0.017	0.048	2.82
B2	0.016	0.027	1.69
B3	0.012	0.047	3.92
B4	0.017	0.051	3.00

目前工程结构领域通常认为，钢结构节点的塑性极限转角如果能够达到 0.02 rad，结构就能够承受严重的地震荷载作用[148]。美国 FEMA[149] 建议具有较好延性的钢框架梁柱节点的塑性极限转角应不小于 0.03 rad。根据表中的数据不难看出，试件的极限转角 θ_u 均大于或近似等于 0.03 rad。若借用以上标准，可以认为节点试件的延性较好。

评价节点延性的另一重要指标是节点延性系数。本书中节点延性系数 μ 定义为 θ_u 与 θ_y 的比值，该指标是节点抵抗地震作用能力的有效度量，延性系数越大，节点进入塑性后承受大变形的潜力越大，节点延性越好。

从表中延性系数比较可以看出，B3 试件延性系数接近于 4，B1 和 B4 试件的延性系数亦接近于 3，B2 试件延性系数较低，延性总体较好，并在一定程度上受几何特征参数影响。

6.5.7　节点耗能分析

根据图 6－34 的滞回曲线绘制了节点弯矩-转角的包络图，如图 6－42 所示。坐标定义及方向均与图 6－34 相同。

按照式(6－14)的定义，将各试件的滞回曲线包络图面积和能量耗散系数列于表 6－16。B4 试件包络图面积最大。B3 试件能量耗散系数最大。B2 试件包络图面积和能量耗散系数均较小。总体看来，各试件具有良好的耗能能力。表 6－17 列出了各试件弯曲滞回曲线的累积能量耗散比。

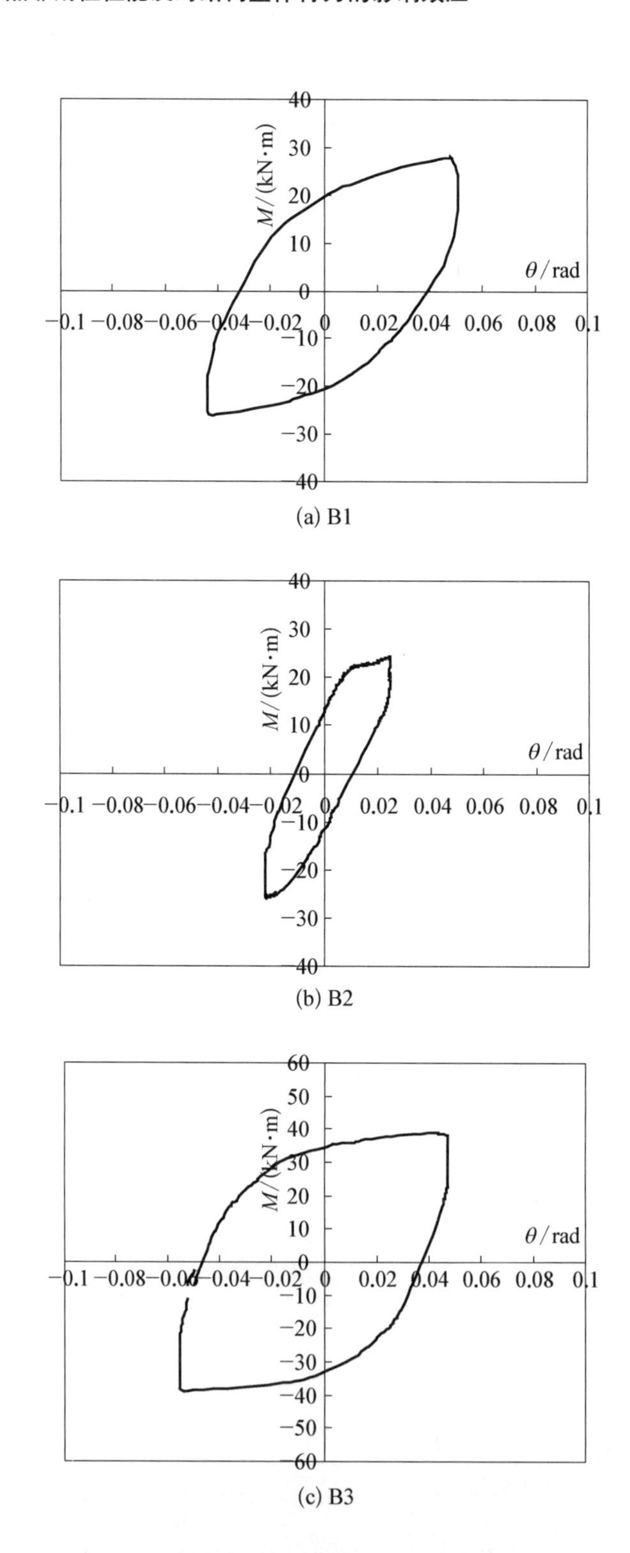
M/(kN·m)
θ/rad
40
30
20
10
0
−10
−20
−30
−40
−0.1
−0.08
−0.06
−0.04
−0.02
0
0.02
0.04
0.06
0.08
0.1
60
50
−50
−60

(a) B1

(b) B2

(c) B3

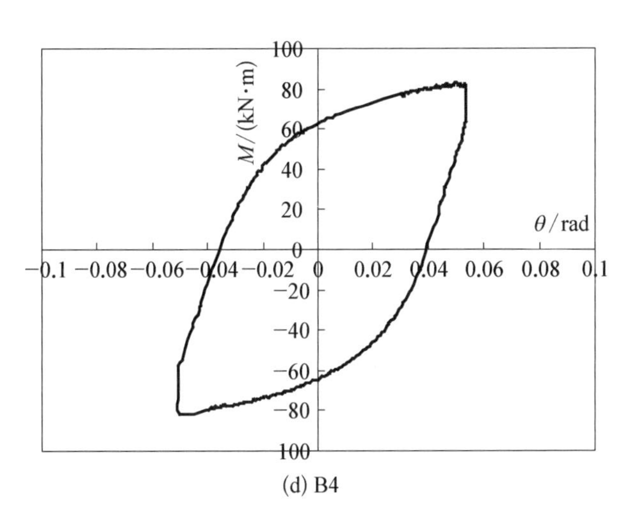

(d) B4

图 6－42　节点试件滞回曲线包络图

表 6－16　节点弯曲滞回曲线包络图面积和能量耗散系数

试件编号	$S_{(ABC+CDA)}$/(kN·m)	$S_{(OBE+ODF)}$/(kN·m)	E
B1	2.994	1.232	2.43
B2	0.902	0.572	1.58
B3	5.522	1.899	2.91
B4	10.027	4.144	2.42

表 6－17　节点弯曲滞回曲线累积能量耗散比

试件编号	$\sum(S_i^+ + S_i^-)$/(kN·m)	S_y/(kN·m)	η_a
B1	16.94	0.179	94.6
B2	22.14	0.184	120.3
B3	18.69	0.191	97.9
B4	48.03	0.608	79.0

6.5.8　小结

本节从相贯节点弯曲滞回性能试验现象出发，分别从节点承载力、刚度、延性和能量耗散等角度对弯矩-转角滞回曲线进行了综合分析和对比，并通过分析节点域应变强度分布规律探求了节点在反复弯曲荷载下的破坏机理。通过研究发现：

（1）节点试件的破坏模式表现为三种类型：一为焊缝开裂，二为冲剪破坏，三为腹杆根部弹塑性断裂破坏；

（2）不同破坏模式对应不同的节点域应变分布，且同一节点在不同加载阶段的应变分布规律也可能不同；

（3）节点滞回曲线表现出良好的稳定性，无捏拢现象，延性与耗能性能良好；

（4）对应冲剪破坏模式的承载力公式计算值略大于或等于试验实测的节点承载力，且与对应弦杆塑性软化破坏模式的承载力公式计算值较为接近；

（5）所有试件的节点承载效率大于1，即节点自身具有足够的承载力来使塑性铰形成在被连接构件上。

6.6 本章结论

本章对圆钢管相贯节点分别进行了在轴力和弯曲荷载作用下的滞回性能试验研究，得到以下结论：

（1）节点试件在轴力作用下的破坏模式表现为腹杆拉力作用下的弦杆塑性软化、弦杆焊趾或热影响区开裂以及腹杆压力荷载作用下的弦杆塑性软化等三种类型；节点试件在弯矩作用下的破坏模式表现为焊缝开裂、冲剪破坏以及腹杆根部弹塑性断裂等三种类型。

（2）节点试件在轴力和弯曲荷载作用下的滞回曲线均表现出良好的稳定性，无捏拢现象，延性与耗能性能良好。

（3）实测的节点轴向承载力高于对应弦杆塑性软化破坏模式的轴向承载力公式计算值，表明我国现行规范公式是安全的；实测的节点抗弯承载力略小于对应冲剪破坏模式的承载力公式计算值，表明在弯曲荷载作用下节点冲剪破坏可能先于弦杆塑性软化破坏发生。

（4）轴向滞回性能试件的节点承载效率均小于1，即节点本身需通过塑性变形来耗能，结构的滞回特性将主要取决于节点部位的滞回特性；弯曲滞回性能试件的节点承载效率均大于1，即节点自身具有足够的承载力来使塑性铰形成在被连接构件上。

（5）本章还对相贯节点局部变形的精确测试方法和焊缝抗弯承载力的计算提出了建议。

第7章 反复荷载下圆钢管相贯节点滞回性能的数值模拟与分析

7.1 引　　言

虽然试验提供了研究特定节点性能的最真实、可靠和全面的手段，但通过试验全面评估影响节点的所有因素，却是不经济和不现实的。所获取的试验结果，确是钢管节点在外界环境和内部因素综合作用下实际性能的具体体现，其中不能排除诸如焊接缺陷、试验测量误差等因素的影响。而作为功能强大、用途广泛的数值模拟方法，在研究节点性能方面发挥着越来越大的作用。

本章在试验研究的基础上，采用数值模拟方法研究影响节点性能的诸多因素，其目的有两个：一是借助非线性有限元分析，对节点试验的结果进行评价，验证试验结果的可靠性，同时校验数值模型，从而更加深入地分析相贯节点的破坏机理；二是在忽略一些次要因素情况下，对节点的承载能力、延性特征进行进一步的研究。本章数值模拟分析的主要内容包括试验过程模拟与非线性弹塑性参数分析。数值模拟的工作平台是目前国内外普遍使用的通用有限元分析软件 ANSYS。

本章简要介绍了节点分析所涉及的非线性有限元分析理论以及 ANSYS 有限元软件的功能和选用的计算单元特点，总结了 ANSYS 有限元分析结果，研究了节点区应力分布规律、节点的单调弹塑性行为和滞回特性等。

7.2　非线性有限元分析的基本原理

非线性材料分为非线性弹性和塑性两种。弹塑性材料进入塑性的特征是当荷载卸去后存在不可恢复的永久变形。因而在涉及卸载的情况下，应力应变之间不再存在唯一的对应关系，这是区别于非线性弹性材料的基本属性。为更有效地利用通用有限元软件，有必要掌握塑性力学的基本法则、弹塑性有限元分析的基本原理和数值方法。

7.2.1 材料的屈服准则、流动法则和强化法则

塑性理论提供了描述材料弹塑性发展的数学关系。在塑性理论中有三个重要的准则：初始屈服条件、流动法则和强化准则[150-151]。

1. 初始屈服条件

在单向应力状态，初始屈服界限（弹性状态的界限）就是拉、压达屈服应力 σ_y，在复杂应力状态下，结构在加载后当微元体开始出现塑性变形的应力状态称为初始屈服条件或屈服准则，即若应力状态和屈服条件已知，程序就能确定是否有塑性应变产生。对于一点处应力张量的函数 $f(\sigma_{ij})$，可以将其定义为等效应力 σ_e。对于金属材料，通常采用的屈服条件有 Von Mises 屈服条件和 Tresca 屈服条件。在主应力方向已知的情况下，用 Tresca 屈服条件来求解问题是比较简单的方法。但在主应力方向未知的情况下，屈服函数比较复杂，在有限元法中很少采用。目前有限元分析中通常采用 Von Mises 屈服条件，即当等效应力达到材料屈服参数 σ_y，材料会发生塑性应变。

$$\sigma_e = f(\sigma_{ij}) = \frac{1}{\sqrt{2}}\sqrt{(\sigma_1-\sigma_2)^2+(\sigma_2-\sigma_3)^2+(\sigma_3-\sigma_1)^2} = \sigma_y \quad (7-1)$$

2. 流动法则

流动法则描述发生屈服时塑性应变的方向，也即规定塑性应变增量的分解和应力分量以及应力分量之间的关系，可写作式(7－2)。

$$\{\mathrm{d}\varepsilon^{pl}\} = \lambda\left\{\frac{\partial Q}{\partial \sigma}\right\} \quad (7-2)$$

其中，λ——塑性乘子，决定塑性应变的大小；

Q——定义塑性势能的应力函数，决定塑性应变的方向。

通常假定塑性应变在垂直于屈服面的方向上发生，即 Q 为屈服函数，这种流动法则称为相关流动法则。

3. 强化准则

强化准则描述材料在塑性发展阶段屈服面的变化，以方便建立随后的屈

服条件。强化准则分为等向强化和随动强化。在等向强化中，加载面在各个方向均匀地向外扩张，而其形状、中心及其应力空间的范围均保持不变。随动强化假定加载面仍为初始屈服面，但在应力空间作刚体移动，其大小形状和方向均保持不变（图7-1和图7-2）。这种移动相当于应力度量的原点发生了变化。

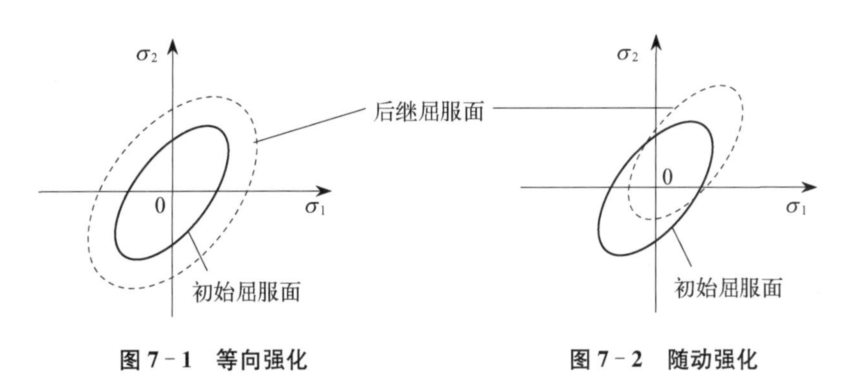

图7-1　等向强化　　　　**图7-2　随动强化**

根据材料行为，又可将等向强化和随动强化分为双线性和多线性两类。

4. 塑性应变增量

强化准则表明屈服条件随等向强化或随动强化而改变，将这些附加条件考虑进式(7-1)，可得到式(7-3)。

$$F(\{\sigma\},\ \kappa,\ \{\alpha\}) = 0 \tag{7-3}$$

式中，κ为塑性功；$\{\alpha\}$为屈服面平移量。

塑性功κ是加载历史上所做塑性功的总和：

$$\kappa = \int \{\sigma\}^T[M]\{d\varepsilon^{pl}\} \tag{7-4}$$

屈服面的平移量也与加载历史有关：

$$\{\alpha\} = \int C\{d\varepsilon^{pl}\} \tag{7-5}$$

式中，C为材料参数；$\{\alpha\}$为屈服面中心的位置；ε^{pl}为塑性应变。

公式(7-3)经微分后可得以下协调条件：

$$\mathrm{d}F = \left\{\frac{\partial F}{\partial \sigma}\right\}^{\mathrm{T}}[M]\{\mathrm{d}\sigma\} + \frac{\partial F}{\partial \kappa}\mathrm{d}\kappa + \left\{\frac{\partial F}{\partial \sigma}\right\}^{\mathrm{T}}[M]\{\mathrm{d}\alpha\} = 0 \tag{7-6}$$

其中，

$$[\boldsymbol{M}]=\begin{bmatrix}1&0&0&0&0&0\\0&1&0&0&0&0\\0&0&1&0&0&0\\0&0&0&2&0&0\\0&0&0&0&2&0\\0&0&0&0&0&2\end{bmatrix}$$

从公式(7－4)可得

$$\mathrm{d}\kappa=\{\sigma\}^{\mathrm{T}}[\boldsymbol{M}]\{\mathrm{d}\varepsilon^{\mathrm{pl}}\} \tag{7-7}$$

从公式(7－5)可得

$$\mathrm{d}\alpha=C\{\mathrm{d}\varepsilon^{\mathrm{pl}}\} \tag{7-8}$$

将上两式代入式(7－6)可得，

$$\left\{\frac{\partial F}{\partial\sigma}\right\}^{\mathrm{T}}[\boldsymbol{M}]\{\mathrm{d}\sigma\}+\frac{\partial F}{\partial\kappa}\{\sigma\}^{\mathrm{T}}[\boldsymbol{M}]\{\mathrm{d}\varepsilon^{\mathrm{pl}}\}+C\left\{\frac{\partial F}{\partial\sigma}\right\}^{\mathrm{T}}[\boldsymbol{M}]\{\mathrm{d}\varepsilon^{\mathrm{pl}}\}=0 \tag{7-9}$$

应力增量可以通过弹性应力-应变关系求出：

$$\{\mathrm{d}\sigma\}=[\boldsymbol{D}]\{\mathrm{d}\varepsilon^{\mathrm{el}}\} \tag{7-10}$$

式中，$[\boldsymbol{D}]$为应力-应变关系矩阵；$\varepsilon^{\mathrm{el}}$为弹性应变。

$$\{\mathrm{d}\varepsilon^{\mathrm{el}}\}=\{\mathrm{d}\varepsilon\}-\{\mathrm{d}\varepsilon^{\mathrm{pl}}\} \tag{7-11}$$

式中，$\{\mathrm{d}\varepsilon\}$为总应变增量。

将式(7－2)代入式(7－9)和式(7－11)，并将式(7－9)—式(7－11)合并得到

$$\lambda=\frac{\left\{\dfrac{\partial F}{\partial\sigma}\right\}^{\mathrm{T}}[\boldsymbol{M}][\boldsymbol{D}]\{\mathrm{d}\varepsilon\}}{-\dfrac{\partial F}{\partial\kappa}\{\sigma\}^{\mathrm{T}}[\boldsymbol{M}]\left\{\dfrac{\partial Q}{\partial\sigma}\right\}-C\left\{\dfrac{\partial F}{\partial\alpha}\right\}^{\mathrm{T}}[\boldsymbol{M}]\left\{\dfrac{\partial Q}{\partial\sigma}\right\}+\left\{\dfrac{\partial F}{\partial\sigma}\right\}^{\mathrm{T}}[\boldsymbol{M}][\boldsymbol{D}]\left\{\dfrac{\partial Q}{\partial\sigma}\right\}} \tag{7-12}$$

从上式可知，塑性应变增量的大小与总应变增量、当前应力状态和特定屈服面及塑性势有关。当求得 λ 后，可用公式(7－2)计算塑性应变增量。

7.2.2　数值算法的步骤及有关说明

1. 数值算法的步骤[150-152]

采用 Euler 后退法强迫满足协调条件(式(7-6)),这种方法保证了当前应力、应变和内部变量都在屈服面上。算法具体步骤为

(1) 给定材料屈服强度 σ_y。

(2) 计算试应变

$$\{\varepsilon_n^{tr}\} = \{\varepsilon_n\} - \{\varepsilon_{n-1}^{pl}\} \tag{7-13}$$

式中,$\{\varepsilon_n\}$为当前步总应变;$\{\varepsilon_{n-1}^{pl}\}$为前一时间步的塑性应变。

计算试应力

$$\{\sigma_n^{tr}\} = [\boldsymbol{D}]\{\varepsilon_n^{tr}\} \tag{7-14}$$

(3) 用式(7-1)计算 σ_e;如果 $\sigma_e \leqslant \sigma_y$,则不必计算塑性应变增量$\{d\varepsilon^{pl}\}$。

(4) 如果 $\sigma_e > \sigma_y$,则根据式(7-12)用局部 Newton-Raphson 迭代法求出塑性乘子 λ。

(5) 用式(7-2)计算塑性应变增量$\{\Delta\varepsilon^{pl}\}$。

(6) 当前塑性应变更新为

$$\{\varepsilon_n^{pl}\} = \{\varepsilon_{n-1}^{pl}\} + \{\Delta\varepsilon^{pl}\} \tag{7-15}$$

并可得到弹性应变

$$\{\varepsilon_n^{el}\} = \{\varepsilon_n^{tr}\} - \{\Delta\varepsilon^{pl}\} \tag{7-16}$$

应力张量为

$$\{\sigma_n\} = [\boldsymbol{D}]\{\varepsilon_n^{el}\} \tag{7-17}$$

(7) 用式(7-7)和式(7-8)计算塑性功增量 $\Delta\kappa$ 和屈服面平移量增量$\{\Delta\alpha\}$,当前值更新为

$$\kappa_n = \kappa_{n-1} + \Delta\kappa \tag{7-18}$$

$$\{\alpha_n\} = \{\alpha_{n-1}\} + \{\Delta\alpha\} \tag{7-19}$$

(8) 返回(2)假定下一步$\{\varepsilon_n\}$后重复(2)—(7)的计算步骤。

(9) 计算等效塑性应变 ε_{eq}^{pl}(输出变量 EPEQ)、等效塑性应变增量 $\Delta\varepsilon_{eq}^{pl}$(输出变量 MAX PLASTIC STRAIN STEP)、等效应力参数 σ_{eq}^{pl}(输出变量 SEPL)和应力比 N(输出变量 SRAT)。应力比按式(7-20)计算。

$$N = \frac{\sigma_e}{\sigma_y} \tag{7-20}$$

当发生屈服时，$N \geqslant 1$，当应力状态处于弹性时，$N=1$。等效塑性应变增量按式(7-21)计算。

$$\Delta \varepsilon_{eq}^{pl} = \left(\frac{2}{3}\{\Delta \varepsilon^{pl}\}^{T}[\boldsymbol{M}]\{\Delta \varepsilon^{pl}\}\right)^{\frac{1}{2}} \tag{7-21}$$

等效塑性应变和等效应力参数的计算见第 7.5 节。

2. 对双线性随动强化准则的说明

对双线性随动强化材料，当采用以上步骤进行计算时，初始屈服条件为 Von Mises 屈服条件，流动法则为相关流动法则，强化准则为随动强化准则。

等效应力

$$\sigma_e = \left[\frac{3}{2}(\{s\}-\{\alpha\})^{T}[\boldsymbol{M}](\{s\}-\{\alpha\})\right]^{\frac{1}{2}} \tag{7-22}$$

其中，$\{s\}$是应力斜张量，$\{s\} = \{\sigma\} - \sigma_m[1\ 1\ 1\ 0\ 0\ 0]^T$ (7-23)

$$\sigma_m = 1/3(\sigma_x + \sigma_y + \sigma_z)$$

屈服条件由此变为

$$F = \left[\frac{3}{2}(\{s\}-\{\alpha\})^{T}[\boldsymbol{M}](\{s\}-\{\alpha\})\right]^{\frac{1}{2}} - \sigma_y = 0 \tag{7-24}$$

相关流动法则可改写为

$$\left\{\frac{\partial Q}{\partial \sigma}\right\} = \left\{\frac{\partial F}{\partial \sigma}\right\} = \frac{3}{2\sigma_e}(\{s\}-\{\alpha\}) \tag{7-25}$$

屈服面平移量定义为

$$\{\alpha\} = 2G\{\varepsilon^{sh}\} \tag{7-26}$$

式中，G 为剪切模量，$G = E/2(1+\nu)$；

E 为弹性模量，ν 为泊松比；

$\{\varepsilon^{sh}\}$为应变移动量，可仿照公式(7-19)计算：

$$\{\varepsilon_n^{sh}\} = \{\varepsilon_{n-1}^{sh}\} + \{\Delta \varepsilon^{sh}\} \tag{7-27}$$

式中，$\{\Delta\varepsilon^{sh}\} = C\{\Delta\varepsilon^{pl}\}/(2G)$；

$$C = \frac{2}{3}\frac{EE_{\mathrm{T}}}{E - E_{\mathrm{T}}} \tag{7-28}$$

式中，E_{T}为双线性单轴应力-应变曲线的切线模量，本书取为 $0.01E$；

屈服面平移量$\{\varepsilon^{\mathrm{sh}}\}$初始设定为零，并随塑性应变而改变。

等效塑性应变与加载历史有关，因此定义为

$$\varepsilon_{\mathrm{eq},\,n}^{\mathrm{pl}} = \varepsilon_{\mathrm{eq},\,n-1}^{\mathrm{pl}} + \Delta\varepsilon_{\mathrm{eq}}^{\mathrm{pl}} \tag{7-29}$$

等效应力参数定义为

$$\sigma_{\mathrm{eq}}^{\mathrm{pl}} = \sigma_{\mathrm{y}} + \frac{EE_{\mathrm{T}}}{E - E_{\mathrm{T}}}\varepsilon_{\mathrm{eq},\,n}^{\mathrm{pl}} \tag{7-30}$$

当未发生塑性应变时（$\varepsilon_{\mathrm{eq}}^{\mathrm{pl}} = 0$），$\sigma_{\mathrm{eq}}^{\mathrm{pl}}$等于屈服应力。$\sigma_{\mathrm{eq}}^{\mathrm{pl}}$仅仅在加载历史的初始单调递增阶段有意义。如果在塑性加载阶段反向加载，应力和等效应力 σ_{e}将低于屈服应力，而 $\sigma_{\mathrm{eq}}^{\mathrm{pl}}$仍然高于屈服应力（因为 $\varepsilon_{\mathrm{eq}}^{\mathrm{pl}}$非零）。

7.3　单元与插值函数构造

本章的数值模拟主要使用了 ANSYS 的非线性分析功能。

ANSYS 软件针对所分析的不同问题分别有适用的单元类型，其单元库中有超过 100 种的单元类型。本书的有限元分析采用适用于几何与材料非线性问题分析的三维四面实体单元 SOLID92。这种单元可以考虑塑性大变形，特别适合模拟具有不规则网格划分的结构，具备处理塑性、蠕变、膨胀、应力刚化、大位移和大应变问题的能力。SOLID92 单元每个节点有 3 个自由度，包括节点坐标系 x、y、z 三个方向的位移。它的单元插值函数为在三维坐标内的二次多项式，在各个面上的节点配置和同次的二维三角形单元相同，函数是相应二维的完全多项式，从而保证了单元之间的协调性。

单元的几何特征、节点位置、坐标系统见图 7－3。单元的定义需要 10 个节点以及材料特性。

单元的输出结果包括节点位移、积分点 I、J、K、L 的应力和单元应力，给出的值均为在单元坐标系下的结果。单元应力值是单元形心处的应力，是 4 个积分点处应力值的平均。应力分量及坐标系统见图 7－4。

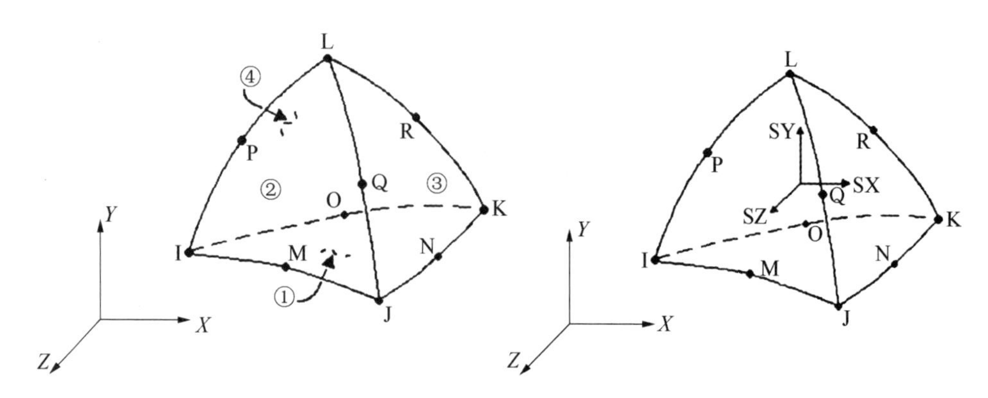

图 7-3　SOLID92 三维 10 节点四面体单元　　**图 7-4　SOLID92 单元应力输出图**

根据三维四面体单元的几何特点，引进的自然坐标是体积坐标，单元内任一点 P 的体积坐标为

$$L_1=\frac{vol(\mathrm{PJKL})}{vol(\mathrm{IJKL})},\ L_2=\frac{vol(\mathrm{PIKL})}{vol(\mathrm{IJKL})}$$

$$L_3=\frac{vol(\mathrm{PIJL})}{vol(\mathrm{IJKL})},\ L_4=\frac{vol(\mathrm{PIJK})}{vol(\mathrm{IJKL})}$$

且有

$$L_1+L_2+L_3+L_4=1$$

引入体积坐标后，SOLID92 单元的插值形函数为

$$\begin{aligned}\begin{Bmatrix}u\\v\\w\end{Bmatrix}=&\begin{Bmatrix}u_\mathrm{I}\\v_\mathrm{I}\\w_\mathrm{I}\end{Bmatrix}(2L_1-1)L_1+\begin{Bmatrix}u_\mathrm{J}\\v_\mathrm{J}\\w_\mathrm{J}\end{Bmatrix}(2L_2-1)L_2+\begin{Bmatrix}u_\mathrm{K}\\v_\mathrm{K}\\w_\mathrm{K}\end{Bmatrix}(2L_3-1)L_3\\&+\begin{Bmatrix}u_\mathrm{L}\\v_\mathrm{L}\\w_\mathrm{L}\end{Bmatrix}(2L_4-1)L_4+4\left[\begin{Bmatrix}u_\mathrm{M}\\v_\mathrm{M}\\w_\mathrm{M}\end{Bmatrix}L_1L_2+\begin{Bmatrix}u_\mathrm{N}\\v_\mathrm{N}\\w_\mathrm{N}\end{Bmatrix}L_2L_3+\begin{Bmatrix}u_\mathrm{O}\\v_\mathrm{O}\\w_\mathrm{O}\end{Bmatrix}L_1L_3\right.\\&\left.+\begin{Bmatrix}u_\mathrm{P}\\v_\mathrm{P}\\w_\mathrm{P}\end{Bmatrix}L_1L_4+\begin{Bmatrix}u_\mathrm{Q}\\v_\mathrm{Q}\\w_\mathrm{Q}\end{Bmatrix}L_2L_4+\begin{Bmatrix}u_\mathrm{R}\\v_\mathrm{R}\\w_\mathrm{R}\end{Bmatrix}L_3L_4\right]\end{aligned}\tag{7-31}$$

式中，u_i、v_i、w_i—节点 i 的位移，$i=\mathrm{I}$、J、K、L、M、N、O、P、Q、R。

7.4　有限元建模与分析

本章分别对试验中 8 个节点建立了相应的 ANSYS 有限元分析模型进行计算分析。

7.4.1　模型建立与网格划分

ANSYS 的前处理具有很大的灵活性和很强的功能，首先在几何建模过程中可以用体素如线、面、体等直接建立模型，减少了输入的工作量；其次，ANSYS 有强大的网格划分工具，在几何模型轮廓建好后，可以用“Merge”或“Partition”命令把各部分连成空间的一个整体，然后用网格自动或手动划分功能生成单元，这样划分的单元可以保证位移协调。

图 7－5 为滞回性能试件的有限元模型，模型的节点数约为 12 000，单元数约为 5 900。

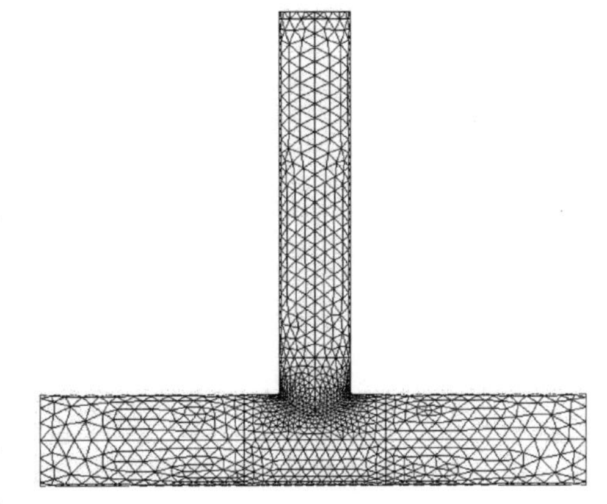

图 7－5　节点试件有限元模型

7.4.2　焊缝模拟

为了更加准确地预测相贯节点的非线性行为，焊缝的几何尺寸应该在有限元分析中予以考虑。焊缝的有限元模型见图 7－6。图 7－7 给出了 AWS 规范对焊缝模拟的建议[153-154]。

7.4.3　边界条件

考虑到试验时节点弦杆两端的约束很强，有限元模型的边界条件设置为固定约束。

7.4.4　荷载条件

加载模式有集中力加载和位移加载两种，分别代表在腹杆端部加载点施加

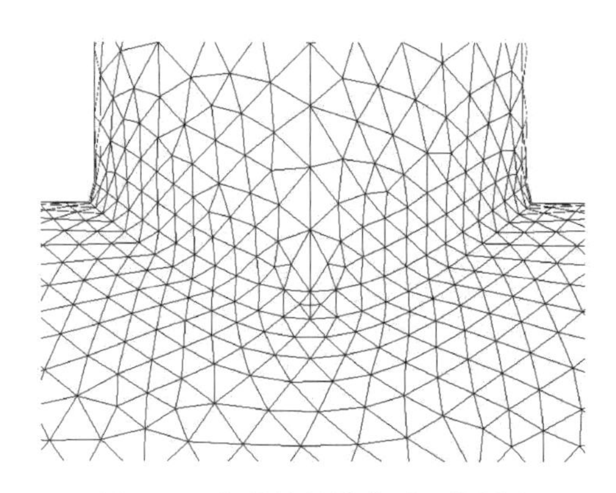

图 7-6　相贯线处的典型网格划分

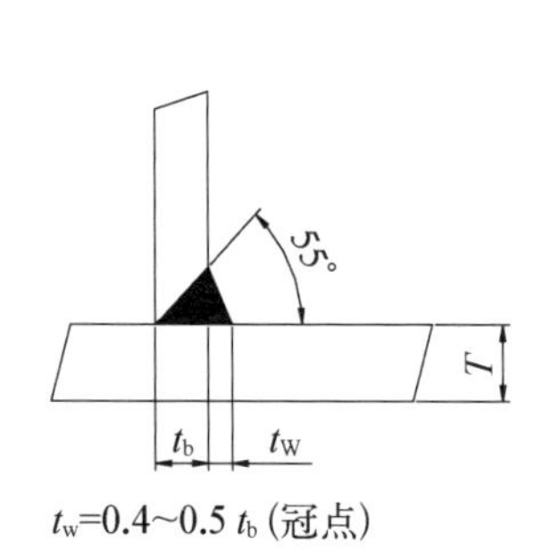

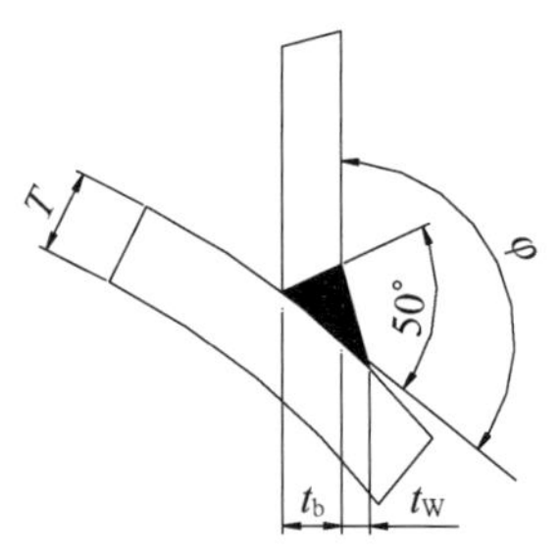

图 7-7　焊缝的数值模拟(根据 AWS D1.1 规范)

一定大小的集中力和位移值。当结构进入塑性以后，其变形与加载路径和加载历史有关。为了模拟实际的加载历史，本书有限元分析采用位移加载，每一级荷载被分成若干较小的荷载步逐步施加。为便于施加荷载，在腹杆端部建立了一块端板，为避免局部塑性变形，将端板的弹性模量设为 2.06×10^{8} MPa。

7.4.5　数值算法

模型求解选用牛顿-拉斐逊法进行非线性迭代求解。非线性求解采用 2 范数收敛准则，即

$$\|\{R\}\|_2 \leqslant R_{ref} \tag{7-32}$$

其中$\{R\}$为不平衡力向量；R_{ref}为收敛容许误差，同时有

$$\|\{R\}\|_2 = \left(\sum R_i^2\right)^{1/2} \tag{7-33}$$

7.5 数值模拟结果与分析

7.5.1 轴向滞回性能试件数值结果与试验的比较

图7-8给出了A系列节点试件的有限元计算结果和试验结果的比较。其中,对A1和A3试件给出了单向加载有限元计算结果与试验结果的比较;对A2和A4试件给出了反复加载有限元计算结果与试验结果的比较。

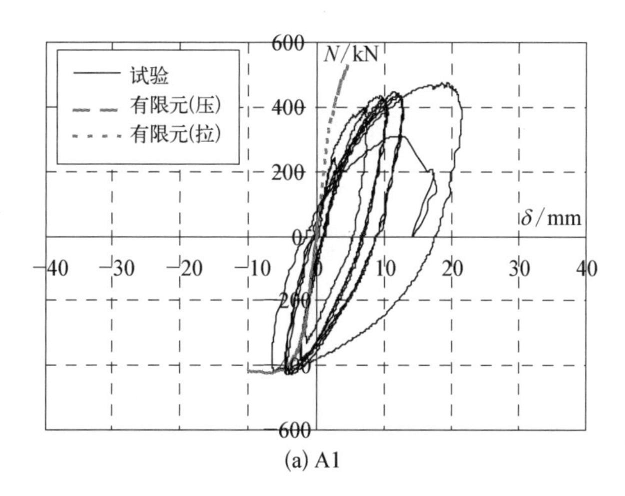

(a) A1

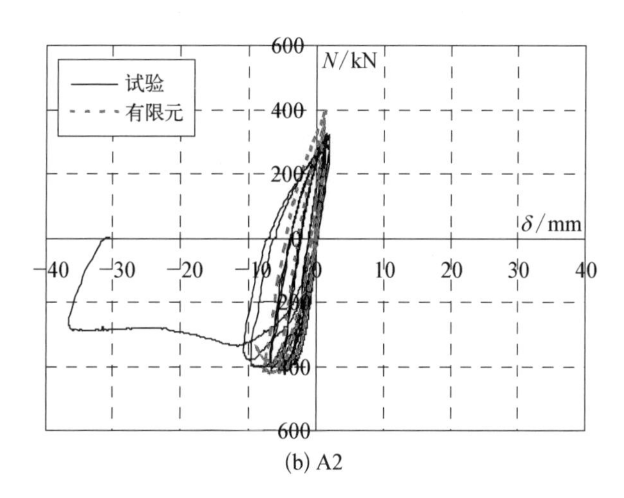

(b) A2

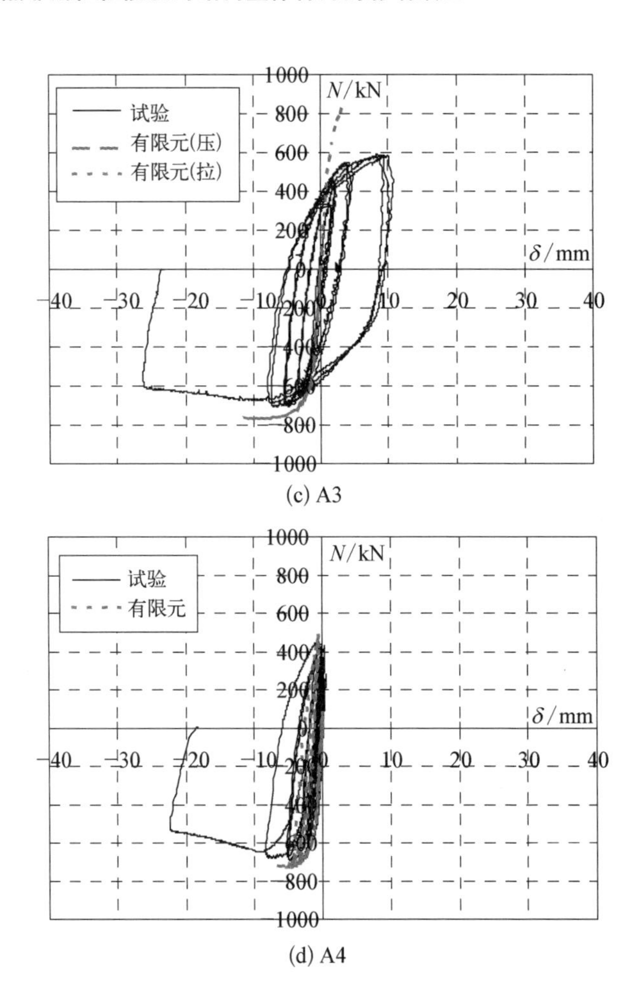

图 7-8 A 系列试件有限元计算与试验曲线的比较

由图示的比较结果可以看出，在焊缝开裂前，试验值与有限元计算值吻合较好；当焊缝开裂后，由于有限元计算没有模拟焊缝的开裂，因此对于 A1 和 A3 这两个较早出现开裂的节点试件，试验值与有限元计算值有一定差别；而对于 A2 和 A4 试件，有限元计算总体上较好地预测了节点的滞回行为。

7.5.2 轴向滞回性能试件的应力分布特点

下面以试件 A2 为例，说明节点在轴向荷载下的应力分布特点。表 7-1 首先对比了在弹性阶段同一受力状态下相贯线周边三向应变片测点(图 6-11(b))等效应力的试验实测结果与数值结果。从表中看出应力大小及分布与有限元计算结果基本吻合。

表7-1　等效应力比较　MPa

应变片编号	T1	T2	T3	T4	T5	T6	T7	T8
试验结果	93.9	60.3	103	78.1	70.2	14.7	34.1	11.7
数值结果	68～102	68～102	102～136	68～102	68～102	0～35	35～68	0～35

本节选取了节点的三个典型截面进行分析。这三个典型截面分别为腹杆截面（$y=183$）、靠近弦杆一侧焊缝截面和靠近腹杆一侧焊缝截面，在图7-9中标明了其位置。图7-10给出了轴拉力作用下三个典型截面在不同加载阶段的三向应力分布。图7-11给出了轴压力作用下三个典型截面在不同加载阶段的三向应力分布。图中横轴为腹杆截面或焊缝截面上节点对应的x坐标值，纵轴为应力值，坐标系方向如图7-9所示，坐标系原点位于弦杆与腹杆轴线交点处。

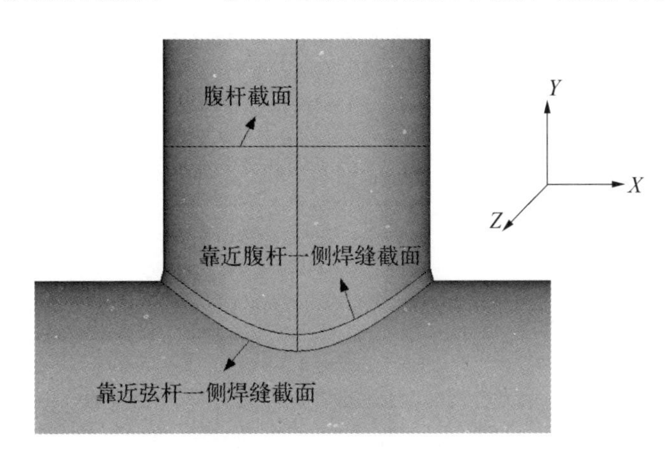

图7-9　典型截面位置

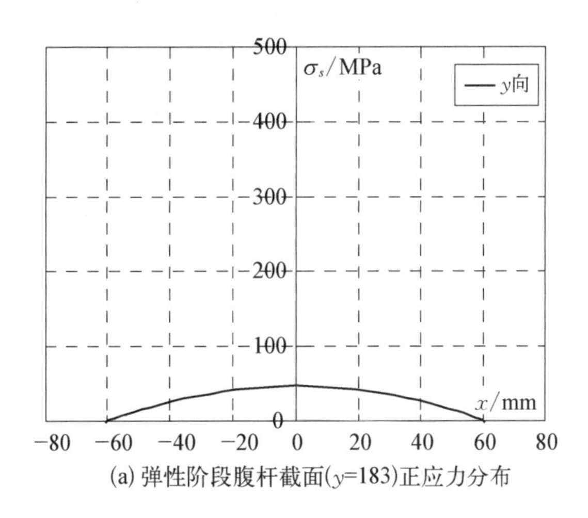

(a) 弹性阶段腹杆截面(y=183)正应力分布

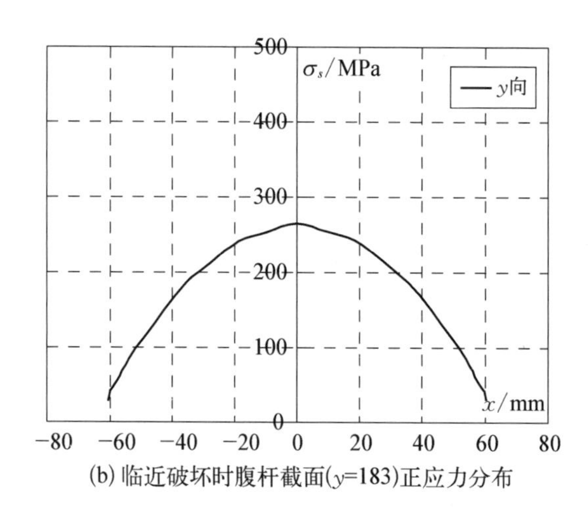

(b) 临近破坏时腹杆截面(y=183)正应力分布

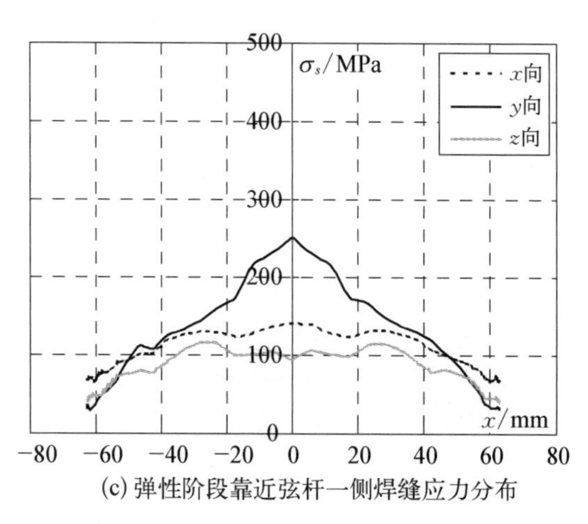

(c) 弹性阶段靠近弦杆一侧焊缝应力分布

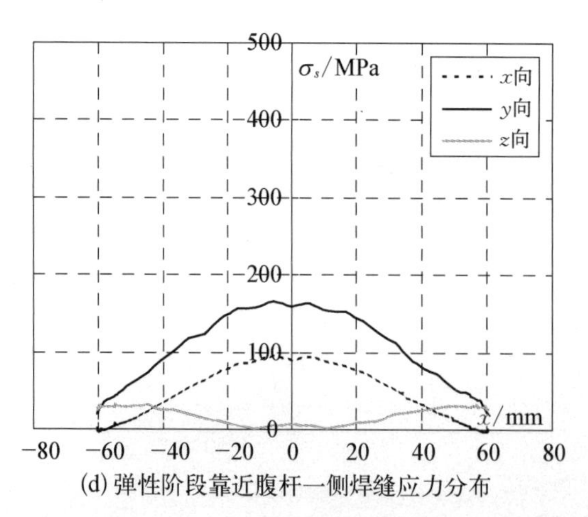

(d) 弹性阶段靠近腹杆一侧焊缝应力分布

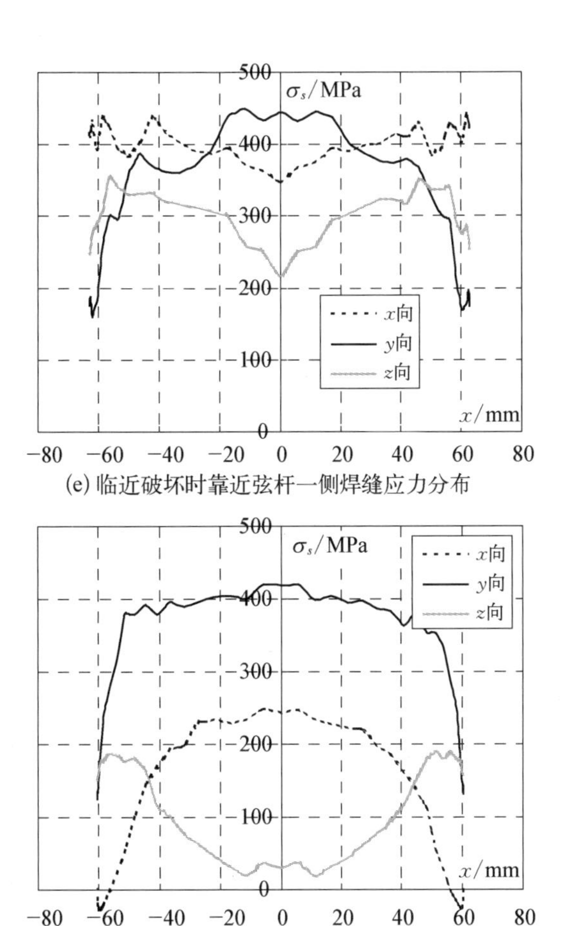

(e) 临近破坏时靠近弦杆一侧焊缝应力分布

(f) 临近破坏时靠近腹杆一侧焊缝应力分布

图7-10　A2试件在轴拉力作用下的三向应力分布

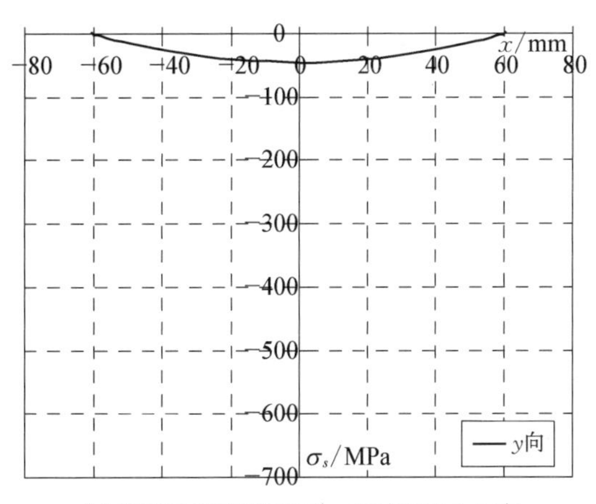

(a) 弹性阶段腹杆截面(y=183)正应力分布

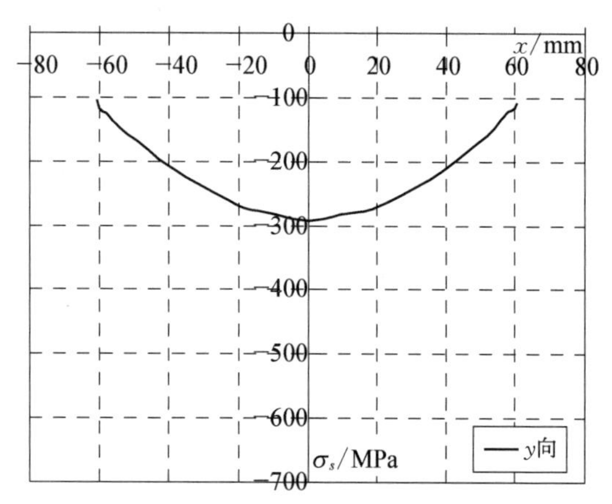

(b) 临近破坏时腹杆截面(y=183)正应力分布

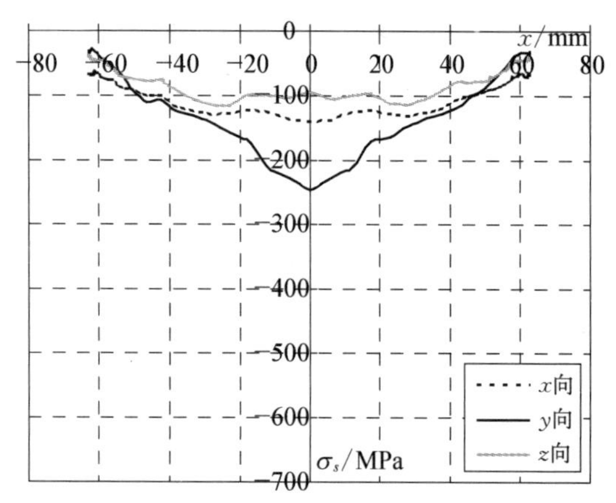

(c) 弹性阶段靠近弦杆一侧焊缝应力分布

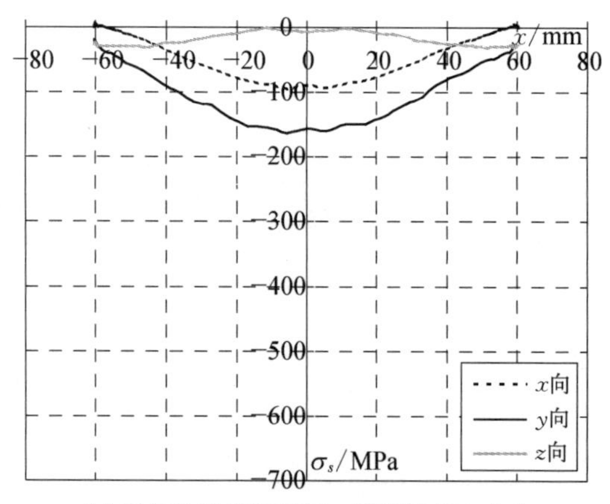

(d) 弹性阶段靠近腹杆一侧焊缝应力分布

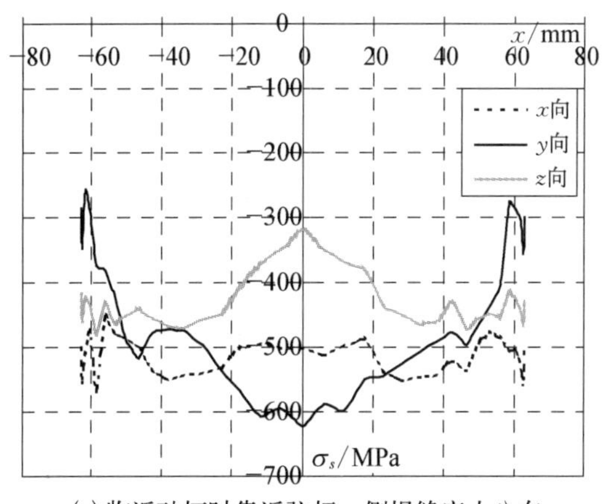

(e) 临近破坏时靠近弦杆一侧焊缝应力分布

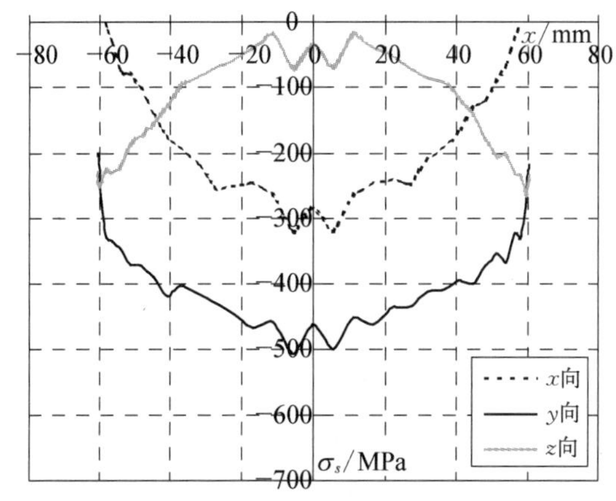

(f) 临近破坏时靠近腹杆一侧焊缝应力分布

图 7-11　A2 试件在轴压力作用下的三向应力分布

从图中可以看出以下特点：① 从不同位置 y 向应力大小的比较来看，靠近弦杆一侧焊缝最大，靠近腹杆一侧焊缝次之，腹杆截面最小，且鞍点处应力显著高于冠点处应力；② 从不同加载阶段的比较来看，节点临近破坏时腹杆截面的 y 向正应力分布不均匀性高于弹性阶段，对应鞍点位置与对应冠点位置之间的应力差别增大；而对于相贯线处应力来说，塑性是从中央鞍点逐渐向两侧冠点位置扩展，最终形成塑性区；③ 在相贯线周围存在三向拉力场作用，且靠近弦杆一侧焊缝处的三向拉力场比靠近腹杆一侧焊缝处更为显著。

7.5.3　弯曲滞回性能试件数值结果与试验的比较

图 7-12 给出了 B 系列节点试件的反复加载有限元计算结果和试验结果的

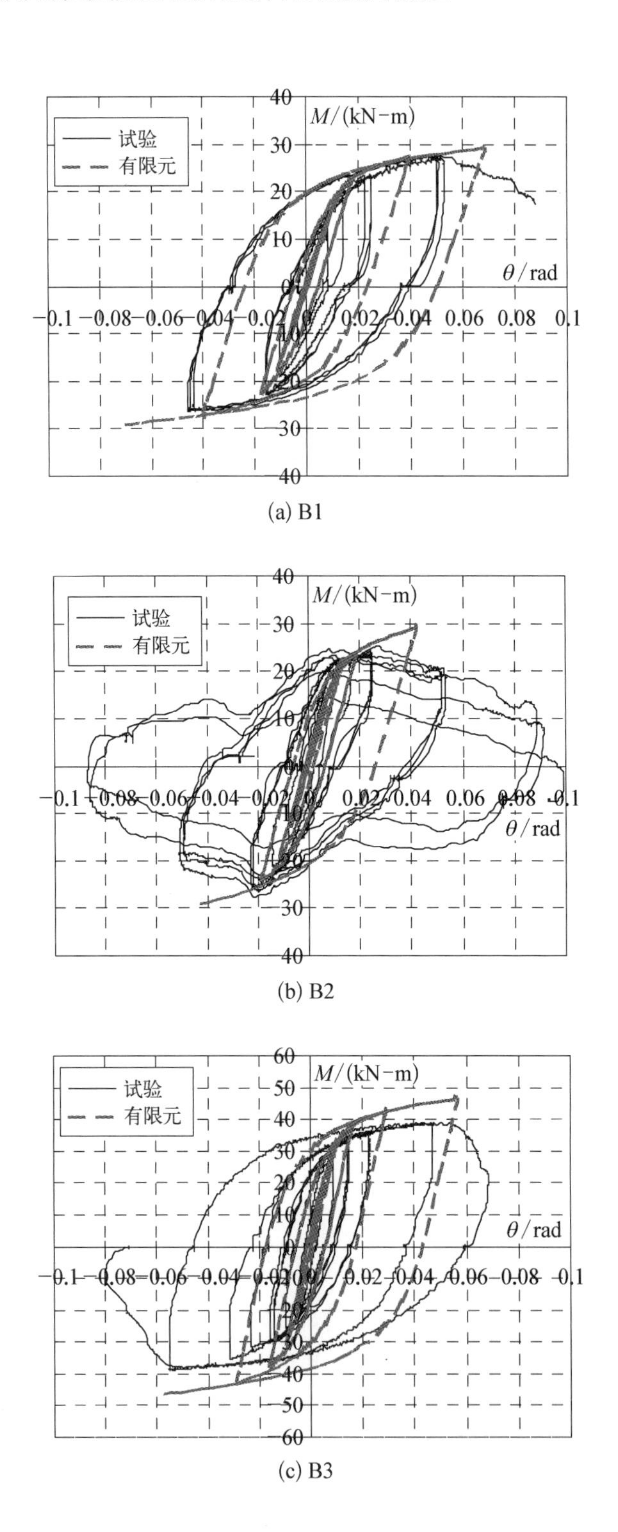

(a) B1

(b) B2

(c) B3

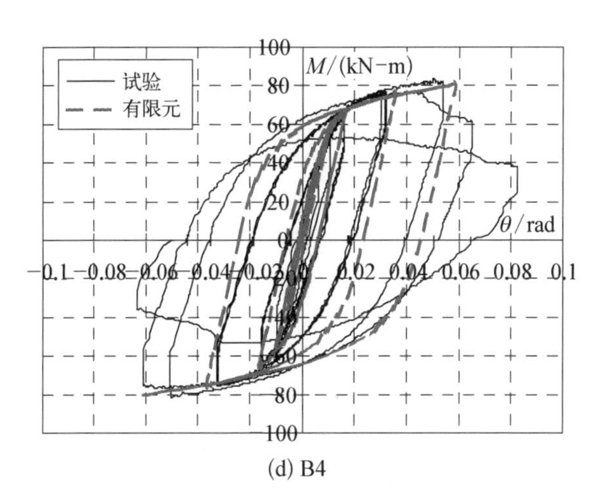

(d) B4

图 7-12　B 系列试件有限元计算与试验曲线的比较

比较。通过对比可以发现，在循环荷载施加的初期二者的弹性刚度十分接近；随着循环荷载的施加，有限元计算的节点承载力高于试验结果。这种差异主要是在试验中节点焊缝或热影响区开裂后，由于在有限元计算中只考虑塑性发展，未考虑焊缝或者钢材的断裂造成的，因此有限元计算的承载力比试验值高。

7.5.4　弯曲滞回性能试件的应力分布特点

下面分别以试件 B1 和 B2 为例，说明相贯节点在弯矩作用下和轴力与弯矩共同作用下的应力分布特点。表 7-2 首先对比了在弹性阶段同一受力状态下试件 B1 相贯线周边三向应变片测点(图 6-13(a))等效应力的试验实测结果与数值结果。从表中看出应力大小及分布与有限元计算结果比较吻合。

表 7-2　等效应力比较　MPa

应变片编号	T1	T2	T3	T4	T5	T6	T7	T8
试验结果	146.5	39	134.3	75.5	68.2	72.4	12	58.5
数值结果	139～173	0～35	139～173	69～104	69～104	35～69	0～35	35～69

图 7-13 给出了 B1 试件三个典型截面(图 7-9)在弯矩作用下的三向应力分布。图中横轴为腹杆截面或焊缝截面上节点对应的 x 坐标值，纵轴为应力值，坐标系方向如图 7-9 所示，坐标系原点位于弦杆与腹杆轴线交点处。

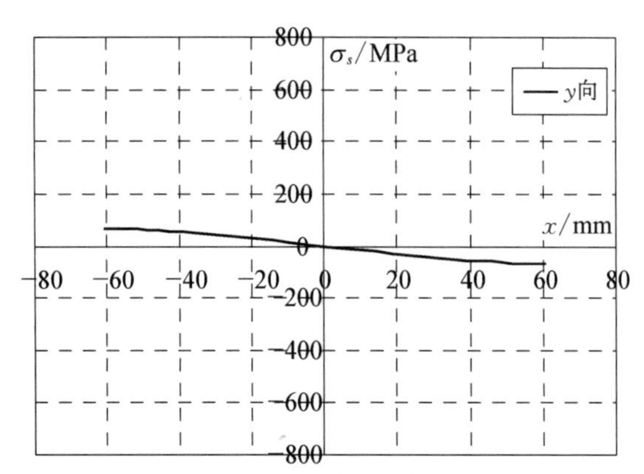

(a) 弹性阶段腹杆截面(y=183)正应力分布

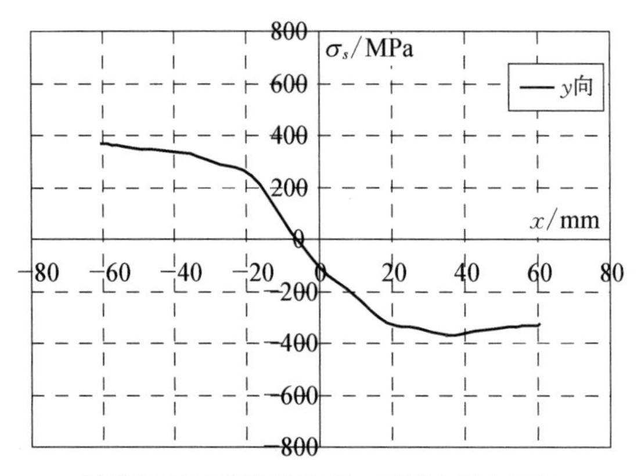

(b) 临近破坏时腹杆截面(y=183)正应力分布

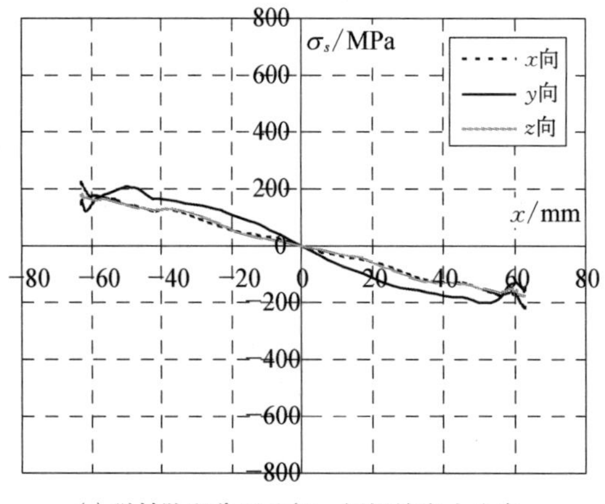

(c) 弹性阶段靠近弦杆一侧焊缝应力分布

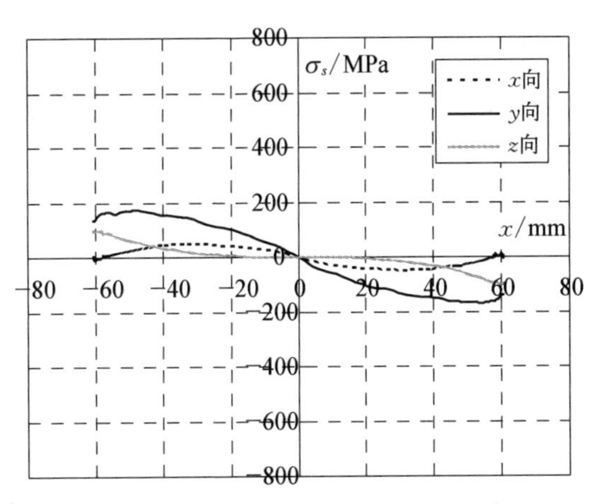

(d) 弹性阶段靠近腹杆一侧焊缝应力分布

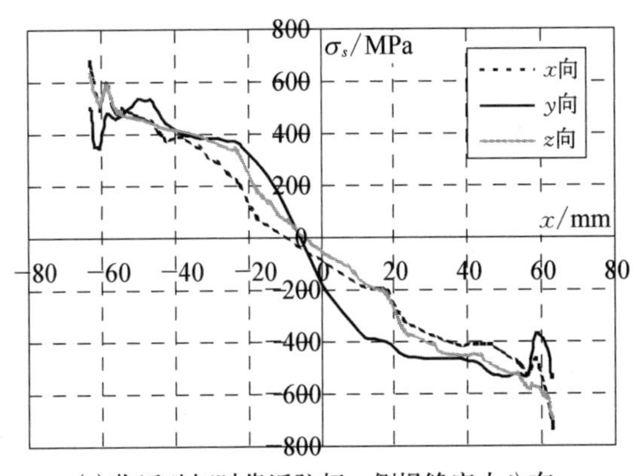

(e) 临近破坏时靠近弦杆一侧焊缝应力分布

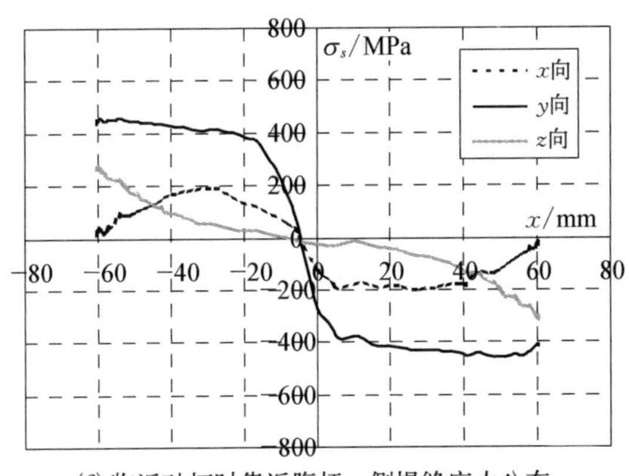

(f) 临近破坏时靠近腹杆一侧焊缝应力分布

图 7－13　B1 试件的三向应力分布

从图中可以看出以下特点：① 从不同位置的边缘 y 向应力(冠点处)大小的比较来看，靠近弦杆一侧焊缝和靠近腹杆一侧焊缝处高于腹杆截面；② 从不同加载阶段的比较来看，当处于弹性阶段时，腹杆横截面的 y 向正应力分布遵从平截面假定，而当进入塑性阶段后，应力分布不再遵从该假定，且截面中和轴逐渐向受拉侧移动；对于相贯线处应力来说，塑性则从两侧冠点逐渐向中央鞍点位置扩展，最终形成塑性区；③ 在相贯线受拉冠点处存在显著的三向拉力场作用。

图 7－14 给出了 B2 试件三个典型截面(图 7－9)在弯矩与轴力共同作用下的三向应力分布。

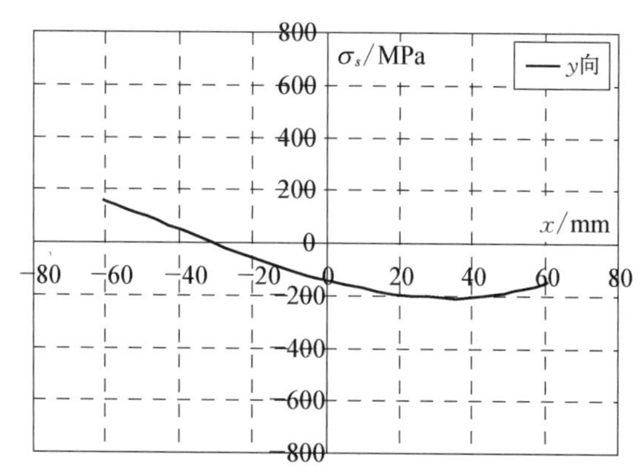

(a) 初始阶段腹杆截面(y=183)正应力分布

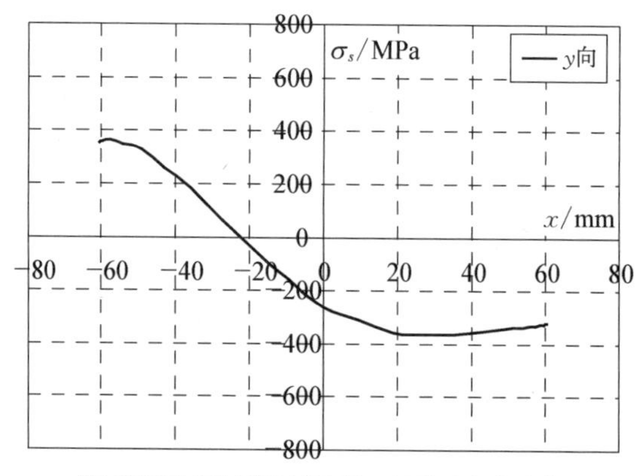

(b) 临近破坏时腹杆截面(y=183)正应力分布

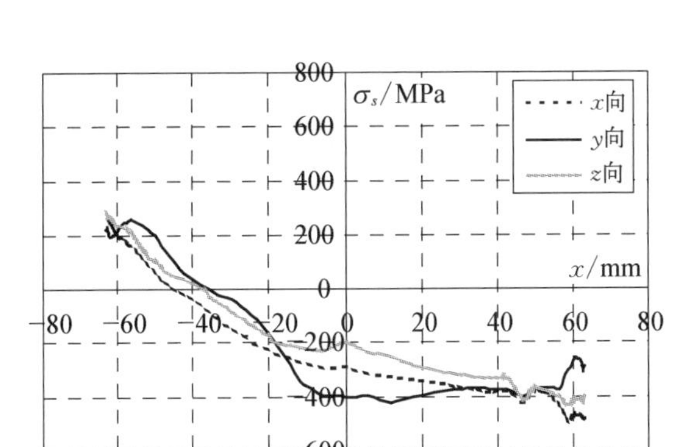

(c) 初始阶段靠近弦杆一侧焊缝应力分布

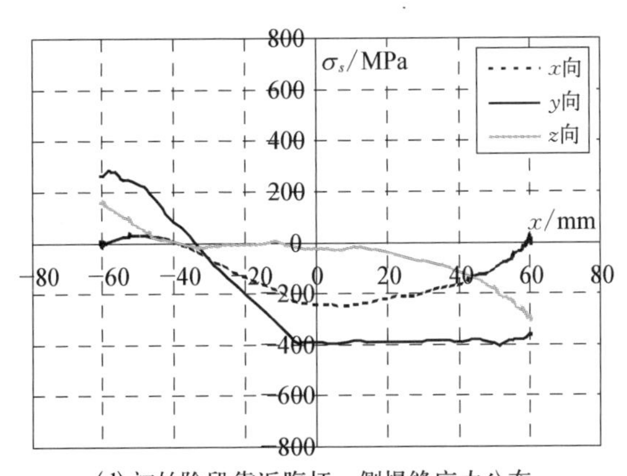

(d) 初始阶段靠近腹杆一侧焊缝应力分布

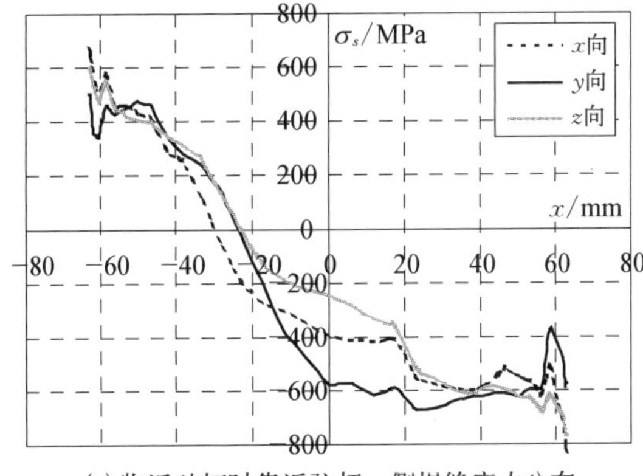

(e) 临近破坏时靠近弦杆一侧焊缝应力分布

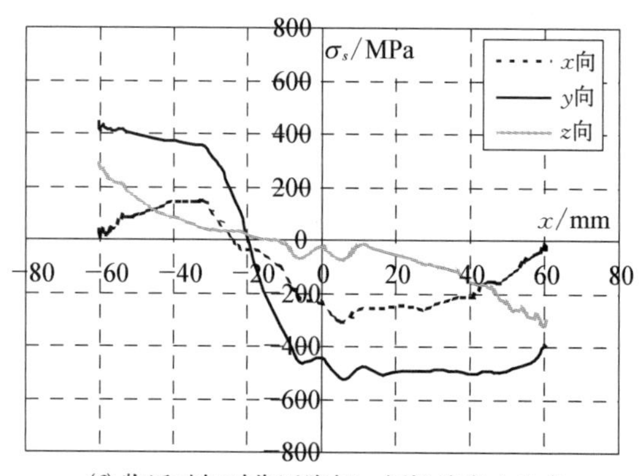

(f) 临近破坏时靠近腹杆一侧焊缝应力分布

图 7－14　B2 试件的三向应力分布

从图中可以看出以下特点：① 当腹杆被预先施加轴压力作用后，节点相贯线周围区域就已进入塑性；② 从不同位置的边缘 y 向应力（冠点处）大小的比较来看，靠近弦杆一侧焊缝和靠近腹杆一侧焊缝处高于腹杆截面；③ 由于腹杆预压力的作用，在加载全过程中受压边缘的 y 向应力绝对值均高于受拉边缘的 y 向应力；④ 随着荷载增加，相贯线冠点处塑性逐渐向中央扩展；⑤ 在靠近弦杆一侧焊缝受拉冠点处存在显著的三向拉力场作用。

7.6　相贯节点轴向滞回性能的参数计算与分析

7.6.1　参数试件设计

为考察相贯节点几何特征参数对其滞回性能的影响，首先设计了一基本试件 BS，然后在此基础上变化各参数从而分别完成对 β、γ 和 τ 的参数分析试件设计，其具体几何尺寸及参数见表 7－3。

表 7－3　几何尺寸及参数

编　号	$D\times T$ /mm×mm	$d\times t$ /mm×mm	β	γ	τ
BS	300×10	150×6	0.50	15	0.6
β1	300×10	240×6	0.80	15	0.6

续　表

编　号	$D\times T$ /mm×mm	$d\times t$ /mm×mm	β	γ	τ
β2	300×10	100×6	0.33	15	0.6
γ1	300×15	150×9	0.50	10	0.6
γ2	300×20	150×12	0.50	7.5	0.6
τ1	300×10	150×4	0.50	15	0.4
τ2	300×10	150×8	0.50	15	0.8

7.6.2　轴向加载制度

由于相贯节点在腹杆受拉和受压时具有不同的性能，特别是在节点进入塑性后差异较大，而抗震性能研究的重点又是在弹性阶段之后，所以采用以下加载制度研究节点的轴向滞回性能。

反复加载前先分别计算节点在拉、压方向单向加载时的行为，根据单向荷载作用下的腹杆端部荷载-位移曲线确定屈服荷载 N_y^+、N_y^- 与屈服位移 Δ_y^+、Δ_y^-。

取荷载受拉为正，受压为负，循环加载全过程均用变形控制，并按以下方式进行：

$\Delta_y^+/4\sim\Delta_y^-/4$，1 周

$\Delta_y^+/2\sim\Delta_y^-/2$，1 周

$\Delta_y^+\sim\Delta_y^-$，3 周

$3\Delta_y^+/1.4\sim3\Delta_y^-$，3 周

$5\Delta_y^+/1.4\sim5\Delta_y^-$，3 周

7.6.3　计算结果

本节主要讨论相贯节点试件在反复荷载作用下的有限元计算结果，同时给出了各个系列的相贯节点试件在单向荷载作用下的 $N/N_{by}-\delta/\delta_y$ 曲线。这里，N 是腹杆轴向荷载；N_{by}是腹杆达到全截面塑性时的轴力；δ 是弦、腹杆相贯面的相对凹凸变形；δ_y是屈服变形。

1. 基本试件的计算结果

基本试件 BS 在单向荷载下的荷载位移曲线见图 7－15(a)，虚线代表 Yura 变形限值。由图可见，按 Yura 变形限值确定的节点抗拉承载力略高于腹杆全截面屈服轴力，节点极限抗压承载力低于腹杆全截面屈服轴力。图 7－15(b)为 BS 在反复荷载下的滞回曲线。由图可见，滞回曲线饱满、稳定，基本可为单调曲线所包覆。受拉循环曲线较受压循环曲线更为扁平。

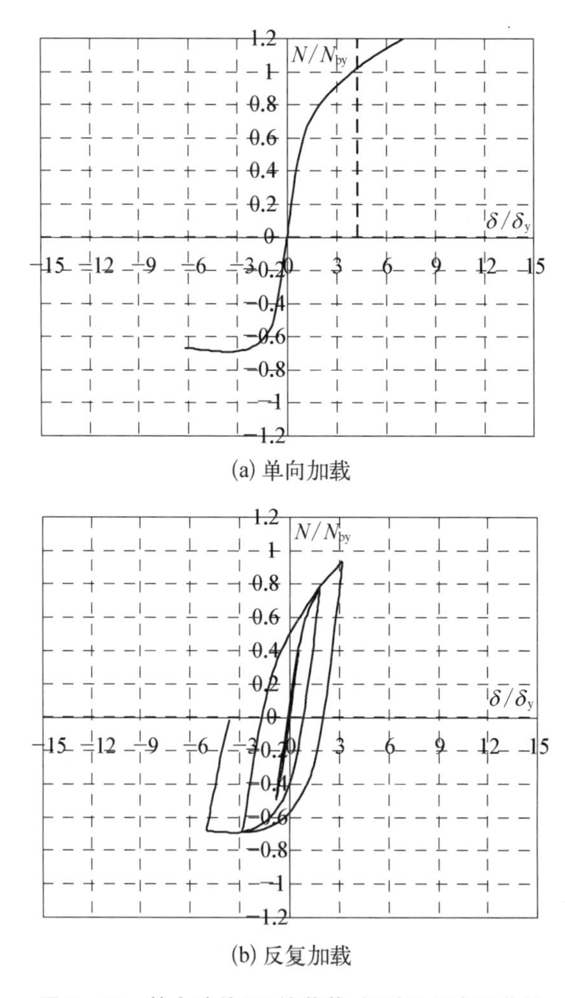

(a) 单向加载

(b) 反复加载

图 7－15　基本试件 BS 的荷载-相对凹凸变形曲线

2. β 参数试件的计算结果

该系列试件除参数 β 与基本试件 BS 不同外，其他几何参数与基本试件相同。试件 β_1 与 β_2 在单向荷载下的荷载位移曲线分别见图 7－16(a)和图 7－17(a)，虚线代表 Yura 变形限值。由图可见，按 Yura 变形限值确定的节点抗拉承载力与腹杆全截面屈服轴力较为接近，节点极限抗压承载力低于腹杆全截面屈服轴力。图 7－16(b)和图 7－17(b)分别为 β_1 与 β_2 在反复荷载下的滞回曲线。由图可见，滞回曲线饱满、稳定，基本可为单调曲线所包覆。受拉循环曲线较受压循环曲线更为扁平。

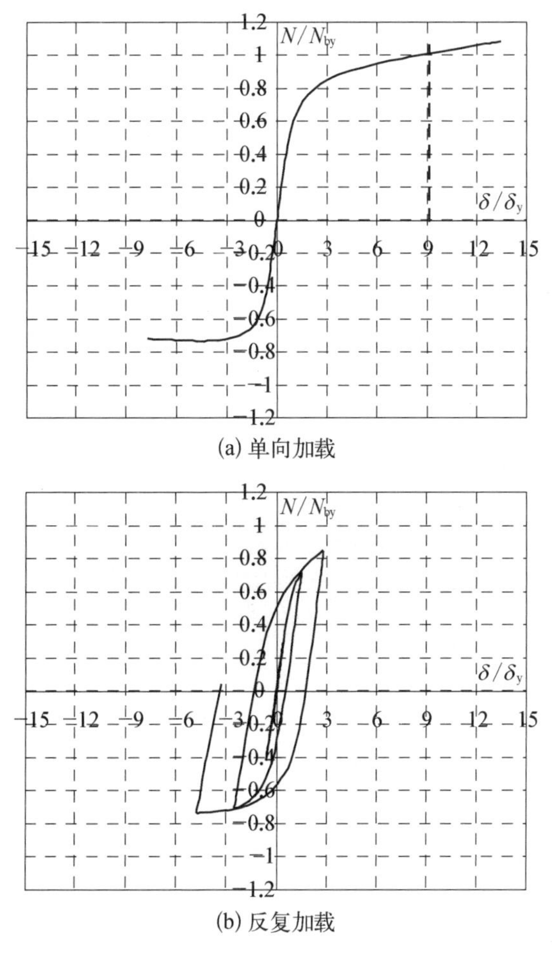

(a) 单向加载

(b) 反复加载

图 7－16　试件 β_1 的荷载-相对凹凸变形曲线

3. γ 参数试件的计算结果

该系列试件除参数 γ 与基本试件 BS 不同外，其他几何参数与基本试件相同。试件 γ_1 与 γ_2 在单向荷载下的荷载位移曲线分别见图 7－18(a)和图 7－19(a)，虚线代表 Yura 变形限值。由图可见，按 Yura 变形限值确定的节点抗拉承载力均

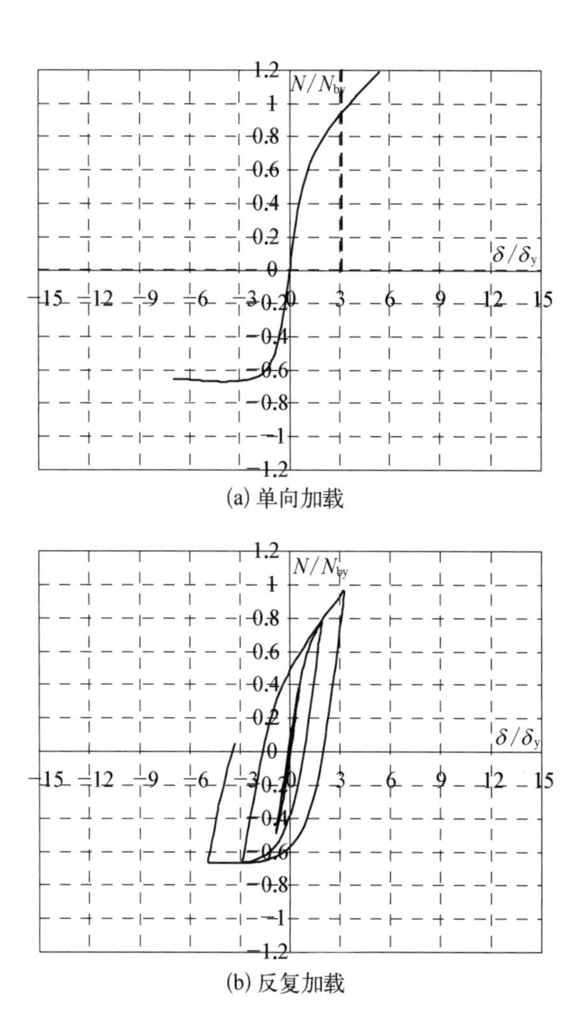

(a) 单向加载

(b) 反复加载

图 7－17　试件 β_2 的荷载-相对凹凸变形曲线

高于腹杆全截面屈服轴力，试件 γ_1 的节点极限抗压承载力低于腹杆全截面屈服轴力，而试件 γ_2 的节点极限抗压承载力高于腹杆全截面屈服轴力。图 7－18(b)和图 7－19(b)分别为 γ_1 与 γ_2 在反复荷载下的滞回曲线。由图可见，滞回曲线饱满、稳定，基本可为单调曲线所包覆。受拉循环曲线较受压循环曲线更为扁平。

4. τ 参数试件的计算结果

该系列试件除参数 τ 与基本试件 BS 不同外，其他几何参数与基本试件相同。试件 τ_1 与 τ_2 在单向荷载下的荷载位移曲线分别见图 7－20(a)和图 7－21(a)，虚线代表 Yura 变形限值。

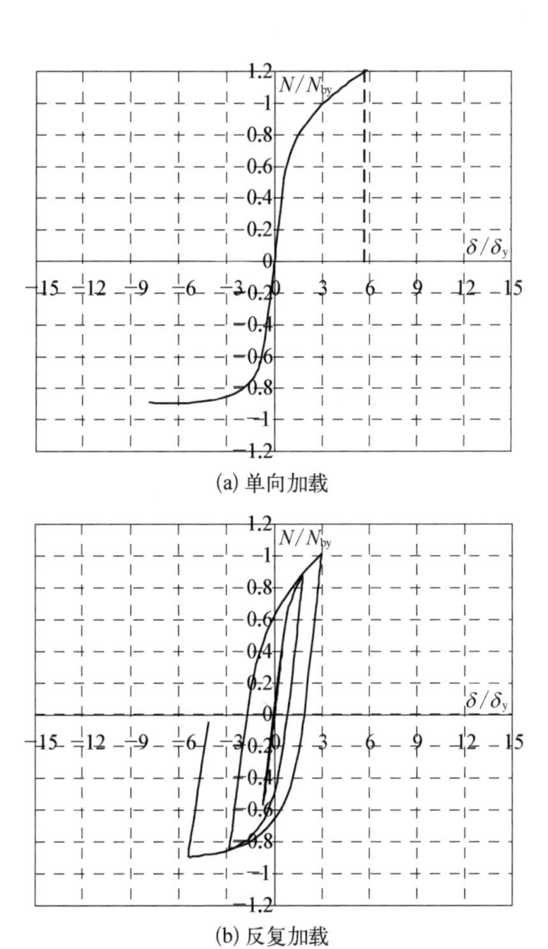

(a) 单向加载

(b) 反复加载

图 7 - 18　试件 γ_1 的荷载-相对凹凸变形曲线

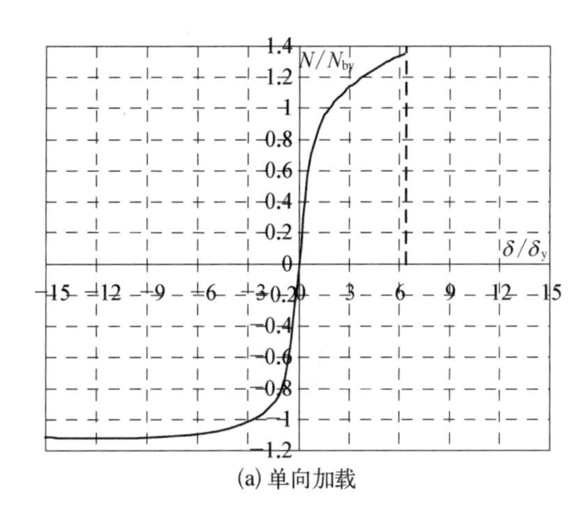

(a) 单向加载

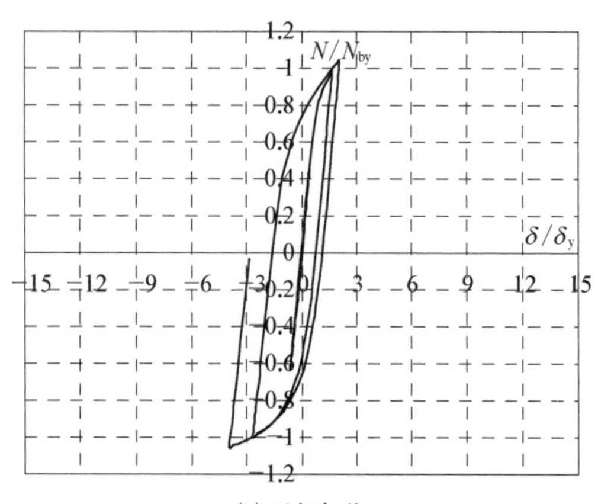

(b) 反复加载

图 7-19　试件 γ_2 的荷载-相对凹凸变形曲线

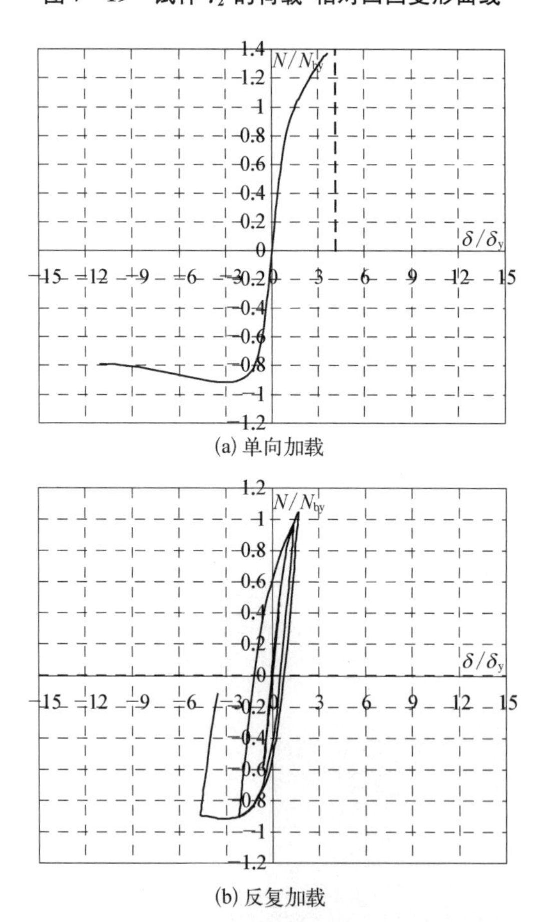

(a) 单向加载

(b) 反复加载

图 7-20　试件 τ_1 的荷载-相对凹凸变形曲线

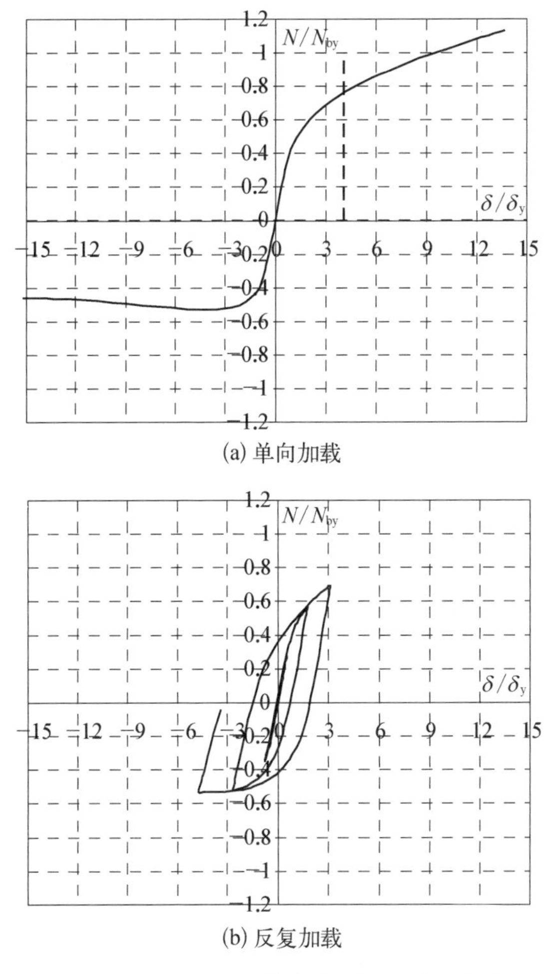

(a) 单向加载

(b) 反复加载

图 7-21　试件 τ_2 的荷载-相对凹凸变形曲线

由图可见，按 Yura 变形限值确定的节点抗拉承载力均高于腹杆全截面屈服轴力，试件 τ_1 的节点极限抗压承载力大大高于腹杆全截面屈服轴力，而试件 τ_2 的节点极限抗压承载力低于腹杆全截面屈服轴力。图 7-20(b)和图 7-21(b)分别为 τ_1 与 τ_2 在反复荷载下的滞回曲线。由图可见，滞回曲线饱满、稳定，基本可为单调曲线所包覆。受拉循环曲线较受压循环曲线更为扁平。

7.6.4　参数分析

1. 腹杆与弦杆直径比 β 对相贯节点轴向滞回性能的影响

评价节点滞回性能的重要指标之一是节点延性系数。节点延性系数 μ 定义为极限相对凹凸变形δ_u与屈服凹凸变形δ_y的比值。当节点受拉时,δ_u为Yura变形限值;当节点受压时,δ_u为节点达极限承载力时对应的变形。δ_y根据Kurobane准则确定。该指标是节点抵抗地震作用能力的有效度量,延性系数越大,节点进入塑性后承受大变形的潜力越大,节点延性越好。

评价节点滞回性能的另一重要指标是节点累积能量耗散比,定义为

$$\eta_a=\sum_{i=1}^{n}\frac{S_i^{+}+S_i^{-}}{S_y}\tag{7-34}$$

式中,n为循环次数;i为循环序数;S_i^{+}为第i循环正向荷载位移曲线的面积;S_i^{-}为第i循环负向荷载位移曲线的面积;$S_y=(1/2)P_y\Delta_y$,P_y为广义屈服荷载;Δ_y为广义屈服位移。

图7-22(a)为根据定义计算得到的腹杆与弦杆直径比β与受拉和受压延性系数的关系图。图7-22(b)为根据定义计算得到的腹杆与弦杆直径比β与累积能量耗散比的关系图。

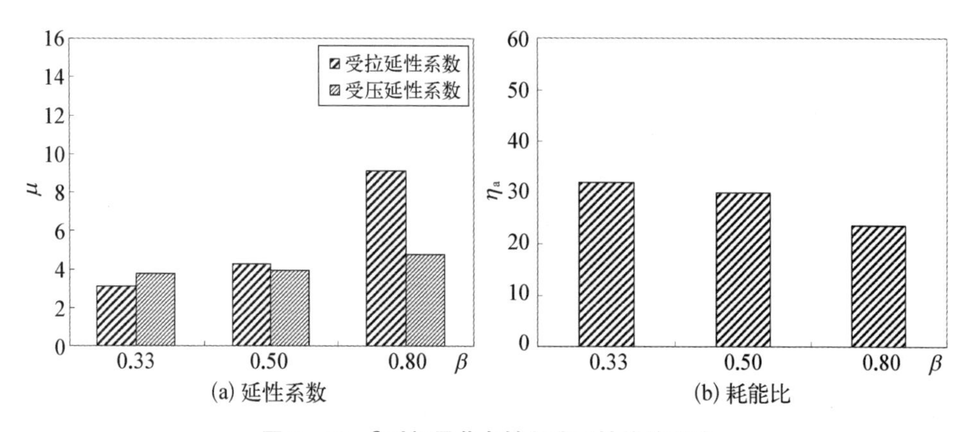

图7-22 β对相贯节点轴向滞回性能的影响

从图中比较可以看出,β越大,延性系数越大,表明节点延性越好,这与表6-8中计算得到的试件A2与A4的延性大小关系吻合。从图中还可看出,β对节点受拉延性系数的影响比对受压延性系数的影响显著。从能量耗散比的角度来看,β越大,累积能量耗散比越小,耗能能力越低。

2. 弦杆径厚比γ对相贯节点轴向滞回性能的影响

图7-23(a)为根据定义计算得到的弦杆径厚比γ与受拉和受压延性系数的关系图。图7-23(b)为根据定义计算得到的弦杆径厚比γ与累积能量耗散比的关系图。

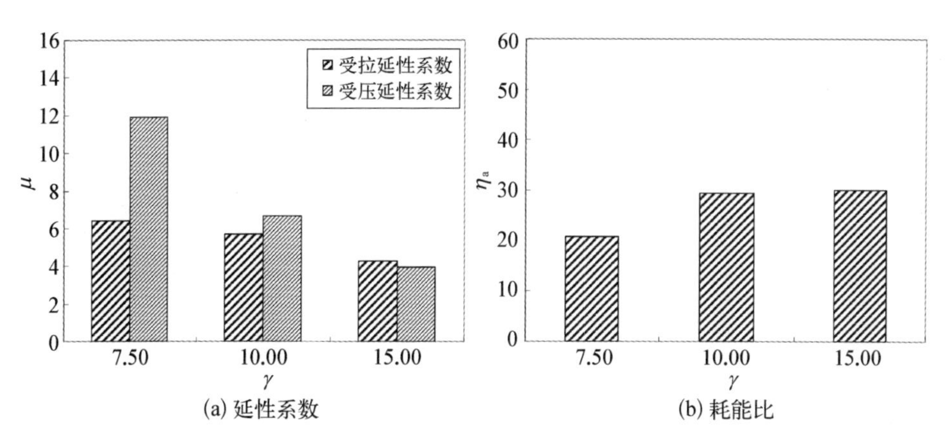

(a) 延性系数　(b) 耗能比

图7-23　γ 对相贯节点轴向滞回性能的影响

从图中比较可以看出，γ 越大，延性系数越小，表明节点延性越差，这与表6-8中计算得到的试件A2与A3的延性大小关系吻合。从图中还可看出，γ 对节点受压延性系数的影响比对受拉延性系数的影响显著。从能量耗散比的角度来看，γ 越大，累积能量耗散比越大，耗能能力越强。

3. 腹杆与弦杆厚度比 τ 对相贯节点轴向滞回性能的影响

图7-24(a)为根据定义计算得到的腹杆与弦杆厚度比 τ 与受拉和受压延性系数的关系图。图7-24(b)为根据定义计算得到的腹杆与弦杆厚度比 τ 与累积能量耗散比的关系图。

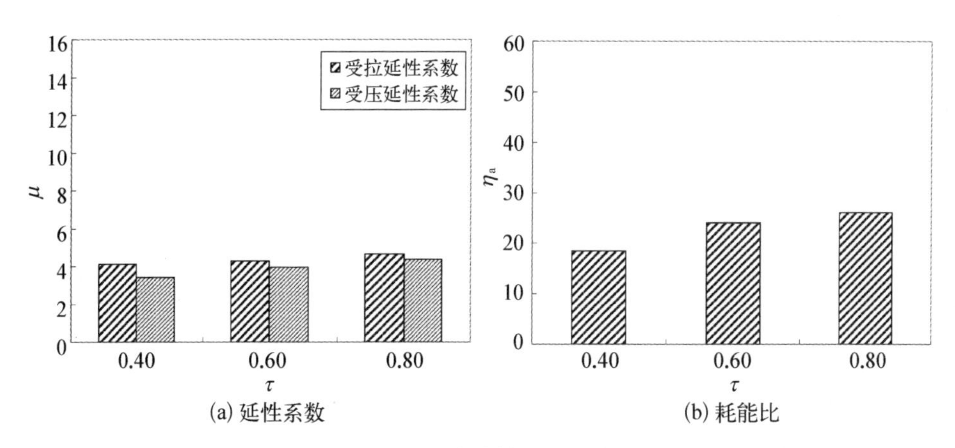

(a) 延性系数　(b) 耗能比

图7-24　τ 对相贯节点轴向滞回性能的影响

从图中比较可以看出，τ 越大，延性系数越大，表明节点延性越好，但总体上

τ 对延性影响不大。从能量耗散比的角度来看，τ 越大，累积能量耗散比越大，耗能能力越强。

7.7 相贯节点弯曲滞回性能的参数计算与分析

7.7.1 参数试件设计

弯曲滞回性能试件的参数设计思路与轴向滞回性能试件相同，其具体几何尺寸及参数见表 7-3 所列。

7.7.2 弯曲加载制度

采用以下加载制度研究相贯节点的弯曲滞回性能：

反复加载前先计算节点在单向加载时的行为，根据单向荷载作用下的腹杆端部侧向荷载-位移曲线确定屈服荷载 H_y^+、H_y^- 与侧向屈服位移 Δ_y^+、Δ_y^-。

循环加载全过程均用变形控制，并按以下方式进行：

$\Delta_y^+/4 \sim \Delta_y^-/4$，1 周

$\Delta_y^+/2 \sim \Delta_y^-/2$，1 周

$\Delta_y^+ \sim \Delta_y^-$，3 周

$3\Delta_y^+ \sim 3\Delta_y^-$，3 周

$5\Delta_y^+ \sim 5\Delta_y^-$，3 周

7.7.3 计算结果

本节主要讨论相贯节点试件在反复荷载作用下的有限元计算结果，同时给出了各个系列的相贯节点试件在单向荷载作用下的 M/M_{bp}- θ/θ_y 曲线。这里，M 是节点平面内弯矩；M_{by} 是腹杆根部达到全截面塑性时的弯矩；θ 是弦、腹杆相贯面的相对转角；θ_y 是屈服转角。

1. 基本试件的计算结果

基本试件 BS 在单向荷载下的荷载位移曲线见图 7-25(a)，虚线代表 Yura 变形限值。由图可见，按 Yura 变形限值确定的节点抗弯承载力高于腹杆根部

全截面屈服弯矩。图 7-25(b)为 BS 在反复荷载下的滞回曲线。由图可见，滞回曲线饱满、稳定、对称，可为单调曲线所包覆。

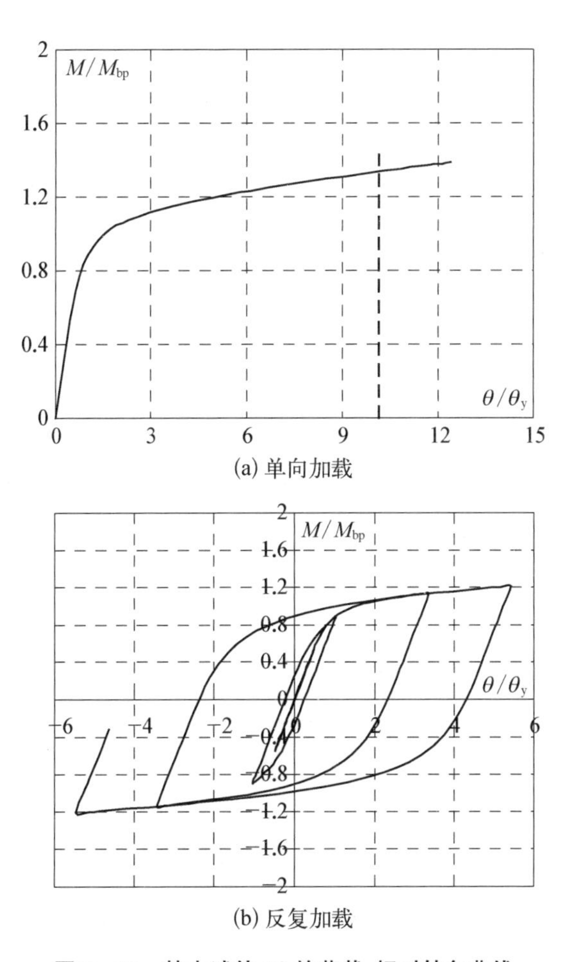

图 7-25　基本试件 BS 的荷载-相对转角曲线

2. β 参数试件的计算结果

该系列试件除参数 β 与基本试件 BS 不同外，其他几何参数与基本试件相同。试件 β_1 与 β_2 在单向荷载下的荷载位移曲线分别见图 7-26(a)和图 7-27(a)，虚线代表 Yura 变形限值。由图可见，按 Yura 变形限值确定的节点抗弯承载力高于腹杆根部全截面屈服弯矩。图 7-26(b)和图 7-27(b)分别为 β_1 与 β_2 在反复荷载下的滞回曲线。由图可见，滞回曲线饱满、稳定、对称，可为单调曲线所包覆。

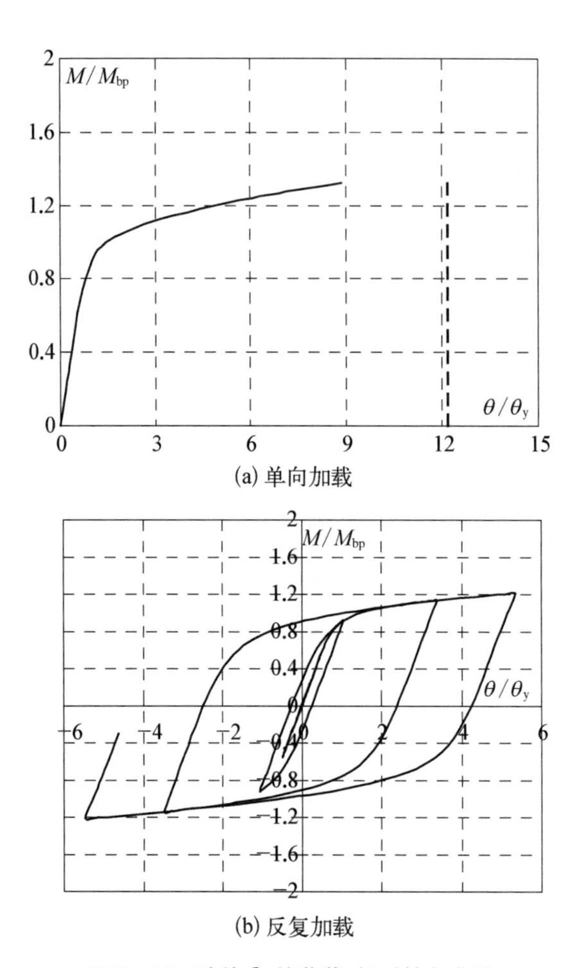

(a) 单向加载

(b) 反复加载

图 7-26　试件 β_1 的荷载-相对转角曲线

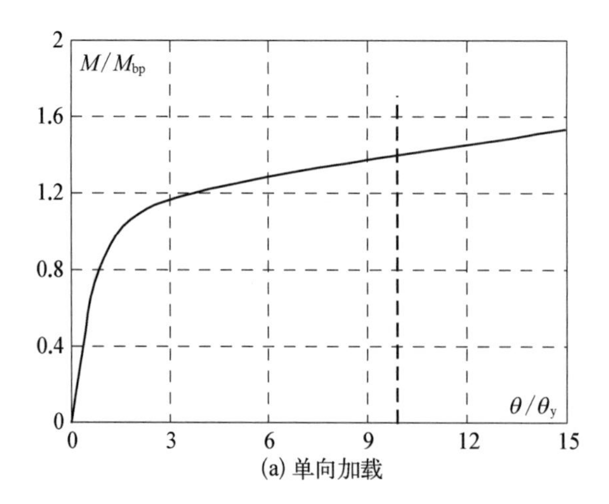

(a) 单向加载

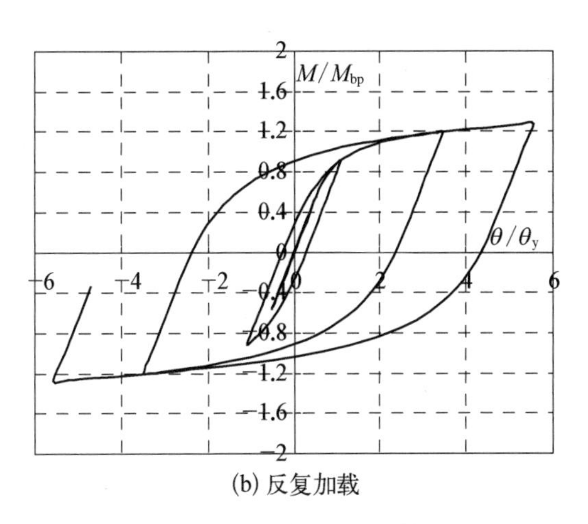

(b) 反复加载

图 7-27　试件 β_2 的荷载-相对转角曲线

3. γ 参数试件的计算结果

该系列试件除参数 γ 与基本试件 BS 不同外，其他几何参数与基本试件相同。试件 γ_1 与 γ_2 在单向荷载下的荷载位移曲线分别见图 7-28(a)和图 7-29(a)，虚线代表 Yura 变形限值。由图可见，按 Yura 变形限值确定的节点抗弯承载力远高于腹杆根部全截面屈服弯矩。图 7-28(b)和图 7-29(b)分别为 γ_1 与 γ_2 在反复荷载下的滞回曲线。由图可见，滞回曲线饱满、稳定、对称，可为单调曲线所包覆。

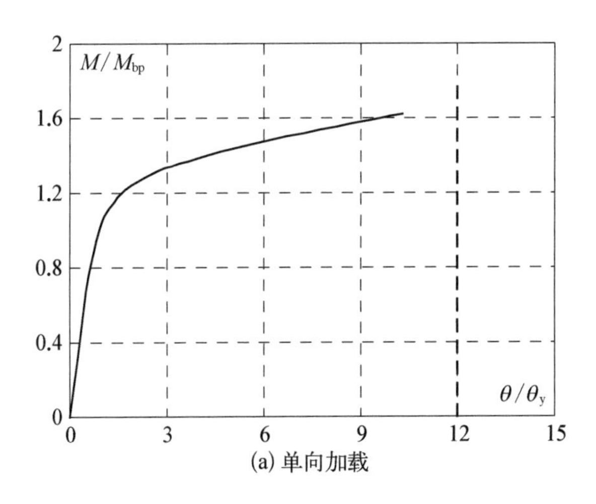

(a) 单向加载

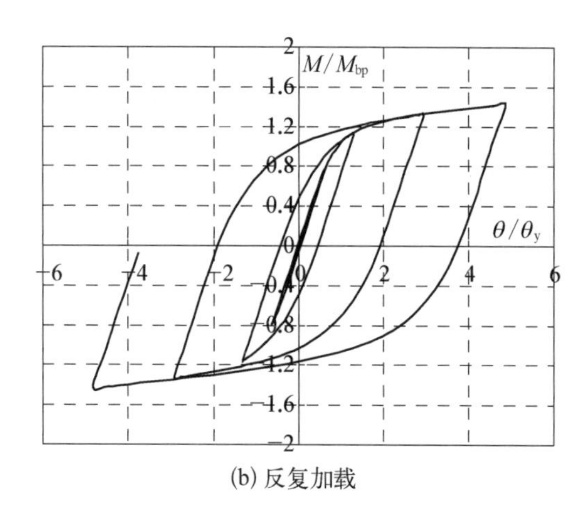

(b) 反复加载

图 7-28　试件 γ_1 的荷载-相对转角曲线

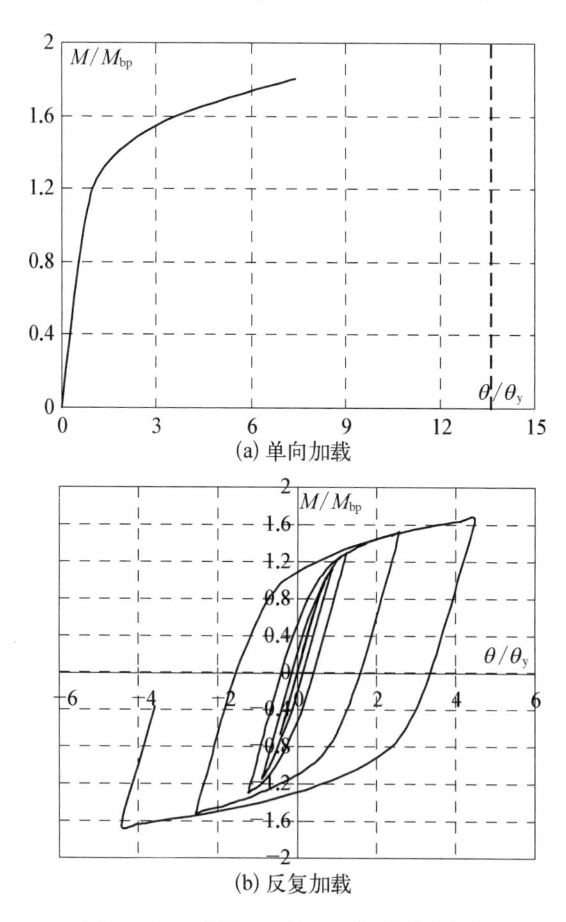

(a) 单向加载

(b) 反复加载

图 7-29　试件 γ_2 的荷载-相对转角曲线

4. τ参数试件的计算结果

该系列试件除参数τ与基本试件BS不同外，其他几何参数与基本试件相同。试件τ_1与τ_2在单向荷载下的荷载位移曲线分别见图7-30(a)和图7-31(a)，虚线代表Yura变形限值。由图可见，按Yura变形限值确定的节点抗弯承载力均高于腹杆根部全截面屈服弯矩。图7-30(b)和图7-31(b)分别为τ_1与τ_2在反复荷载下的滞回曲线。由图可见，滞回曲线饱满、稳定、对称，可为单调曲线所包覆。

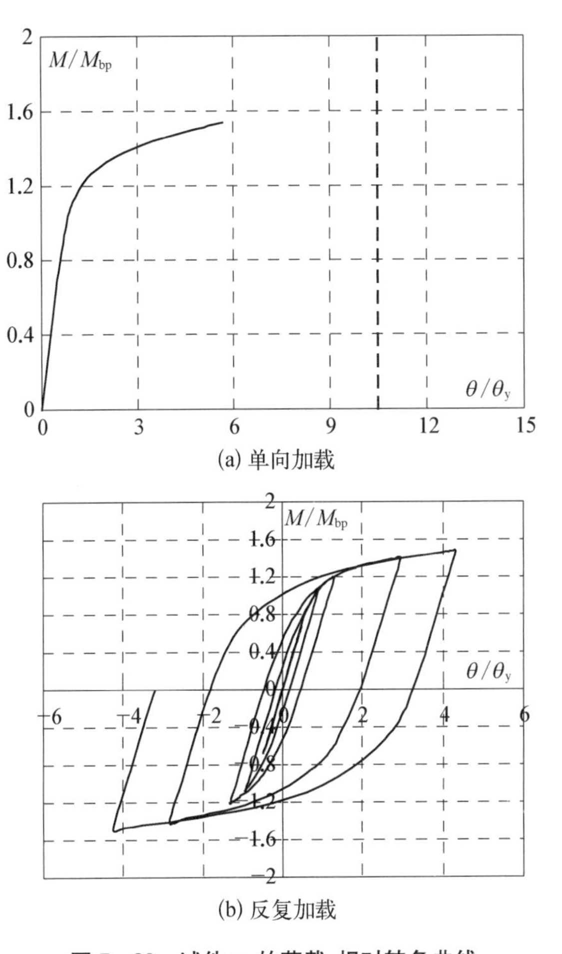

(a) 单向加载

(b) 反复加载

图7-30　试件τ_1的荷载-相对转角曲线

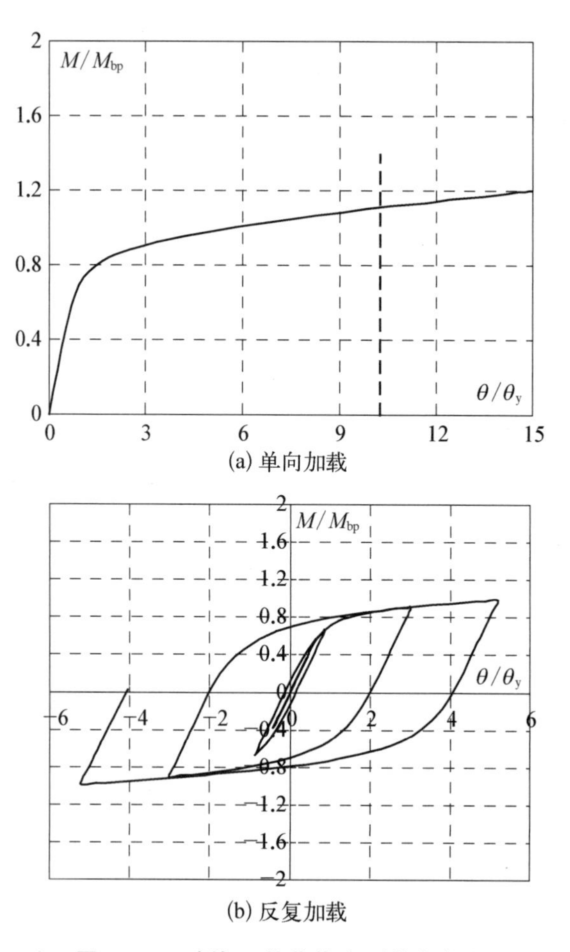

图 7-31 试件 τ_2 的荷载-相对转角曲线

7.7.4 参数分析

1. 腹杆与弦杆直径比 β 对相贯节点弯曲滞回性能的影响

图 7-32(a)为根据定义计算得到的腹杆与弦杆直径比 β 与延性系数的关系图。图 7-32(b)为根据定义计算得到的腹杆与弦杆直径比 β 与累积能量耗散比的关系图。

从图中比较可以看出，β 越大，延性系数越大，表明节点延性越好。这与表 6-15 中计算得到的试件 B1 与 B4 的延性大小关系吻合。从能量耗散比的角度来看，β 越大，累积能量耗散比越小，耗能能力越低。

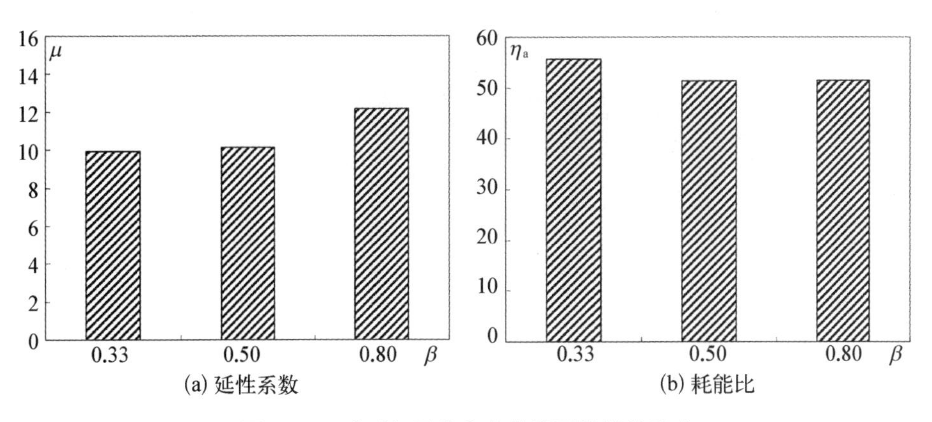

(a) 延性系数　　(b) 耗能比

图7-32　β对相贯节点弯曲滞回性能的影响

2. 弦杆径厚比γ对相贯节点弯曲滞回性能的影响

图7-33(a)为根据定义计算得到的弦杆径厚比γ与延性系数的关系图。图7-33(b)为根据定义计算得到的弦杆径厚比γ与累积能量耗散比的关系图。

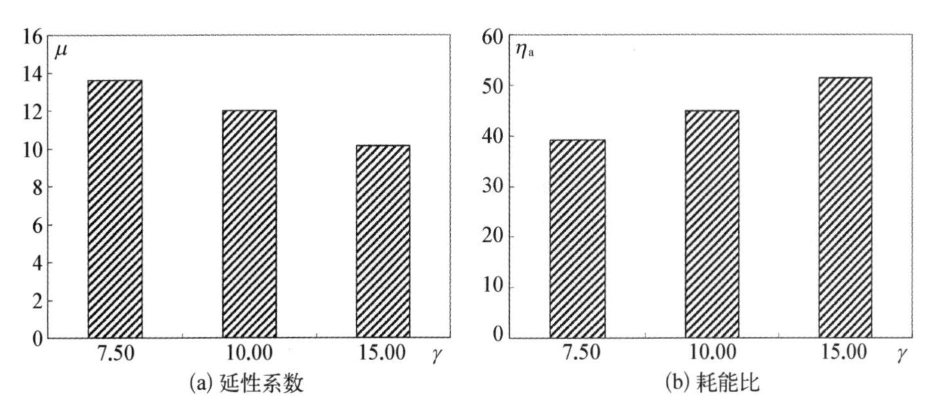

(a) 延性系数　　(b) 耗能比

图7-33　γ对相贯节点弯曲滞回性能的影响

从图中比较可以看出，γ越大，延性系数越小，表明节点延性越差。这与表6-15中计算得到的试件B1与B3的延性大小关系吻合。从能量耗散比的角度来看，γ越大，累积能量耗散比越大，耗能能力越强。

3. 腹杆与弦杆厚度比τ对相贯节点弯曲滞回性能的影响

图7-34(a)为根据定义计算得到的腹杆与弦杆厚度比τ与延性系数的关系图。图7-34(b)为根据定义计算得到的腹杆与弦杆厚度比τ与累积能量耗散比的关系图。

从图中比较可以看出，τ总体上对延性影响不大。从能量耗散比的角度来看，τ越大，累积能量耗散比越大，耗能能力越强。

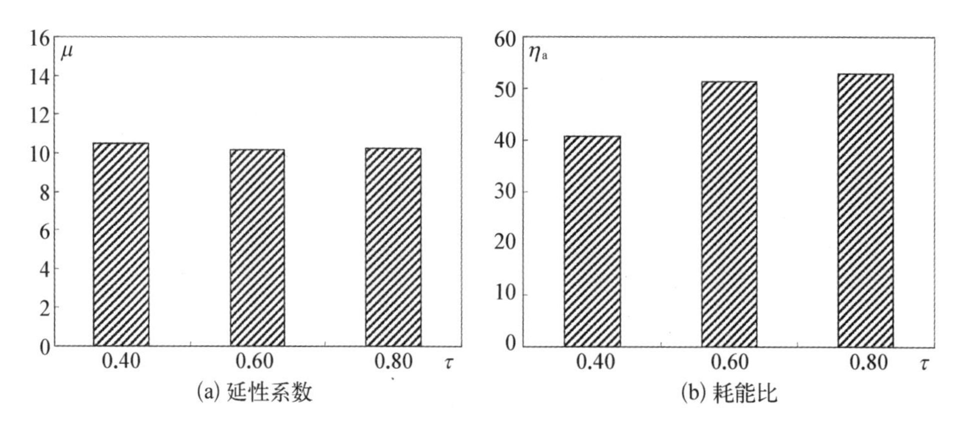

(a) 延性系数　　(b) 耗能比

图 7-34　τ对相贯节点弯曲滞回性能的影响

7.8　本章结论

本章对圆钢管相贯节点分别进行了在轴力和弯曲荷载作用下的滞回性能数值模拟与分析，得到以下结论：

（1）在焊缝开裂前，节点滞回性能的数值模拟结果与试验结果吻合良好，表明通过数值模拟方法对影响相贯节点滞回性能的参数进行分析是可行的。

（2）通过有限元分析对节点试件的应力分布特点进行了研究，结果表明，节点局部区域的三向拉应力场可能是造成焊缝、热影响区或母材断裂韧性降低的主要原因，从而导致节点试件在较小拉力水平下出现开裂。

（3）对相贯节点轴向滞回性能的参数分析，表明腹杆与弦杆直径比 β 越大，节点延性越好，但耗能能力越弱；弦杆径厚比 γ 越大，节点延性越差，但耗能能力越强；腹杆与弦杆厚度比 τ 越大，对节点延性几乎无影响，节点耗能能力越强。β 对节点受拉延性系数的影响比对受压延性系数的影响更为显著，γ 对节点受压延性系数的影响比对受拉延性系数的影响更为显著。

（4）对相贯节点弯曲滞回性能的参数分析，表明腹杆与弦杆直径比 β 越大，节点延性越好，但耗能能力越弱；弦杆径厚比 γ 越大，节点延性越差，但耗能能力越强；腹杆与弦杆厚度比 τ 越大，节点延性几乎保持不变，节点耗能能力越强。

第8章 结论与展望

8.1 结　　论

本书在评述国内外本课题相关领域研究现状的基础上，从理论和试验两个方面对钢管相贯节点非刚性静、动力性能及对钢管结构整体行为的影响效应进行了多方面的研究。试验研究分两个部分进行，第一部分为圆钢管相贯节点非刚性性能静力试验，通过对多种几何参数、荷载工况组合下的节点刚度测试，为后续各章的研究内容提供试验基础和依据；第二部分为圆钢管相贯节点滞回性能拟静力试验，分别进行了节点在轴力和弯曲荷载作用下滞回性能的测试和分析。理论研究方面，本书在第3章对相贯节点非刚性性能影响参数的识别与计算进行了系统的研究，得出了节点刚度和承载力计算公式及非线性模型；在第4章建立了相贯节点在整体结构分析中的数值模型，并采用理论推导与数值编程计算相结合的方式考察了节点非刚性性能对钢管结构整体行为的影响效应，提出了相应的节点刚度判定准则；在第5章从构件设计的角度对节点半刚性钢管桁架受压腹杆计算长度进行了理论分析；此外，本书还在第7章尝试采用非线性有限元分析软件对相贯节点进行了滞回性能的有限元分析，在已有试验结果的基础上，深入研究了节点区应力分布规律、节点的单调弹塑性行为和滞回特性。

钢管相贯节点非刚性静力、动力性能与节点性能对钢管结构整体行为的影响效应是本书探讨的两大主题，通过研究得出以下主要结论：

(1) 对相贯节点刚度与承载力的静力性能试验研究和弹塑性有限元分析表明，采用通用有限元程序对其进行非刚性性能数值分析是完全可行的。

(2) 相贯节点的刚度与决定节点几何外形的参数(腹杆与弦杆的直径比、弦杆的径厚比、腹杆与弦杆的壁厚比、腹杆与弦杆的夹角以及两腹杆的间隙)有关。其中,腹杆与弦杆的直径比与弦杆的径厚比对刚度影响显著,而腹杆与弦杆的壁厚比影响较小;在一定的几何参数条件下,相贯节点在直至相连腹杆达到屈服强度之前,可以作为全刚接抗弯节点看待。

(3) 在对相贯节点变形机理描述与刚度定义的基础上提出了T形和Y形相贯节点的刚度系数和K形相贯节点柔度系数的计算公式,经与试验结果的比较表明具有较好的精度,可以应用于工程设计。

(4) 通过对国内外现有计算公式的比较分析和基于大量试验数据的统计分析,提出了具有较高精度和适用性的相贯节点抗弯承载力计算公式。在上述公式基础上进一步建立了T形相贯节点 $M-\theta$ 关系的全过程非线性模型,为在钢管结构的整体非线性分析中考虑节点行为奠定了基础。

(5) 以结构变形为标准,通过对简化子结构模型的理论推导,提出了空腹格构梁结构中相贯节点的刚度判定准则。该准则建立在刚接与半刚接的分界基础上,同样适用于采用其他截面形式的空腹格构梁结构。

(6) 针对Warren型钢管格构梁结构的特点将表征其相贯节点非刚性性能的单元植入了结构整体静力分析数值程序,通过与板壳有限元分析结果的校验表明该方法能有效反映节点性能对结构整体行为的影响。

(7) 对Warren型钢管格构梁的计算分析:表明采用铰接节点假定确定杆件轴力具有足够的精确度;相贯节点的刚度尤其是轴向刚度对杆件的弯矩大小及分布影响较大;采用铰接节点假定计算得到的该类结构整体挠度可能小于实际结构的挠度;次应力的影响与杆件轴力的分布有关。

(8) 针对单层肋环型球面网壳的特点建立了表征相贯节点非刚性性能的单元,并引入了结构非线性分析软件,通过计算:表明节点弯曲刚度对结构整体稳定性的影响很大,而节点轴向刚度对结构整体稳定性几乎无影响;节点弯曲刚度比和径向杆件跨高比是影响结构稳定承载力的关键因素。

(9) 相贯节点非刚性性能对整体结构的影响效应应当引起工程设计人员的足够重视。

(10) 在钢桁架腹杆计算长度中引入节点刚度的影响是十分必要的,特别是对于在一定范围内表现出较大非刚性节点效应的钢管桁架。

(11) 影响钢管桁架腹杆计算长度的主要因素是腹杆与弦杆线刚度比和腹杆线刚度与节点局部刚度比,以此为基础,本书给出了可供工程使用的钢桁架腹杆计算长度用表及简化计算公式。

(12) 本书设计的相贯节点试件在轴向反复荷载作用下的破坏模式表现为腹杆拉力作用下的弦杆塑性软化、弦杆焊趾或热影响区开裂以及腹杆压力荷载作用下的弦杆塑性软化等三种类型；在弯矩作用下的破坏模式表现为焊缝开裂、冲剪破坏以及腹杆根部弹塑性断裂三种类型。

(13) 相贯节点试件在轴力和弯曲荷载作用下的滞回曲线均表现出良好的稳定性，无捏拢现象，延性与耗能性能良好。

(14) 实测的相贯节点试件轴向承载力高于对应弦杆塑性软化破坏模式的轴向承载力公式计算值，表明我国现行规范公式是安全的；实测的相贯节点抗弯承载力略小于对应冲剪破坏模式的承载力公式计算值，表明在弯曲荷载作用下节点冲剪破坏可能先于弦杆塑性软化破坏发生。

(15) 相贯节点轴向滞回性能试件的承载效率均小于 1，即节点本身需通过塑性变形来耗能，结构的滞回特性将主要取决于节点部位的滞回特性；弯曲滞回性能试件的承载效率均大于 1，即节点自身具有足够的承载力来使塑性铰形成在被连接构件上。

(16) 本书对相贯节点局部变形的精确测试方法和焊缝抗弯承载力的计算提出了建议，作为对试验成果的进一步扩展。

(17) 在焊缝开裂前，相贯节点滞回性能的数值模拟结果与试验结果吻合良好，表明通过数值模拟方法对影响相贯节点滞回性能的参数进行分析是可行的。

(18) 通过有限元分析对相贯节点试件的应力分布特点进行了研究，结果表明，节点局部区域的三向拉应力场可能是造成焊缝、热影响区或母材断裂韧性降低的主要原因，从而导致节点试件在较小拉力水平下出现开裂。

(19) 对相贯节点轴向滞回性能的参数分析，表明腹杆与弦杆直径比 β 越大，节点延性越好，但耗能能力越弱；弦杆径厚比 γ 越大，节点延性越差，但耗能能力越强；腹杆与弦杆厚度比 τ 越大，对节点延性几乎无影响，节点耗能能力越强。β 对节点受拉延性系数的影响比对受压延性系数的影响更为显著，γ 对节点受压延性系数的影响比对受拉延性系数的影响更为显著。

(20) 对相贯节点弯曲滞回性能的参数分析，表明腹杆与弦杆直径比 β 越大，节点延性越好，但耗能能力越弱；弦杆径厚比 γ 越大，节点延性越差，但耗能能力越强；腹杆与弦杆厚度比 τ 越大，节点延性几乎保持不变，节点耗能能力越强。

8.2 研究展望

本书的研究工作虽然取得了一定成果，但是对于相贯节点静力性能和抗震性能的研究还存在许多待解决的问题。作者认为，在以后的研究中应着重进行以下几个方面的工作：

(1) 就相贯节点形式而言，本书主要研究了几何型式为平面 T 形、Y 形、X 形和 K 形圆管节点的性能，今后应进一步研究各种空间形式节点的刚度与滞回性能。此外，方圆汇交节点、椭圆节点和各种形式搭接节点的性能也应是今后加以拓展的研究内容。

(2) 就相贯节点材料而言，本书主要研究了由普通钢管制作的节点。随着新型建筑材料的开发应用，今后应进一步对采用冷成型薄壁钢材、不锈钢或铝合金等制作的节点性能进行研究。

(3) 就相贯节点构造措施的改进而言，本书主要研究对象为原形节点。今后应进一步加强对采取各种加劲措施的节点性能研究，特别是混凝土填充加劲相贯节点在工程实践中已有采用，但至今其研究在国内仍属空白。

(4) 就相贯节点动力性能而言，本书进行了节点在轴力和弯矩作用下的滞回性能试验研究，通过数值分析考察了节点性能参数对滞回性能的影响效应，但忽略了断裂与损伤的影响。今后应逐步开展相贯节点的地震损伤研究，包括损伤准则与安全性评估方法的建立，在此基础上提出节点的简化滞回模型。

(5) 就基于节点性能的钢管结构整体分析方法而言，本书针对若干常用形式的结构建立了考虑节点非刚性效应的数值模拟方法，重点在于考察结构的静力行为和非线性稳定承载力。今后应进一步研究节点性能对结构整体动力行为的影响问题，并扩展研究对象的几何形式。

(6) 就相贯节点的刚度判定准则而言，本书探讨或建立了钢管格构梁节点区分刚性与非刚性的准则，但对于几何形式变化多样的单层网壳结构，未给出具体的量化标准。今后将建立能够更为准确反映多杆汇交网壳节点行为机制的数值模型，通过大规模参数分析提出判断该类节点刚性与非刚性的设计建议。

(7) 就相贯节点研究方法的创新而言，今后可以尝试将工程断裂力学理论引入数值模拟分析和运用神经网络技术分析节点承载力等。

(8) 相贯节点试验中常见的破坏现象是按规范计算校核过的焊缝，其本身或相邻的热影响区先于节点的其他部位发生破坏，导致节点承载力迅速下降。因此，焊接缺陷、几何缺陷及残余应力对节点静、动力性能的影响分析也是今后需要解决的一个重要课题。

附录 A　圆钢管相贯节点非刚性能试验附图

1. 材性试验

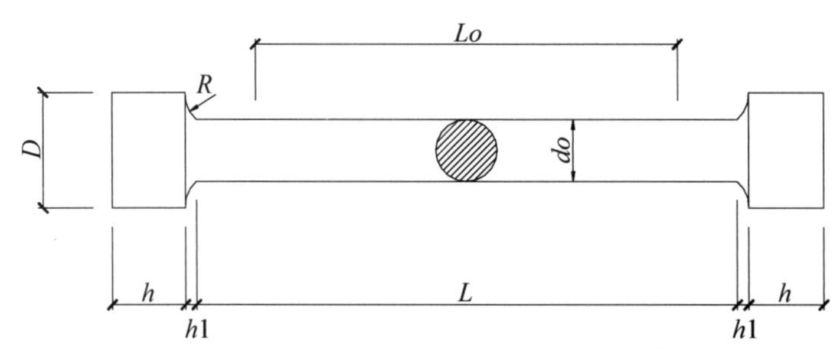

试样编号	do	D	h	R最小	Lo	L	数量	对应钢管
1	14	18	80	4	70	90	3	D245x18
2	6	8	80	3	30	40	3	D140x8
3	8	12	80	3	40	50	3	D168x12
4	6	8	80	3	30	40	3	D127x8

图 FA-1　材性试件加工图

表 FA－1　最终材性试验结果

试件号	对应杆件	钢材牌号	屈服点 f_y /MPa	f_y平均值 /MPa	抗拉强度 f_u /MPa	f_u平均值 /MPa	伸长率 δ_s	δ_s 平均值
1	D245×18	Q235	307	312	471	473	28%	28%
2	D245×18		318		477		29%	
3	D245×18		310		470		27%	
4	D140×8		366	359	468	465	28%	29%
5	D140×8		355		467		30%	
6	D140×8		357		460		30%	
7	D168×12		324	324	471	476	31%	29%
8	D168×12		328		477		28%	
9	D168×12		320		481		27%	
10	D127×8		313	325	449	458	32%	28%
11	D127×8		328		457		25%	
12	D127×8		335		467		28%	

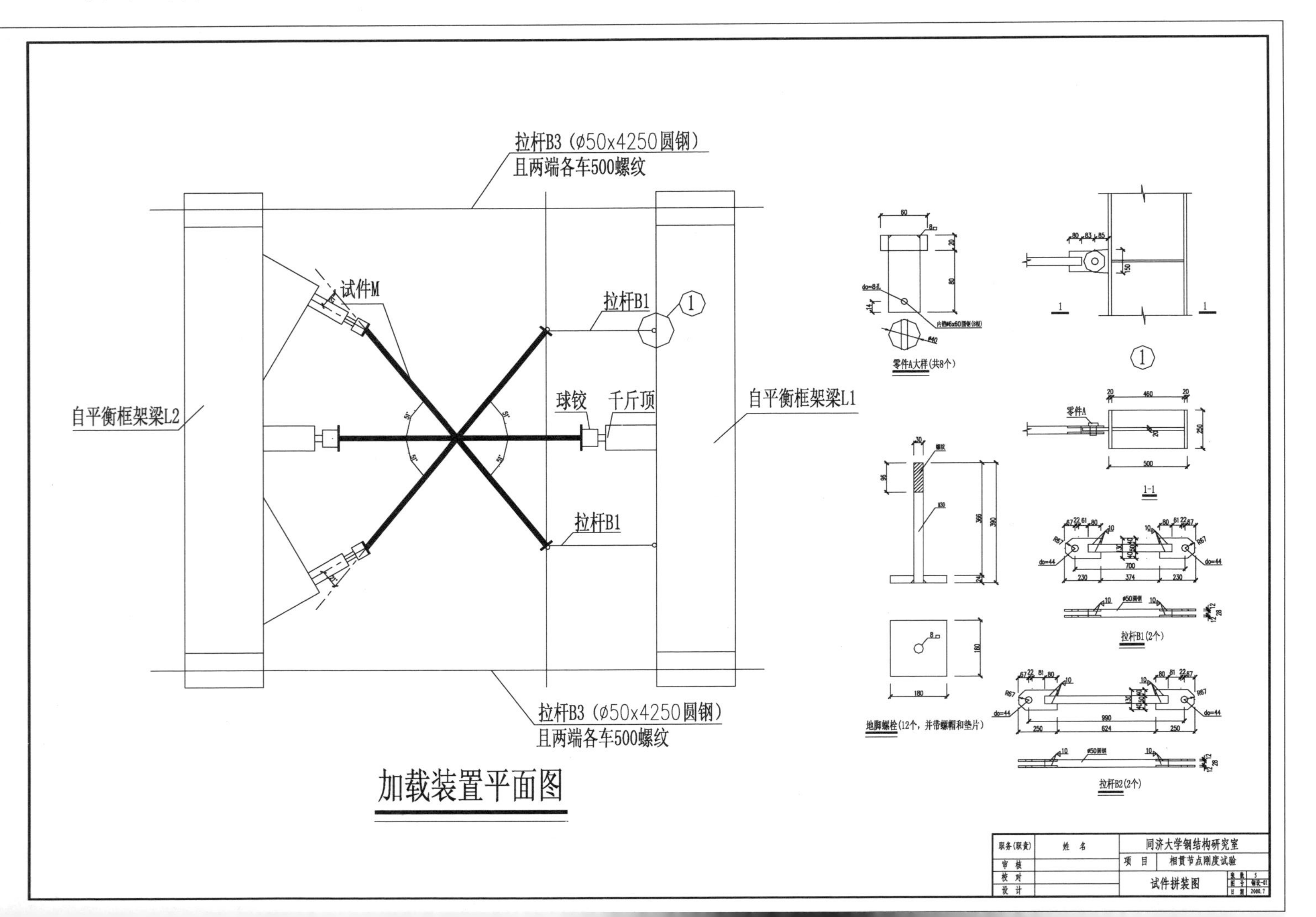

拉杆B3（ø50x4250圆钢）
且两端各车500螺纹
试件M
拉杆B1
1
球铰
千斤顶
自平衡框架梁L1
自平衡框架梁L2
拉杆B1
拉杆B3（ø50x4250圆钢）
且两端各车500螺纹
加载装置平面图
零件A大样(共8个)
零件A
1-1
拉杆B1(2个)
地脚螺栓(12个，并带螺帽和垫片)
拉杆B2(2个)
职务(职责)
姓 名
同济大学钢结构研究室
项 目
相贯节点刚度试验
审 核
校 对
设 计
试件拼装图

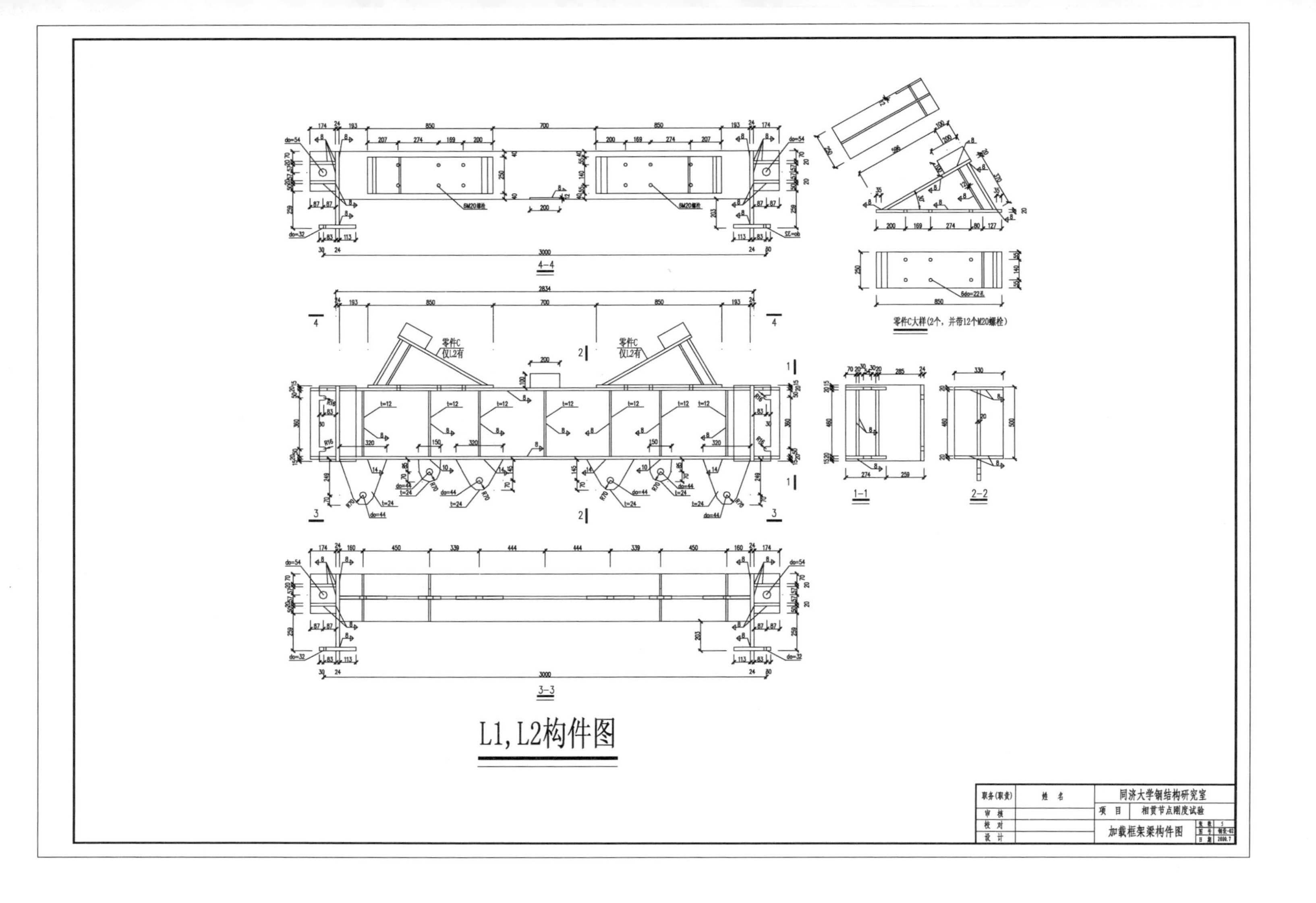
4-4
零件C
仅L2有
3-3
1-1
2-2
零件C大样(2个，并带12个M20螺栓)
L1, L2构件图
职务(职责)
姓 名
审 核
校 对
设 计
同济大学钢结构研究室
项 目
相贯节点刚度试验
加载框架梁构件图

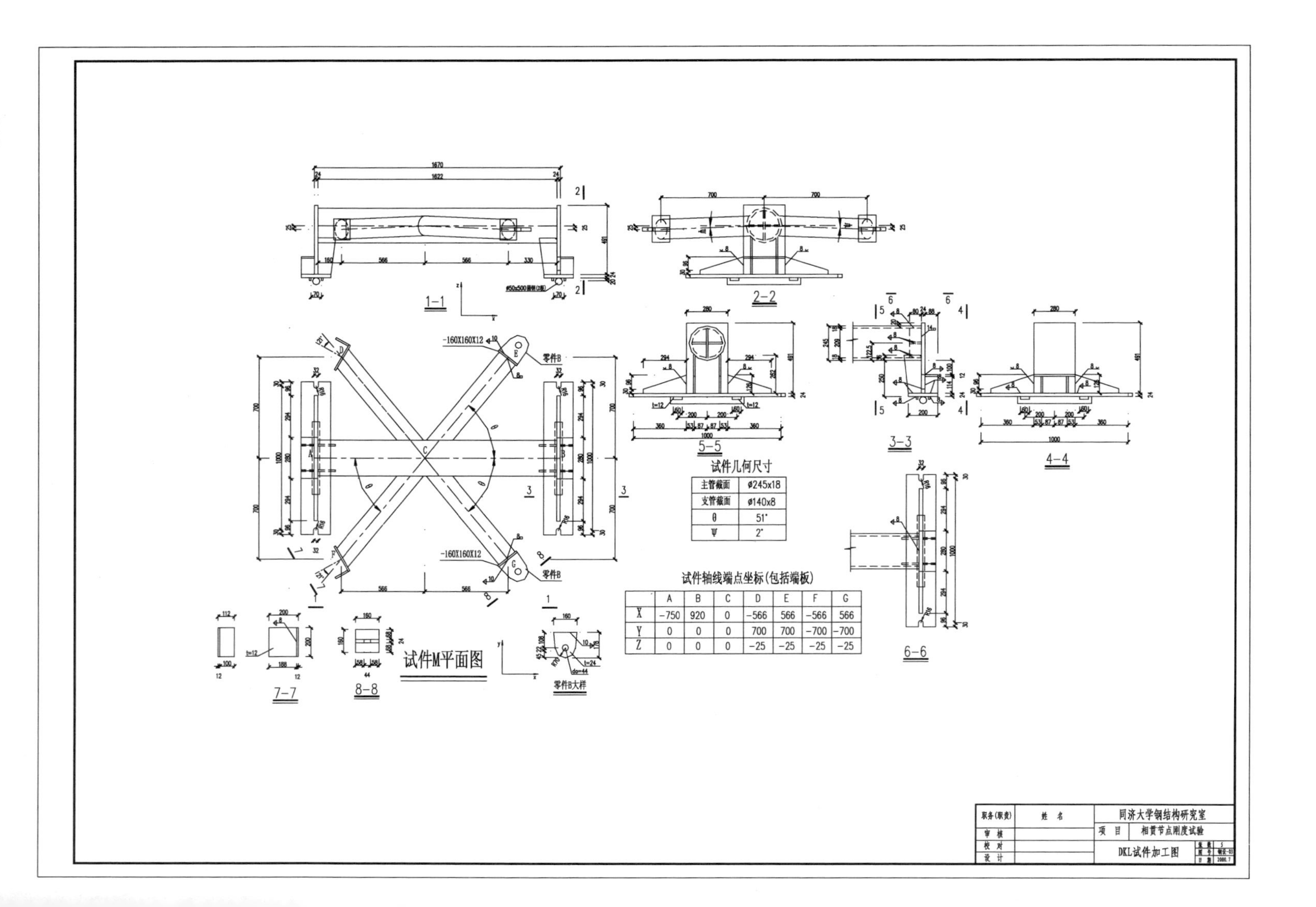

试件几何尺寸

主管截面	ø245x18
支管截面	ø140x8
θ	51°
Ψ	2°

试件轴线端点坐标(包括端板)

	A	B	C	D	E	F	G
X	-750	920	0	-566	566	-566	566
Y	0	0	0	700	700	-700	-700
Z	0	0	0	-25	-25	-25	-25

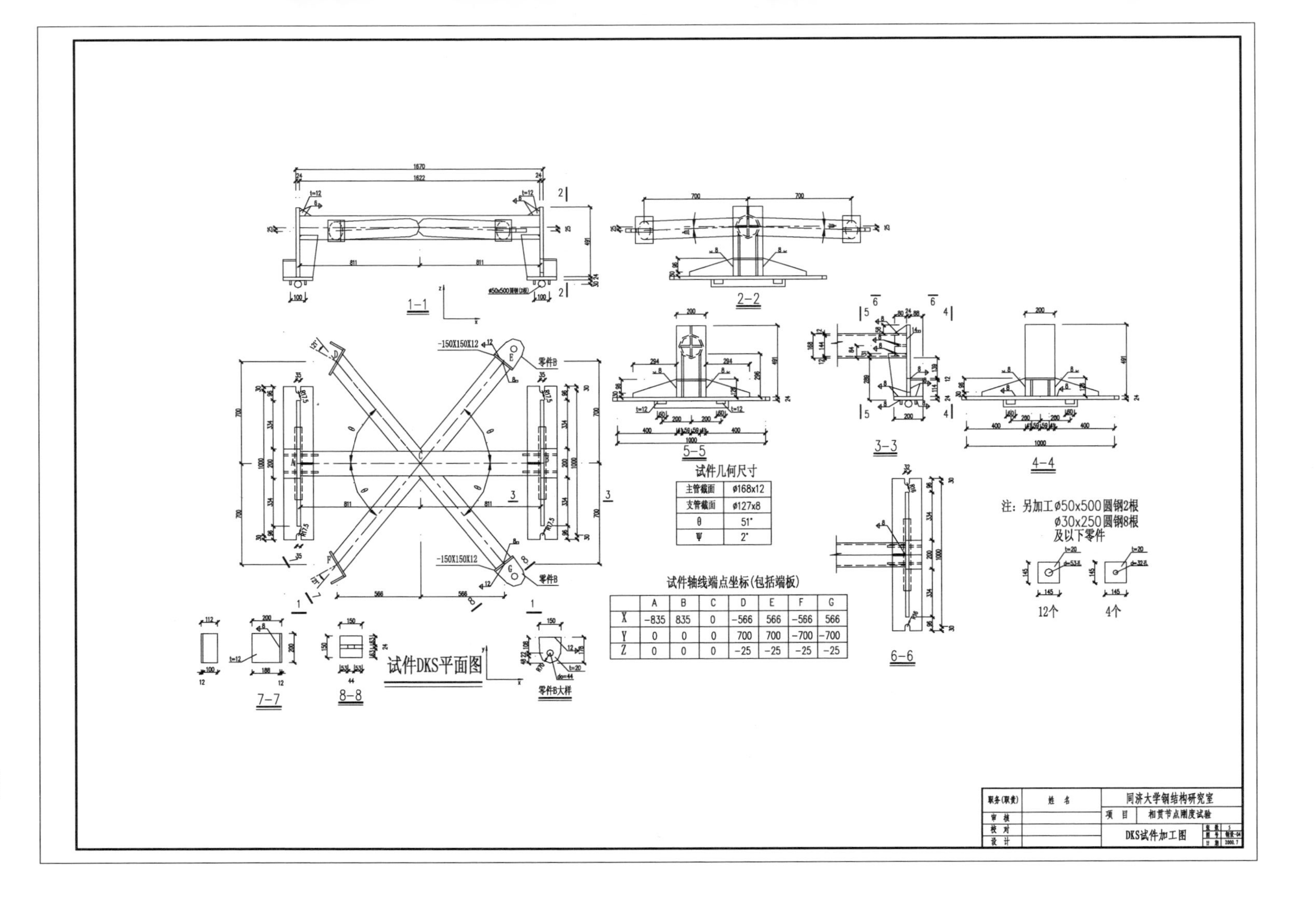

1–1
2–2
3–3
4–4
5–5
6–6
7–7
8–8
试件DKS平面图
零件B
零件B大样
-150X150X12
ø50x500圆钢(2根)
试件几何尺寸
主管截面 ø168x12
支管截面 ø127x8
θ 51°
Ψ 2°
试件轴线端点坐标(包括端板)
A B C D E F G
X -835 835 0 -566 566 -566 566
Y 0 0 0 700 700 -700 -700
Z 0 0 0 -25 -25 -25 -25
注：另加工ø50x500圆钢2根
ø30x250圆钢8根
及以下零件
12个
4个
职务(职责)
姓名
审核
校对
设计
同济大学钢结构研究室
项目
相贯节点刚度试验
DKS试件加工图

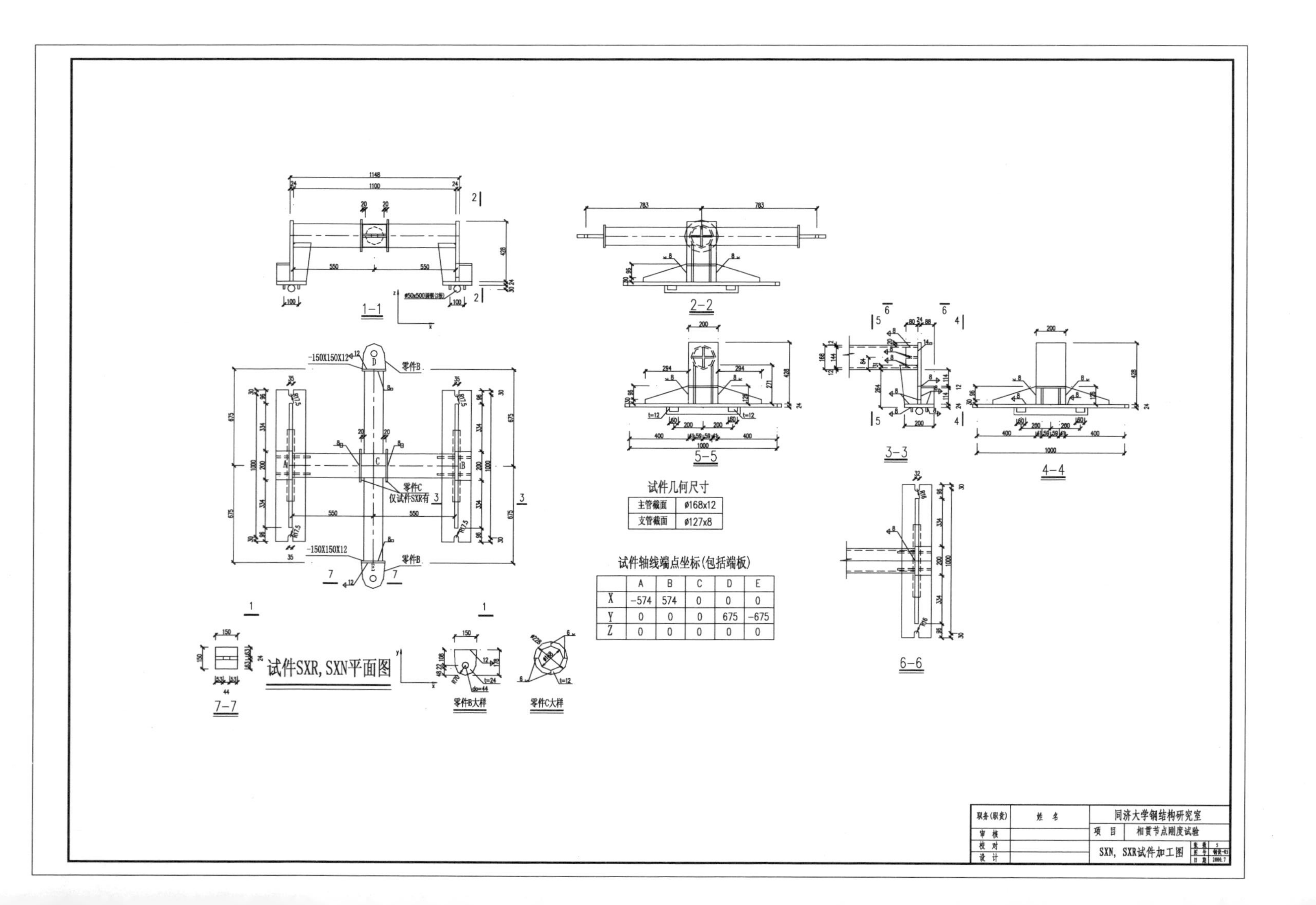

试件轴线端点坐标(包括端板)

	A	B	C	D	E
X	-574	574	0	0	0
Y	0	0	0	675	-675
Z	0	0	0	0	0

附录 B　圆钢管相贯节点滞回性能试验附图

1. 材性试验

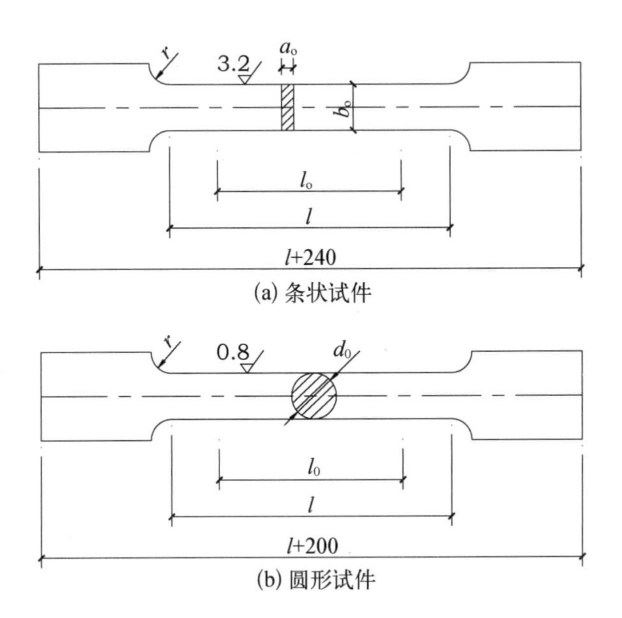

图 FB－1　材性试件加工图

表 FB－1　材性试件加工参数

试件编号	a_0	b_0	d_0	D	r 最小	l_0	l	数量	说　明
1	5	20	—	30	25	50	70	3	在 Φ121×6 钢管上取样
2	5	20	—	30	25	50	70	3	在 Φ194×6 钢管上取样
3	—	—	5	8	3	50	55	3	在 Φ121×8 钢管上取样

续 表

试件编号	a_0	b_0	d_0	D	r 最小	l_0	l	数量	说　明
4	—	—	5	8	3	50	55	3	在 Φ245×8 钢管上取样
5	—	—	5	8	3	50	55	3	在 Φ245×12 钢管上取样

注：1. 试件材料在同批钢材中取用；
2. 根据《钢材力学及工艺性能试验取样规定》(GB2975－82)：外径大于 30 mm 的钢管，当壁厚小于 8 mm 时，应制成条状拉力试样；壁厚等于或大于 8 mm 时，应根据壁厚，加工成相应的圆形比例试样，试样中心线应接近钢管内壁

表 FB－2　最终材性试验结果

钢管规格	试件编号	E /(10^5 N·mm^{-2})	f_y /(N·mm^{-2})	f_u /(N·mm^{-2})	f_y/f_u	δ
Φ121×6	1－1	1.88	360	491	0.73	24.4%
	1－2	1.82	360	489	0.74	26%
	1－3	1.74	315	475	0.66	29%
Φ194×6	2－1	1.63	345	481	0.72	20%
	2－2	1.74	341	481	0.71	19%
	2－3	1.78	347	485	0.72	21%
Φ121×8	3－1	2.17	401	591	0.68	25%
	3－2	1.78	374	624	0.60	28%
	3－3	1.94	400	589	0.68	25%
Φ245×8	4－1	1.98	400	578	0.69	27.5%
	4－2	1.92	403	577	0.70	25%
	4－3	1.87	391	538	0.73	24%
Φ245×12	5－1	1.99	343	570	0.60	27.5%
	5－2	1.88	369	576	0.64	25%
	5－3	1.95	357	604	0.59	24%

注：E——弹性模量；　f_y——屈服点；
f_u——极限抗拉强度；　f_y/f_u——屈强比；
δ——伸长率

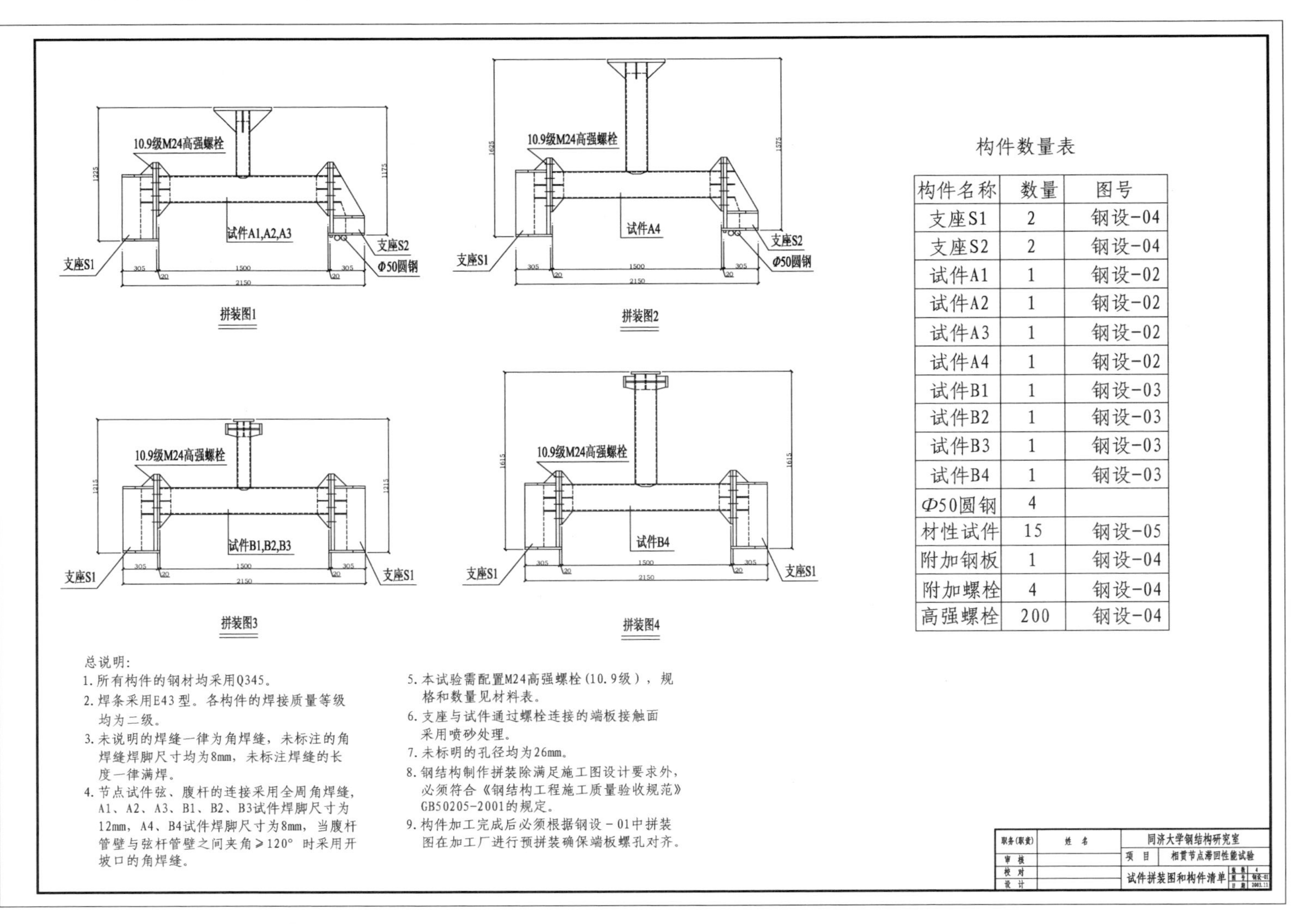

构件数量表

构件名称	数量	图号
支座S1	2	钢设-04
支座S2	2	钢设-04
试件A1	1	钢设-02
试件A2	1	钢设-02
试件A3	1	钢设-02
试件A4	1	钢设-02
试件B1	1	钢设-03
试件B2	1	钢设-03
试件B3	1	钢设-03
试件B4	1	钢设-03
Φ50圆钢	4	
材性试件	15	钢设-05
附加钢板	1	钢设-04
附加螺栓	4	钢设-04
高强螺栓	200	钢设-04

总说明：

1. 所有构件的钢材均采用Q345。
2. 焊条采用E43型。各构件的焊接质量等级均为二级。
3. 未说明的焊缝一律为角焊缝，未标注的角焊缝焊脚尺寸均为8mm，未标注焊缝的长度一律满焊。
4. 节点试件弦、腹杆的连接采用全周角焊缝，A1、A2、A3、B1、B2、B3试件焊脚尺寸为12mm，A4、B4试件焊脚尺寸为8mm，当腹杆管壁与弦杆管壁之间夹角≥120°时采用开坡口的角焊缝。
5. 本试验需配置M24高强螺栓（10.9级），规格和数量见材料表。
6. 支座与试件通过螺栓连接的端板接触面采用喷砂处理。
7. 未标明的孔径均为26mm。
8. 钢结构制作拼装除满足施工图设计要求外，必须符合《钢结构工程施工质量验收规范》GB50205-2001的规定。
9. 构件加工完成后必须根据钢设-01中拼装图在加工厂进行预拼装确保端板螺孔对齐。

职务(职责)	姓名	同济大学钢结构研究室
审核		项目：相贯节点滞回性能试验
校对		试件拼装图和构件清单
设计		

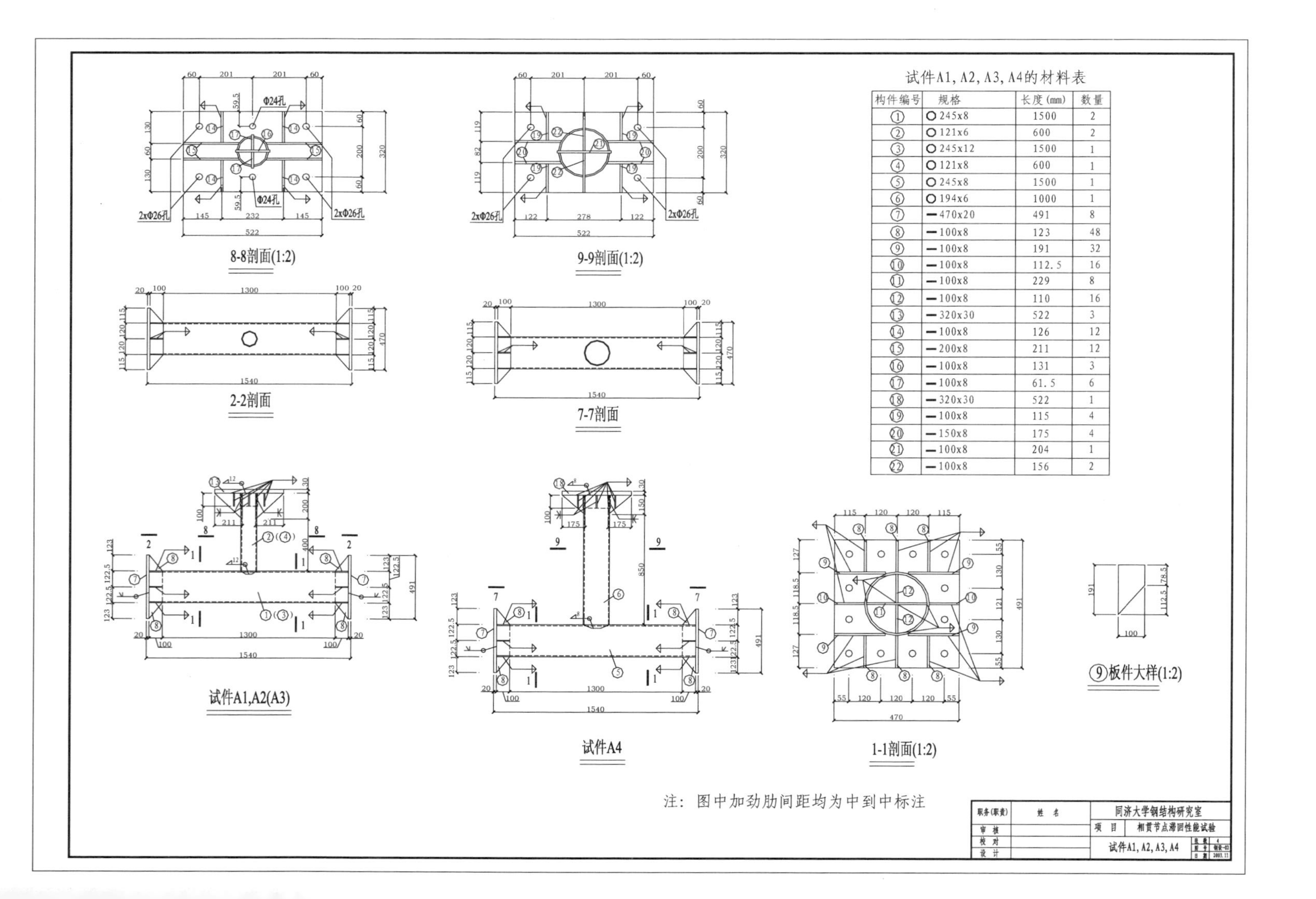

试件A1, A2, A3, A4的材料表

构件编号	规格	长度(mm)	数量
①	O 245x8	1500	2
②	O 121x6	600	2
③	O 245x12	1500	1
④	O 121x8	600	1
⑤	O 245x8	1500	1
⑥	O 194x6	1000	1
⑦	— 470x20	491	8
⑧	— 100x8	123	48
⑨	— 100x8	191	32
⑩	— 100x8	112.5	16
⑪	— 100x8	229	8
⑫	— 100x8	110	16
⑬	— 320x30	522	3
⑭	— 100x8	126	12
⑮	— 200x8	211	12
⑯	— 100x8	131	3
⑰	— 100x8	61.5	6
⑱	— 320x30	522	1
⑲	— 100x8	115	4
⑳	— 150x8	175	4
㉑	— 100x8	204	1
㉒	— 100x8	156	2

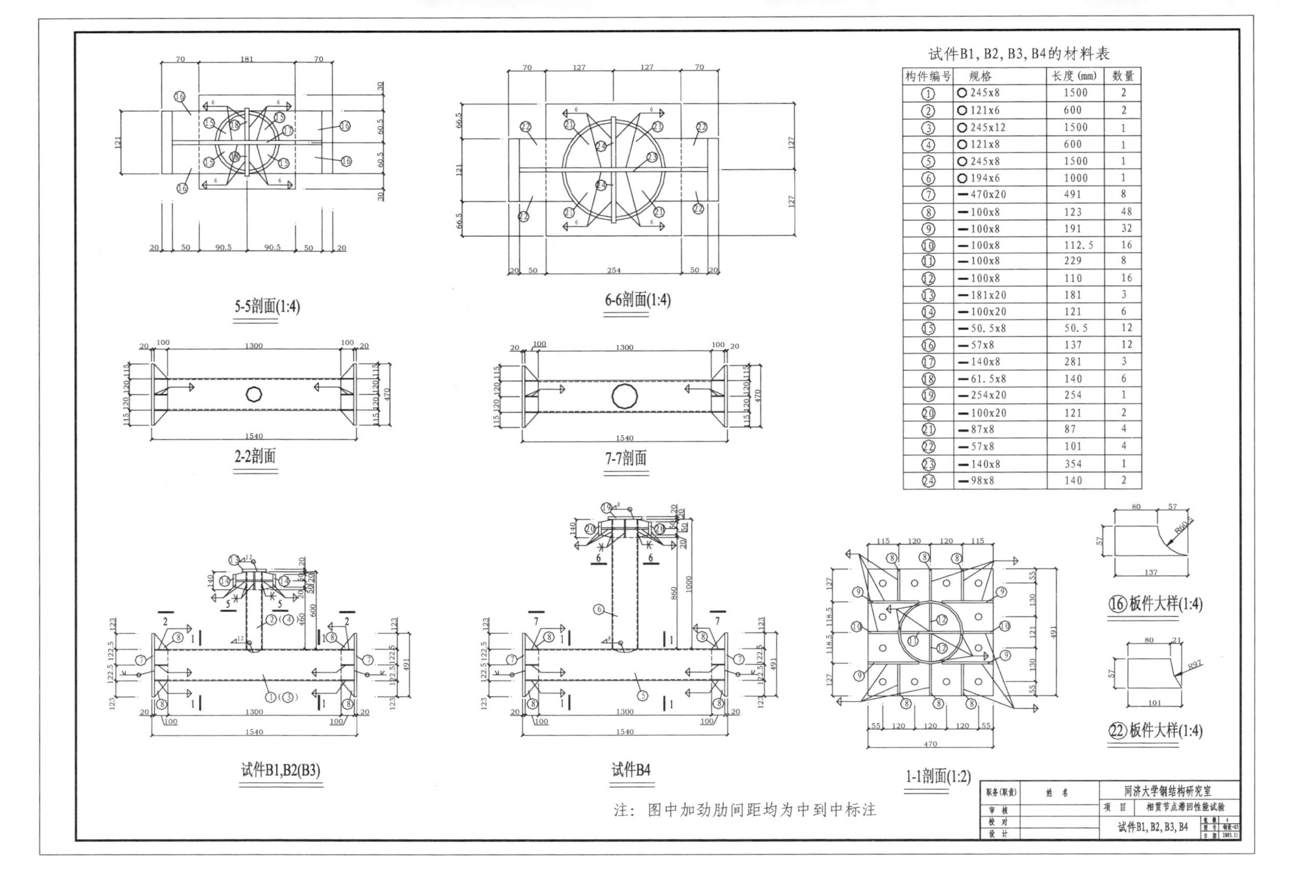

试件B1, B2, B3, B4的材料表

构件编号	规格	长度(mm)	数量
①	O 245x8	1500	2
②	O 121x6	600	2
③	O 245x12	1500	1
④	O 121x8	600	1
⑤	O 245x8	1500	1
⑥	O 194x6	1000	1
⑦	—470x20	491	8
⑧	—100x8	123	48
⑨	—100x8	191	32
⑩	—100x8	112.5	16
⑪	—100x8	229	8
⑫	—100x8	110	16
⑬	—181x20	181	3
⑭	—100x20	121	6
⑮	—50.5x8	50.5	12
⑯	—57x8	137	12
⑰	—140x8	281	3
⑱	—61.5x8	140	6
⑲	—254x20	254	1
⑳	—100x20	121	2
㉑	—87x8	87	4
㉒	—57x8	101	4
㉓	—140x8	354	1
㉔	—98x8	140	2

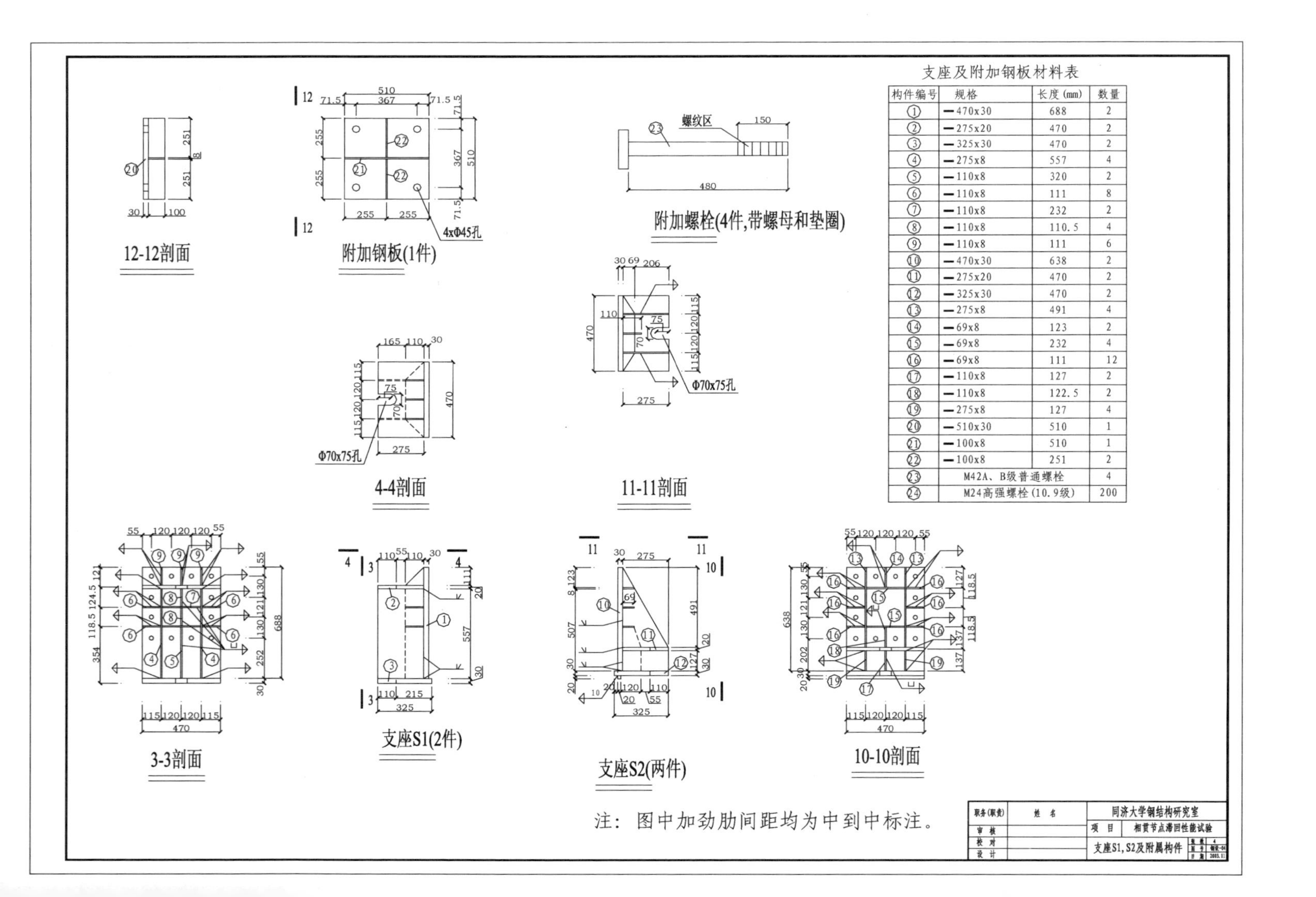

支座及附加钢板材料表

构件编号	规格	长度(mm)	数量
①	━470x30	688	2
②	━275x20	470	2
③	━325x30	470	2
④	━275x8	557	4
⑤	━110x8	320	2
⑥	━110x8	111	8
⑦	━110x8	232	2
⑧	━110x8	110.5	4
⑨	━110x8	111	6
⑩	━470x30	638	2
⑪	━275x20	470	2
⑫	━325x30	470	2
⑬	━275x8	491	4
⑭	━69x8	123	2
⑮	━69x8	232	4
⑯	━69x8	111	12
⑰	━110x8	127	2
⑱	━110x8	122.5	2
⑲	━275x8	127	4
⑳	━510x30	510	1
㉑	━100x8	510	1
㉒	━100x8	251	2
㉓	M42A、B级普通螺栓		4
㉔	M24高强螺栓(10.9级)		200

注：图中加劲肋间距均为中到中标注。

参考文献

[1] 吴昌栋,陈云波.钢管结构在建筑工程中的应用[J].工业建筑,1997,27(2):10-24.

[2] 陈以一,陈扬骥.钢管结构相贯节点的研究现状[J].建筑结构,2002,32(7):52-55.

[3] A I J. Recommendations for the design and fabrication of tubular structures in steel [M]. 3rd ed., Architectural Institute of Japan, 1990. (in Japanese)

[4] 鹫尾健三,黑羽启明.钢管トラス节点の研究[R].日本建筑学会论文报告集,1961.

[5] 金谷弘.钢管接合部の局部变形に关する实验的研究[R].日本建筑学会论文报告集,1961.

[6] Yura J A, Zettlemoyer N, Edwards I F. Ultimate Capacity of Circular Tubular Joints [J]. Journal of the Structural Division, ASCE, 1981, 107, ST10: 1965-1983.

[7] Kurobane Y, Makino Y, Ochi K. Ultimate Resistance of Unstiffened Tubular Joints [J]. Journal of Structural Engineering, 1984, 110(2): 385-400.

[8] Billington C J, Lalani M. Recent Research and Advances in the Design of Tubular Joints [M]. the Steel Construction Institute, 1988.

[9] Akiyama N, Yajima M, Akiyama H, et al. Experimental Study on Strength of Joints in Steel Tubular Structures [J]. Jounral of Society of Steel Construction, 1974, 10 (102). (in Japanese)

[10] Makino Y. Experimental study on ultimate capacity and deformation for tubular joints [D]. Osaka University, 1984.

[11] Scola J, Redwood R G. Behaviour of axially loaded tubular V-joints [J]. J. Construct Steel Research, 1990, 16.

[12] Paul J C, Kurobane Y. Ultimate Resistance of Unstiffened Multiplanar Tubular TT- and KK-Joints [J]. Journal of Structural Engineering, 1994, 120(10): 2853-2870.

[13] Makino Y, Kurobane Y, Ochi K, et al. Database of Test and Numerical Analysis Results for Unstiffened Tubular Joints, ⅡW Doc [M]. XV-E-96-220, Hungary, 1996.

[14] 武振宇,张耀春.直接焊接钢管节点静力工作性能的研究现状[J].哈尔滨建筑大学学报,1996,29(6):102-109.

[15] 张志良.焊接方管节点极限承载力的试验研究和非线性有限元分析[D].上海：同济大学，1988.

[16] 虞晓华.大型直接汇交焊接K型圆钢管节点极限承载力研究[D].上海：同济大学，1996.

[17] Chen Y, Shen Z Y, Yu X H. Full scale loading test on and analysis of K-CHS joint [R]. 5th Int. Coll. Of Stability and Ductility of Steel Structures, 1997.

[18] 詹琛.空间直接焊接圆钢管节点足尺试验研究[D].上海：同济大学，2000.

[19] 陈以一，陈扬骥，詹琛，等.圆钢管空间相贯节点的实验研究[J].土木工程学报，2003，36(8)：24-30.

[20] 詹琛，陈以一，沈祖炎.圆钢管节点的强度计算公式[J].钢结构，1999，14(43)：53-56.

[21] 刘鹏，陈以一.广州体育馆中的管节点强度分析[R].管结构技术交流会论文集，西安，2001.

[22] 陈以一，王伟.圆钢管相贯节点抗弯刚度和承载力试验[J].建筑结构学报，2001，22(6)：25-30.

[23] 武振宇，张耀春.等宽T型方管节点静力工作性能与设计[J].土木工程学报，2004，37(4)：23-28.

[24] 武振宇，张壮南，丁玉坤，等.K形、KK形间隙方钢管节点静力工组性能的试验研究[J].建筑结构学报，2004，25(2)：32-38.

[25] 武振宇，张耀春，远芳.不等宽T形CR节点静力工作性能的研究[J].工业建筑，2004，34(2)：53-55.

[26] 武振宇，谭慧光，张耀春.不等宽T形方管节点静力工作性能的研究[J].哈尔滨建筑大学学报，2002，35(6)：14-17.

[27] 舒兴平，朱邵宁，夏心红，等.长沙贺龙体育场钢屋盖圆管相贯节点足尺试验研究[J].建筑结构学报，2004，25(3)：11-13.

[28] Togo T. Experimental study on mechanical behaviour of tubular joints [D]. Osaka University, 1967.

[29] Jubran J S, Cofer W F. Finite-Element Modeling of Tubular Joints. Ⅱ: Design Equations [J]. Journal of Structural Engineering, 1995, 121(3): 509-516.

[30] 杨国贤，陈廷国.受拉T形管节点静承载力分析的实用计算法[J].大连：大连工学院学报，1987，26(2)：101-105.

[31] Marshall P W, Toprac A A. Basis for Tubular Joint Design [J]. Welding Journal, 53 (5): 192s-201s.

[32] Makino Y. Ultimate strength analysis of simple CHS joints using the yield line theory [J]. Tubular Structures, Elsevier Apllied Science, 1990.

[33] 陈以一，沈祖炎，詹琛，等. 直接汇交节点三重屈服线模型及试验验证[J]. 北京：土木工程学报，1999，32(6)：26－31.

[34] 武振宇，张耀春. 轴向力作用下 T 形方管节点的塑性铰线分析[J]. 土木工程学报，2002，35(4)：20－24.

[35] 武振宇，武胜，张耀春. 不等宽 K 形间隙方管节点承载力计算的塑性铰线法[J]. 土木工程学报，2004，37(5)：1－6.

[36] 张志良，沈祖炎，陈学潮. 方管节点极限承载力的非线形有限元分析[J]. 北京：土木工程学报，1990，23(1)：12－21.

[37] 沈祖炎，张志良. 焊接方管节点极限承载力计算[J]. 上海：同济大学学报，1990，18(3)：273－279.

[38] Jubran J S, Cofer W F. Finite-Element Modeling of Tubular Joints. Ⅰ：Numerical Results [J]. Journal of Structural Engineering, 1995, 121(3)：496－507.

[39] Vegte G J. van der, The static strength of uniplanar and multiplanar tubular T- and X-joints, PhD thesis [M]. The Netherlands：Delft University Press, 1995.

[40] Dexter E M, Lee M M K, Kirkwood M G. Overlapped K Joints in Circular Hollow Sections under Axial Loading [J]. Journal of Offshore Mechanics and Arctic Engineering, 1996, 118：53－61.

[41] Lee M M K, Wilmshurst S R. Parametric Study of Strength of Tubular Multiplanar KK-Joints [J]. Journal of Structural Engineering, 1996, 122(8)：893－903.

[42] Lee M M K, Wilmshurst S R. Strength of Multiplanar Tubular KK-Joints under Antisymmetrical Axial Loading [J]. Journal of Structural Engineering, 1997, 123(6)：755－763.

[43] 刘建平，郭彦林. 方圆管相贯节点极限承载力研究[J]. 建筑结构，2001，31(8)：21－24.

[44] 刘建平，郭彦林，陈国栋. 圆管相贯节点极限承载力有限元分析[J]. 建筑结构，2002，32(7)：56－59.

[45] 舒宣武，朱庆科. 空间 KK 型钢管相贯节点极限承载力有限元分析[J]. 华南理工大学学报，2002，30(10)：102－106.

[46] 朱庆科，舒宣武. 平面 K 形钢管相贯节点极限承载力有限元分析[J]. 华南理工大学学报，2002，30(12)：62－66.

[47] 武振宇，谭慧光，张耀春. 不等宽 T 形方管节点静力工作性能的研究[J]. 哈尔滨建筑大学学报，2002，35(6)：14－17.

[48] 武振宇，武胜. 弦杆轴力作用下不等宽 K 形间隙方管节点性能研究[J]. 建筑结构，2003，34(5)：14－19.

[49] 武胜，武振宇. 一杆等宽 K 形间隙方管节点静力工作性能研究[J]. 哈尔滨工业大学学报，2003，35(5)：513－519.

[50] 武振宇，武胜. 等宽K形间隙方管节点静力工作性能的研究[J]. 哈尔滨工业大学学报，2003，35(3)：269－275.

[51] 武振宇，张耀春，远芳. 不等宽T形CR节点静力工作性能的研究[J]. 工业建筑，2004，34(2)：53－55.

[52] 武振宇，张耀春. 复杂荷载下不等宽T形方管节点承载力计算[J]. 哈尔滨工业大学学报，2004，36(4)：456－459.

[53] 武振宇，张耀春. 等宽T形方管节点静力工作性能与设计[J]. 土木工程学报，2004，37(4)：23－28.

[54] 武胜，武振宇. 不等宽K形间隙方管静力性能受β参数影响的研究[J]. 建筑结构，2004，34(5)：18－21.

[55] 武振宇，武胜. 弦杆轴力作用下等宽K形间隙方管节点性能的研究[J]. 建筑科学，2004，20(1)：14－19.

[56] Szlendak J，Brodka J. Strength of T moment of RHS Joints [J]. Proc. Instn. Civ. Engrs.，1985，Part 2，79：717－727.

[57] Fessler H，Mockford P B. Parametric equations for the flexibility matrices of single brace tubular joints in offshore structures [J]. Proc. Instn Civ. Engrs，1986，Part 2，81：675－696.

[58] Fessler H，Mockford P B. Parametric equations for the flexibility matrices of multi-brace tubular joints in offshore structures [J]. Proc. Instn Civ. Engrs，1986，Part 2，81：659－673.

[59] Det Norske Veritas. Rules for the design，construction and inspection of offshore structures，Det Norske Veritas，Oslo，1977，Appendix C：steel structures.

[60] Efthymiou M. Local rotational stiffness of unstiffened tubular joints [R]. KSEPL Report RKER 85.199，1985.

[61] Fessler H，Hassell W，Hyde T H. A Model Technique for Bending Strength of Tubular Joints [J]. Journal of Strain Analysis，1992，27(4)：197－209.

[62] Bouwkamp J G. Effects of joint flexibility on the response of offshore towers [R]. Proceedings of the Offshore Technology Conference (OTC '80)，Houston.

[63] Holmas T. Implementation of tubular joint flexibility in global frame analysis [R]. Report No. 87－1 Division of structural mechanics，The Norwegian Institute of Technology，1987.

[64] Yang Lixian，Chen Tieyun. Local flexibility behavior of tubular joints and its effect on global analysis of tubular structures [J]. China Ocean Engineering，1990，4(4)：371－384.

[65] Fessler H，Spooner H. Experimental determination of stiffness of tubular joints [R].

Proc. 2nd Int. Symp. on Integrity of Offshore Structures, Glasgow, 1981.

[66] Romeiyn A. The flexibility of uniplanar and multiplanar joints made of circular hollow sections [C]. Proc. 1st ISOPE'91, Edinburgh, UK, 1991: 67 - 76.

[67] Ueda Y, Rashed S M H. An improved joint model and equations for flexibility of tubular joints [J]. Journal of Offshore Mechanics and Arctic Engineering, 1990, 112: 157 - 168.

[68] Ueda Y, Rashed S M H. Flexibility and yield strength of joints in analysis of tubular offshore structures [C]. Fifth OMAE Symposium, Tokyo, Japan, 1986.

[69] Ure A, Grundy P. Flexibility coefficients of tubular connections [C]. Tubular Structures V, London, 1993: 519 - 526.

[70] Hyde T H, Leen S B. Prediction of elastic-plastic displacement of tubular joints under combined loading using an energy-based approach [J]. Journal of Strain Analysis, 1997, 32(6): 435 - 453.

[71] Leen S B, Hyde T H. On the prediction of elastic-plastic generalized load-displacement responses for tubular joints [J]. Journal of Strain Analysis, 2000, 35(3): 205 - 219.

[72] 武振宇,谭慧光,张耀春. 不等宽 T 形方钢管节点的刚度计算[J]. 哈尔滨建筑大学学报,2002,35(5): 22 - 27.

[73] 赵宪忠,陈以一,沈祖炎,等. 双向贯通式钢管节点力学性能的试验研究[J]. 工业建筑,2001,31(2): 48 - 50.

[74] France J E, Davison J B, Kirby P A. Strength and rotational stiffness of simple connections to tubular columns using flowdrill connectors [J]. Journal of Constructional Steel Research, 1999, 50: 15 - 34.

[75] Silva L A, Neves L F N, Gomes F C T. Rotational stiffness of rectangular hollow sections composite joints [J]. Journal of Structural Engineering, 2003, 129(4): 487 - 494.

[76] Gibstein M B. The static strength of T-joints subjected to in-plane bending [R]. Det Norske Veritas Report 1976: 76 - 137.

[77] Tabuchi M, Kanatani H, Kamba T. The Local Strength of Welded RHS T-Joints Subjected to Bending Moment, IIW Doc. XV - 563 - 84, 1984.

[78] Sparrow K D, Stamenkovic A. Experimental determination of the ultimate static strength of T-joints in circular hollow steel sections subjects to axial and moment [R]. Proc. Int. Conf., "Joints in Structural Steel Work", Teeside, 1981.

[79] Zhao X L, Hancock G J. Square and rectangular hollow sections subject to combined actions [J]. ASCE, 1992, 118(ST3).

[80] CEN: Eurocode 3: Design of steel structures, part 1. 1 — General Rules and Rules for

Buildings, DD ENV 1993 - 1 - 1, European Committee for standadization, London, UK, 1992.

[81] A I J. Recommendations for the design and fabrication of tubular structures in steel [M]. 3rd ed. , Architectural Institute of Japan, 1990. (in Japanese)

[82] A I J. Recommendations for the design and fabrication of tubular truss structures in steel [M]. Architectural Institute of Japan, 2002. (in Japanese)

[83] American Petroleum Institute. Recommended practice for planning, designing and constructing fixed offshore platforms — working stress design, API RP2A - WSD [M]. 20th edition, 1993.

[84] American Petroleum Institute. Recommended practice for planning, designing and constructing fixed offshore platforms — load and resistance factor design, API RP2A - LRFD [M]. 1st edition, 1993.

[85] Health and Safety Executive. Offshore installations, guidance on design, construction and certification [J]. 1990(s) [withdrawn 1998].

[86] International Standards Organisation. Petroleum and Natural Gas Industries — Offshore Structures — Part 2: Fixed Steel Structures, Second Edition Draft B [R]. November 1996; Draft C, July 1997; Committee Draft (CD), May 1999.

[87] NORSOK Standard. Design of Steel Structures. N - 004. Rev 1, December 1998.

[88] Kosteski N, Packer J A, Puthli R S. A finite element method based yield load determination procedure for hollow structural section connections [J]. Journal of Constructional Steel Research, 2003, 59: 453 - 471.

[89] Mouty J. Theoretical prediction of welded joint strength [R]. Proc. of the International Symposium on Hollow Structural Sections, Toronto, Canada, 1977.

[90] Yura J A, Zettlemoyer N, Edwards I F. Ultimate capacity equations for tubular joints [R]. Proc. Offshore Technology Conference, Houston, Texas, Vol. 1, Paper No. 3690, 1980.

[91] Korol R M, Mirza F A. Finite element analysis of RHS T-joints [J]. Journal of the Structural Division, ASCE 1982; 108(9): 2081 - 2098.

[92] Lu L H, de Winkel G D, Yu Y, et al. Deformation limit for the ultimate strength of hollow section joints [R]. Proc. Sixth International Symposium on Tubular Structures, Melbourne, Australia, 1994: 341 - 347.

[93] Zhao X L. Deformation limit and ultimate strength of welded T-joints in cold-formed RHS sections [J]. Journal of Constructional Steel Research, 2000, 53: 149 - 165.

[94] International Institute of Welding (IIW). Design recommendations for hollow section joints-predominantly statically loaded. IIW Doc. XV - 701 - 89 [M]. 2nd ed, IIW

Subcommission XV - E, Helsinki, Finland, 1989.

[95] Kurobane Y, Makino Y, Ochi K. Ultimate Resistance of Unstiffened Tubular Joints [J]. Journal of structural Engineering, 1984, 110(2): 385 - 400.

[96] Tsai K C, Wu S, Popov E P. Experimental performance of seismic steel beam-column moment joints [J]. Journal of Structural Engineering, 1995, 121(6): 925 - 931.

[97] Mahin S A, Popov E P, Victor A Z. Seismic behavior of tubular steel offshore platforms [R]. Offshore Technology Conference proceedings, OTC3821, 1980: 247 - 258.

[98] Qin F, Fung T C, Soh C K. Hysteretic behavior of completely overlap tubular joints [J]. Journal of Constructional Steel Research, 2001, 57: 811 - 829.

[99] 陈以一,沈祖炎. 空间相贯节点滞回特性的实验研究[J]. 建筑结构学报,2003, 24(6).

[100] 中华人民共和国国家标准. GB50017 - 2003 钢结构设计规范及条文说明[S]. 北京:中国计划出版社,2003.

[101] 中华人民共和国行业标准. JGJ61 - 2003 网壳结构技术规程[S]. 北京:中国建筑工业出版社,2003.

[102] 同济大学钢结构研究室. 成都双流机场扩建工程航站楼钢屋盖结构试验研究与分析报告之一——相贯节点试验研究报告[R]. 2000,12.

[103] 同济大学钢结构研究室. 成都双流机场扩建工程航站楼钢屋盖结构试验研究与分析报告之二——单层网壳结构静力线性及非线性整体稳定性分析报告[R]. 2000,12.

[104] 同济大学钢结构研究室. 南京奥体中心钢结构屋盖节点有限元分析报告[R]. 2003,11.

[105] 彭礼. 矩形钢管贯通式节点静力性能研究[D]. 上海:同济大学,2004.

[106] 沈祖炎,陈扬骥,陈以一,等. 上海市八万人体育场屋盖的整体模型和节点试验研究[J]. 建筑结构学报,1998, 19(1): 2 - 10.

[107] Federal Emergency Management Agency (FEMA). Performance-based Seismic Design of Buildings [C]. FEMA Report 283, September, 1996.

[108] 小谷俊介. 日本基于性能结构抗震设计方法的发展[J]. 建筑结构,2000, 30(6): 3 - 9.

[109] 刘鹏. 方圆汇交平面钢管节点的刚度研究[D]. 上海:同济大学,2001.

[110] Chen W F, Atsuta T. 梁柱分析与设计[M]. 北京:人民交通出版社,1997.

[111] ANSYS, ANSYS User's Manual Revision 6.1, ANSYS, Inc., Canonsburg, Pennsylvania, 2002.

[112] 同济大学钢结构研究室. 重庆江北机场航站楼节点试验之一——次桁架下弦 T 型节点抗弯性能试验报告[R]. 2003,5.

[113] Rathbum J C. Elastic properties of riveted connections [J]. Transactions of ASCE,

1936, 101: 530 - 541.

[114] Tarpy T S, Cardinal J W. Behavior of semi-rigid beam-to-column end plate connections [R]. Proceedings Conference, Joints in Structural Steelwork, Halsted Press, London, 1981.

[115] Lui E M, Chen W F. Strength of H-columns with small end restraints [J]. Journal of the Institution of Structural Engineers, 1983, 61B, 1: 17 - 26.

[116] Frye M J, Morris G A. Analysis of flexibly connected steel frames [J]. Canadian Journal of Civil Engineers, 1976, 2, 3: 280 - 291.

[117] Chen W F, Toma S. Advanced analysis of steel frames [M]. CRC Press, 1994.

[118] Lui E M, Chen W F. Analysis and behavior of flexibly-jointed frames [J]. Engineering Structures, 1986, 8: 107 - 118.

[119] Coutie M G, Saidani M. The use of finite element techniques for the analysis of RHS structures with flexible joints [C]. Proceedings of 3rd International Symposium on Tubular Structures, Lappeenranta, Finland, 1989.

[120] Czechowski A, Gasparski T. Investigation into the static behavior and strength of lattice girders made of RHS, Document No. XV - E - 052 - 84, IIW [M]. Paris, France, 1984.

[121] Hu Y R, Chen B Z, Ma J P. An equivalent element representing local flexibility of tubular joints in structural analysis of offshore platforms [J]. Computer & Structures, 1993, 47(6): 957 - 969.

[122] Frater G S, Packer J A. Modelling of hollow structural section trusses [J]. Can. J. Civ. Eng. 1992, 19: 947 - 959.

[123] Bresler B, Lin T Y, Scalzi J B. Design of steel structures [M]. 2nd edn, Wiley, New York, 1968.

[124] Fuller Moore. Understanding Structures(结构系统概论)[M]. 赵梦琳译. 沈阳：辽宁科学技术出版社，2001.

[125] 董石麟，钱若军. 空间网格结构分析理论与计算方法[M]. 北京：中国建筑工业出版社，2000.

[126] 沈祖炎，陈扬骥. 网架与网壳[M]. 上海：同济大学出版社，1997.

[127] 沈世钊，陈昕. 网壳结构稳定性[M]. 北京：科学出版社，1999.

[128] Williams F S. An approach to the nonlinear behavior of the members of a rigid jointed plane framework with finite element deflections [J]. Quart. J. Mech. Appl. Math., 1964, 17: 451 - 469.

[129] Wood R D, Zienkiewicz O C. Geometrically nonlinear finite element analysis of beams, frames, arches and axisymmetric shells [J]. Comput. and Struct., 1977, 7:

725 - 735.

[130] Haiser W E, Stricklin J A. Displacement incrementation in nonlinear structural analysis by the self-correcting method [J]. Int. J. Num. Meth. Eng., 1977, 11: 3 - 10.

[131] Meek J L, Tan H S. Geometrically nonlinear analysis of space frames by an incremental iterative technique [J]. Comput. Meth. Appl. Mech. Eng., 1984, 47: 261 - 282.

[132] Papadrakakis M. Post-buckling analysis of structures by vector iteration methods [J]. Comput. and Struct., 1981, 14(5 - 6): 393 - 402.

[133] Lui E M, Chen W F. Behavior of braced and unbraced semi-rigid frames [J]. Int. J. Solids Structures, 1988, 24(9): 893 - 913.

[134] 中华人民共和国行业标准. JGJ61 - 2003 网壳结构技术规程[M]. 北京：中国建筑工业出版社,2003.

[135] 陈绍蕃. 钢结构设计原理[M]. 北京：科学出版社,1998.

[136] 陈绍蕃. 桁架受压腹杆的面外稳定和支撑体系[J]. 工程力学,1996,13(1)：16 - 25.

[137] 叶梅新,王俭槐. 钢桁桥压杆自由长度研究[J]. 铁道学报,1994,16(2)：98 - 103.

[138] 丰定国,永毓栋. 桁架杆件计算长度的分析[J]. 西安冶金建筑学院学报,1990,22(4)：309 - 318.

[139] TBJ2 - 85 铁路桥涵设计规范[S],1986.

[140] 李国豪. 桥梁结构稳定与振动[M]. 北京：中国铁道出版社,1992.

[141] Chen Y Y, Wang W. Flexural behavior and resistance of Uni-planar KK and X tubular joints [J]. Steel & Composite Structures, 2003, 3(2): 123 - 140.

[142] 徐建设,陈以一. 普通螺栓和承压型高强螺栓抗剪连接的滑移过程[J]. 同济大学学报,2003,31(5)：510 - 514.

[143] Bleich F. Buckling strength of metal structures [M]. New York: McGraw-Hill, 1952.

[144] 王伟,陈以一. 圆钢管相贯节点局部刚度的参数公式[J]. 同济大学学报,2003,31(5)：515 - 519.

[145] 严宗达. 塑性力学[M]. 天津：天津大学出版社,1988.

[146] 中华人民共和国行业标准. JGJ101 - 96 建筑抗震试验方法规程[S]. 北京：中国建筑工业出版社,1997.

[147] Mitri H S. Ultimate in-plane moment capacity of T and Y tubular joints [J]. Journal of Constructional Steel Research, 1989, 12: 69 - 80.

[148] Tsai K C, Wu S, Popov E P. Experimental performance of seismic steel beam-column moment joints [J]. Journal of Structural Engineering, 1995, 121(6): 925 - 931.

[149] FEMA - 267A. Interim Guideline: Advisory No. 1, Supplement to FEMA - 267A [R]. Rep. SAC - 96 - 03, SAC Joint Venture, Sacramento, California, 1997.

[150] Swanson Analysis Systems, ANSYS 5. 5 Theory manuals. SAS Inc. USA, 1999.

[151] Zienkiewicz O C. The finite element method [M]. London, McGraw-Hill, 1989.

[152] 王勖成,邵敏. 有限单元法基本原理和数值方法[M]. 第二版. 北京: 清华大学出版社,1997.

[153] A W S. Structural Welding Code — Steel [M]. ANSI/AWS D1. 1 - 2000, 17th Edition. American Welding Society, Miami, Florida, U. S. A. , 2000.

[154] AWS D1. 1: 2000,美国国家标准,钢结构焊接规范[S]. 上海振华港口机械有限公司译,2001.

后 记

本书是在导师陈以一教授的悉心指导下完成的。从论文选题、试验设计、理论分析到论文撰写，无不倾注了导师的心血和汗水，在此谨表最诚挚的感谢！导师渊博的学识、卓越的文笔、严谨的治学态度、忘我的工作作风、锐意开创的科研精神，无不令我敬佩。在导师的言传身教中，我不仅学习了如何做学问，而且学习了如何做人。在今后的工作生活中，我将以不懈努力来回报导师的厚爱。

在研究生学习和课题研究过程中，陈扬骥教授、童乐为教授、赵宪忠副研究员给予了我许多帮助和指导，对论文工作提出了宝贵建议，在此深表感谢。同时感谢同济大学建筑工程系建筑结构试验室的老师对试验工作的支持。

在课题研究期间，钢与轻型结构研究室的各位同学给予了无私的关心和帮助，在此表示感谢。研究室浓郁的学术氛围和融洽的人际关系为研究工作的顺利进行创造了许多有利的条件。

多年来夜以继日的学习和研究，始终得到家人的深深理解与支持，使我顺利度过在同济园这段艰苦、充实而难忘的岁月。在此向他们表示深深的谢意。

感谢同济大学研究生创新课题研究基金对本课题的资助。

最后，感谢各位专家、教授在百忙之中对论文的审阅和赐教。

王　伟